U0227512

国家示范性高职高专规划教材·机械基础系列

机械制图及 AutoCAD

主编　宋金虎
主审　陈伟栋

清华大学出版社
北京交通大学出版社
·北京·

内 容 简 介

本书内容包括"平面图形的绘制""点、直线、平面投影的绘制""立体投影及其表面交线的绘制""组合体视图的绘制与识读""轴测投影图的绘制""机件表达方法的应用""标准件和常用件的绘制""零件图的绘制与识读""装配图的绘制与识读"9个项目。每个项目开始部分安排有"项目引入""项目分析",项目下的任务按照"任务引入""任务目标""相关知识""任务实施"的顺序编写,有的项目后还安排有"知识扩展"。全书采用现行的"技术制图""机械制图"系列国家标准及《CAD 工程制图规则》等与制图有关的其他国家标准。

本书既可作为高等职业技术院校机械类和近机类各专业的教材,又可作为其他专业的岗位培训教材,也可作为从事机械工程的科技人员的参考书。

图书在版编目(CIP)数据

机械制图及 AutoCAD / 宋金虎主编 . —北京:北京交通大学出版社 : 清华大学出版社,2019. 8(2022. 7 重印)

国家示范性高职高专规划教材 . 机械基础系列

ISBN 978 - 7 - 5121 - 4006 - 6

Ⅰ. ① 机… Ⅱ. ① 宋… Ⅲ. ① 机械制图-计算机制图-AutoCAD 软件-高等职业教育-教材 Ⅳ. ① TH126

中国版本图书馆 CIP 数据核字(2019)第 159174 号

机械制图及 AutoCAD
JIXIE ZHITU JI AutoCAD

责任编辑:韩素华

出版发行:清 华 大 学 出 版 社 邮编:100084 电话:010-62776969 http://www.tup.com.cn
    北京交通大学出版社 邮编:100044 电话:010-51686414 http://www.bjtup.com.cn
印 刷 者:艺堂印刷(天津)有限公司
经   销:全国新华书店
开   本:185 mm×260 mm 印张:18.5 字数:485 千字
版   次:2019 年 8 月第 1 版 2022 年 7 月第 2 次印刷
书   号:ISBN 978-7-5121-4006-6/TH · 251
印   数:4 001～6 000 册 定价:49.00 元

前　言

　　本书是根据教育部制定的《高职高专教育工程制图课程教学基本要求（机械类专业适用）》，汲取近几年职业教育机械制图课程教学改革的成功经验，将机械制图与计算机绘图知识有机结合编写而成的。

　　本书内容包括"平面图形的绘制""点、直线、平面投影的绘制""立体投影及其表面交线的绘制""组合体视图的绘制与识读""轴测投影图的绘制""机件表达方法的应用""标准件和常用件的绘制""零件图的绘制与识读""装配图的绘制与识读"9 个项目。每个项目开始部分安排有"项目引入""项目分析"，项目下的任务按照"任务引入""任务目标""相关知识""任务实施"的顺序编写，有的项目后还安排有"知识扩展"。全书采用现行的"技术制图""机械制图"系列国家标准及《CAD 工程制图规则》等与制图有关的其他国家标准。

　　在编写本书时，编者从职业教育的实际出发，以培养学生绘制和阅读工程图样为目的，从工科学生就业岗位的实际出发，注重学生计算机绘图能力的培养，力求突出高职高专教育特色，全面提升学生的识图、制图能力。

　　本书既可作为高等职业技术院校机械类和近机类各专业的教材，又可作为其他专业及相关专业岗位培训教材，也可作为从事机械工程的科技人员的参考书。

　　本书按总课时 64～96 学时编写，在实际教学中，教师可根据教学情况适当增减。

　　本书由山东交通职业学院宋金虎担任主编，项目一由温红编写，项目二由孙丽萍编写，项目三由鲍梅连编写，项目四由赵建波编写，项目五由包君编写，项目六由赵俏编写，绪论、项目七、项目八、项目九由宋金虎编写并由他负责全书的统稿、定稿。全书由陈伟栋主审，他仔细地审阅了全稿，并提出了许多宝贵的修改意见，在此表示衷心感谢。

　　本书在编写过程中，参考了许多文献资料，编者谨向这些文献资料的编著者和支持编写工作的单位和个人表示衷心的感谢。由于编者水平有限，编写中难免有谬误和欠妥之处，恳切希望使用本书的广大师生与读者批评指正，以求改进。

编　者

2019 年 8 月

目　　录

绪　论

1. 本课程的研究内容及地位

在工程技术中，为了准确地表达工程对象的形状、大小、相对位置及技术要求，通常用一定的投影绘图方法和有关技术规定将工程对象表达在图纸上，得到图样。图样是表达机器零、部件或整台机器的形状、结构及制造要求的图样，是加工和检测零件，装配、安装、检验和调试机器的依据。

图样是工程技术界共同的技术语言，在机械设计与制造过程中，设计者通过图样来表达设计思想，生产者通过图样及技术文件来了解设计要求并组织生产或施工，即"按图施工"，图样还是交流技术思想的重要工具。所以，每一个从事工程技术的人员都要掌握绘制和阅读工程图样的基本理论知识和技能。

机械制图及 AutoCAD 是一门研究如何绘制和阅读机械图样的职业技术基础课程，主要讲述正投影法的基本原理和形体的表达方法，介绍现行的"技术制图""机械制图"系列国家标准及《CAD 工程制图规则》等与制图有关的其他国家标准，讲述绘制和阅读机械图样的基本方法。通过本课程的学习，为学习和掌握后续专业技术课程、职业技能及将来参加实际技术工作打下基础。

2. 本课程的主要任务和要求

本课程作为职业技术基础课程，其主要任务如下。

（1）掌握用正投影方法表达空间物体形状、结构的基本理论和方法。

（2）培养较强的空间想象能力。

（3）掌握绘制和阅读机械图样的基本技能。

（4）培养认真负责的工作态度和耐心细致的职业习惯。

3. 本课程的学习方法和注意事项

本课程理论与实践结合紧密，应用技能要求高，在学习过程中应注意做到以下几点。

（1）重点掌握正投影法的基本原理和作图方法，注意图形和它所表达的物体之间的对应关系，由物画图，由图想物，认真观察，分析不同形体的投影特点和投影规律。

（2）正确掌握手工绘图仪器、工具的使用方法和应用 AutoCAD 绘制机械图样的技巧，努力提高图面质量和绘图速度。

（3）认真完成一定数量的练习或作业，通过读图、绘图训练，培养一丝不苟的工作态度和严谨细致的工作作风。

（4）学习和严格遵守国家标准，同时逐步培养查阅有关标准的能力。

项目一

平面图形的绘制

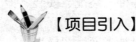【项目引入】

在工程技术中，图样用来表达机器零部件或整台机器的形状、结构及制造要求，是加工和检测零件，装配、安装、检验和调试机器的依据，如图1-1所示。

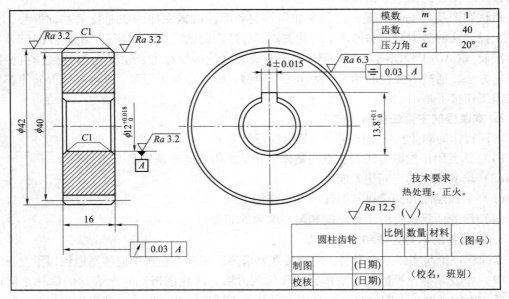

图1-1　图样

【项目分析】

本项目主要学习：

国家标准的基本规定；常用绘图工具及其使用方法；几何作图；平面图形的画法；绘图的基本方法与步骤。AutoCAD的相关知识；AutoCAD绘制平面图形的方法和步骤。

■ 知识目标

1. 掌握国家标准对图纸、字体、比例、图线和尺寸标注的规定；
2. 熟悉机械制图常用工具的使用，如铅笔、图板、丁字尺、三角尺等；
3. 掌握等分线段、等分圆周、斜度、锥度、光滑连接两曲线等作图方法；
4. 掌握平面图形的分析过程、绘图步骤和尺寸注法。
5. 掌握 AutoCAD 绘制平面图形的方法和步骤。

■ 能力目标

1. 能正确使用一般的绘图工具和仪器；
2. 能根据国家标准的有关规定正确绘制简单平面图形；
3. 能应用 AutoCAD 正确绘制简单平面图形。

任务一 简单图形的绘制

■ 任务引入

在 A4 图纸上绘制图框、标题栏，并按 1 : 1 比例绘制图 1-2 所示简单图形。

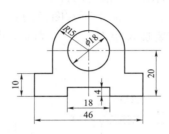

图 1-2 简单平面图形

■ 任务目标

1. 掌握国家标准对图纸、字体、比例、图线和尺寸标注的规定；
2. 能够正确绘制图框、标题栏，并进行简单图形的绘制。

■ 相关知识

一、图纸幅面、格式和标题栏

为便于图样的保管和使用，国家标准对图纸幅面尺寸和格式及有关的附加符号作了统一规定。

1. 图纸幅面

绘图时，应优先采用表 1-1 中所规定的 5 种基本幅面。必要时，可按基本幅面的短边整数倍加长。

表 1-1 图纸基本幅面尺寸   单位：mm

幅面代号	A0	A1	A2	A3	A4
$B \times L$	841×1 189	594×841	420×594	297×420	210×297
e	20			10	
c	10			5	
a	25				

图纸的 5 种基本幅面中，A0 为全张，自 A1 开始依次是前一种幅面大小的一半，如图 1-3 所示。

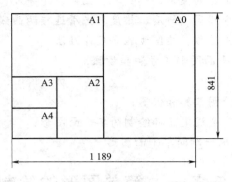

图 1-3　图纸幅面

2. 图框格式

在图纸上图框必须用粗实线画出。图框有两种格式：不留装订边（见图 1-4（a））和留有装订边（见图 1-4（b））。同一产品中所有图样均应采用同一种格式。两种格式的图框尺寸按表 1-1 的规定画出。需要加长幅面时，图框的尺寸按所用的基本幅面大一号的周边尺寸确定。

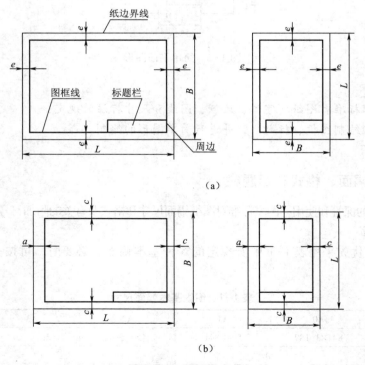

图 1-4　图框格式

3. 标题栏

一般情况下，标题栏位于图框的右下角，国标规定和制图作业的标题栏格式如图1-5所示。

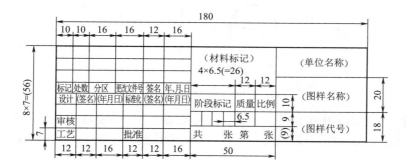

（a）国标规定的标题栏格式

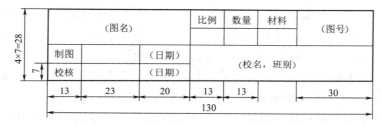

（b）制图作业的标题栏格式

图1-5　标题栏格式

二、比例

图中图形与其实物相应要素的线性尺寸之比，称为比例。

绘图时，尽可能采用原值比例（比值为1的比例，即1∶1）。根据实物的形状、大小及结构复杂程度不同，也可选用规定的缩小或放大的比例，所用比例应符合表1-2的规定。无论采用何种比例，图样中所注的尺寸数值均应是物体的真实大小，与绘图的比例无关，如图1-6所示。图样中的比例一般应标注在标题栏的"比例"一栏内。

表1-2　比例

原值比例	1∶1
缩小比例	1∶2　1∶5　1∶10　1∶2×10^n　1∶5×10^n　1∶1×10^n
放大比例	5∶1　2∶1　5×10^n∶1　2×10^n∶1　1×10^n∶1

选择比例的原则如下。

（1）当表达对象的形状复杂程度和尺寸适中时，一般采用原值比例1∶1绘制。

（2）当表达对象的尺寸较大时应采用缩小比例，但要保证复杂部位清晰可读。

（3）当表达对象的尺寸较小时应采用放大比例，但要保证各部位清晰可读。

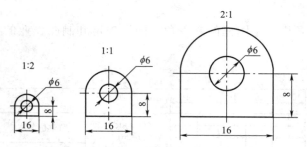

图 1-6 标注的尺寸数值与绘图比例无关

（4）尽量优先选用表中的比例。根据表达对象的特点，必要时才选用其他比例。

（5）选择比例时，应结合幅面尺寸选择，综合考虑其最佳表达效果和图画的审美价值。

三、字体

1. 国家标准对字体的规定

（1）图样中书写的字体必须做到字体工整、笔画清楚、间隔均匀、排列整齐。

（2）字体高度（用 h 表示）的公称尺寸系列为 1.8 mm，2.5 mm，3.5 mm，5 mm，7 mm，10 mm，14 mm，20 mm。字体的高度代表字体的号数。

（3）汉字应写成长仿宋体字，并应采用国家正式公布推行的简化字。汉字的高度一般不应小于 3.5 mm，其字宽一般为 $h/\sqrt{2}$（h 为字体高度）。

（4）阿拉伯数字、罗马数字和拉丁字母等数字和字母，根据其笔画宽度 d 分为 A 型和 B 型。A 型字体的笔画宽度（d）为字体高度（h）的 1/14，B 型字体的笔画宽度（d）为字体高度的 1/10。一般采用 B 型字体。在同一图样上，只允许选用一种型式的字体。

（5）字母和数字可写成斜体或直体。斜体字字头向右倾斜，与水平基准线成 75°角。

（6）用作指数、分数、极限偏差、注脚等的数字及字母，一般应采用小一号的字体。

2. 字体示例

10 号字：

字体工整　笔画清楚 间隔均匀 排列整齐

7 号字：

字体工整　笔画清楚 间隔均匀 排列整齐

5 号字：

字体工整　笔画清楚 间隔均匀 排列整齐

3. 阿拉伯数字示例

0123456789

1234567890

4. 罗马数字示例

I II III IV V VI VII VIII IX X

5. 大写拉丁字母示例

PQRSTUVWXYZ

6. 小写拉丁字母示例

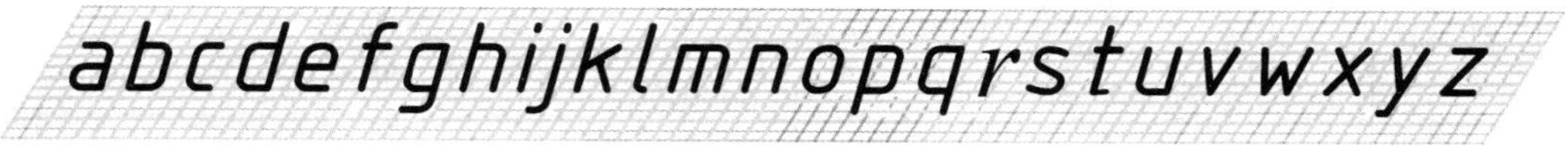

abcdefghijklmnopqrstuvwxyz

四、图线及其画法

国家标准规定了 15 种基本线型，用于机械工程图样的有 4 种线素、9 种线型。

1. 图线的型式及应用

机件的图形是用各种不同粗细和型式的图线绘制而成的，表 1-3 所示为机械工程图样中所用的 9 种线型及其示例（其中细波浪线、细双折线是由基本线型变形得到的）。

图线的宽度应按图样的类型和尺寸大小在下列数系中选取：

0.13 mm，0.18 mm，0.25 mm，0.35 mm，0.5 mm，0.7 mm，1 mm，1.4 mm，2 mm。

粗线、中粗线和细线的宽度比例为 4：2：1。

图线应用示例如图 1-7 所示。

表 1-3　图线及应用举例

图线名称	图线型式	图线宽度/mm	图线应用举例（见图 1-7）
粗实线	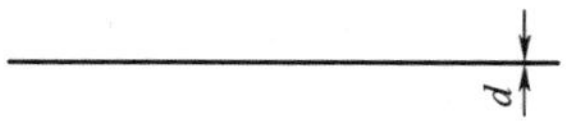	$d = 0.13 \sim 2$	1. 可见的棱边 2. 可见的轮廓线 3. 视图上的铸件分型线
细虚线	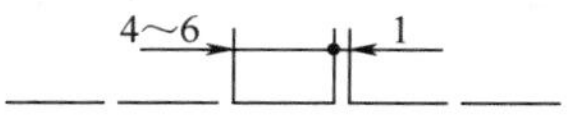 4~6　1	约 $d/2$	1. 不可见的棱边 2. 不可见的轮廓线
细实线		约 $d/2$	1. 相贯线 2. 尺寸线和尺寸界线 3. 剖面线 4. 重合断面的轮廓线 5. 投射线

图线名称	图线型式	图线宽度/mm	图线应用举例（见图1-7）
波浪线		约 $d/2$	1. 断裂处的边界线 2. 视图与剖视的分界线
双折线		约 $d/2$	1. 断裂处的边界线 2. 视图与剖视的分界线
细点画线	15～30　3	约 $d/2$	1. 中心线 2. 对称中心线 3. 轨迹线
粗点画线	15～30　3	d	1. 限定范围的表示 2. 剖切平面线 3. 剖视图中铸件分型线
细双点画线	～20　5	约 $d/2$	1. 相邻零件的轮廓线 2. 移动件的限位线 3. 先期成型的初始轮廓线 4. 剖切平面之前的零件结构状况
粗虚线	4～6　1	约 d	允许表面处理的表示线

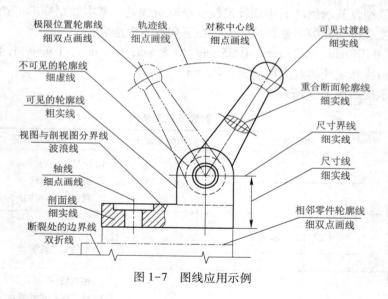

图 1-7　图线应用示例

2. 图线画法及需要注意的问题

（1）同一图样中同类图线的宽度应基本一致，虚线、点画线及双点画线的线段长度和间距应各自大致相等。

（2）点画线、双点画线的首末两端应是线段，而不是短画。点画线、双点画线的点不是点，而是一个约 1 mm 的短画。

（3）绘制圆的中心线，圆心应为线段的交点。在较小的图形上绘制点画线或双点画线有困难时，可用细实线代替。

此外，画图时还应注意图线的交、接、切处的一些规定画法，如图 1-8 所示。

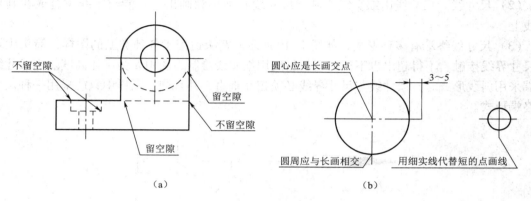

图 1-8 图线连接处的画法

五、尺寸标注

图形只能表达机件的形状，而机件的大小则由标注的尺寸确定。国标中对尺寸标注的基本方法作了一系列规定，必须严格遵守。

1. **基本规则**

（1）机件的真实大小应以图样上所注的尺寸数值为依据，与图形的大小及绘图的准确度无关。

（2）图样中的尺寸以毫米为单位时，不需标注计量单位的代号或名称，如采用其他单位，则必须注明。

（3）图样中所注尺寸是该图样所示机件最后完工时的尺寸，否则应另加说明。

（4）机件的每一尺寸，一般只标注一次，并应标注在反映该结构最清晰的图形上。

2. **尺寸的组成**

一个完整的尺寸应由尺寸界线、尺寸线、尺寸线终端和尺寸数字 4 个要素组成，如图 1-9 所示。

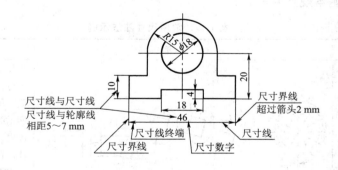

图 1-9 尺寸要素

（1）尺寸界线。尺寸界线用细实线绘制，并由图形的轮廓线、轴线或对称中心线处引出。轮廓线、轴线或对称中心线也可作尺寸界线。尺寸界线一般与尺寸线垂直，并超出尺寸线终端 2 mm 左右。

（2）尺寸线。尺寸线用细实线绘制。尺寸线必须单独画出，不能与图线重合或在其延长线上。

（3）尺寸线终端有多种形式，如图 1-10 所示。箭头适用于各种类型的图样，箭头尖端与尺寸界线接触，不得超出也不得离开。斜线用细实线绘制，图中 h 为字体高度。当尺寸线终端采用斜线形式时，尺寸线与尺寸界线必须相互垂直，并且同一图样中只能采用一种尺寸线终端形式。

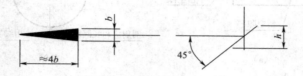

图 1-10　尺寸线终端形式

（4）尺寸数字。线性尺寸的数字一般应注写在尺寸线的上方，也允许注写在尺寸线的中断处，同一图样内大小一致，位置不够可引出标注。尺寸数字不可被任何图线所通过，否则必须把图线断开，参见图 1-9 中的尺寸 R15 和 φ18。国标还规定了一些注写在尺寸数字周围的标注尺寸的符号，用以区分不同类型的尺寸，见表 1-4。

表 1-4　标注尺寸常用的符号或缩写词

名称	符号或缩写词	名称	符号或缩写词
直径	φ	半径	R
球直径	Sφ	球半径	SR
厚度	t	正方形	□
45°倒角	C	均布	EQS
锥度	▷ 或 ◁	斜度	∠ 或 ∑

3. 尺寸注法

尺寸注法的基本规则见表 1-5。

表 1-5　常用尺寸注法示例

标注内容	示　例	说　明
线性尺寸	(a) (b) (c)	尺寸线必须与所标注的线段平行，大尺寸要注在小尺寸外面，尺寸数字应按图（a）中所示的方向注写，图示 30°范围内，应按图（b）的形式标注。在不致引起误解时，对于非水平方向的尺寸，其数字可水平地注写在尺寸线的中断处，如图（c）所示

标注内容		示　例	说　明
圆弧	直径尺寸	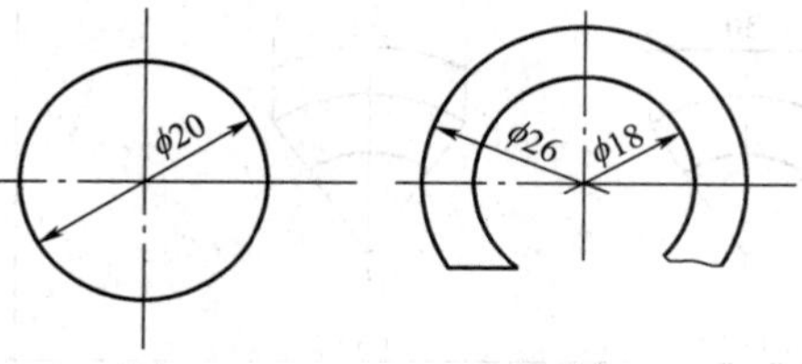 （a）　　　　　（b）	标注圆或大于半圆的圆弧时，尺寸线通过圆心，以圆周为尺寸界线，尺寸数字前加注直径符号 ϕ
	半径尺寸	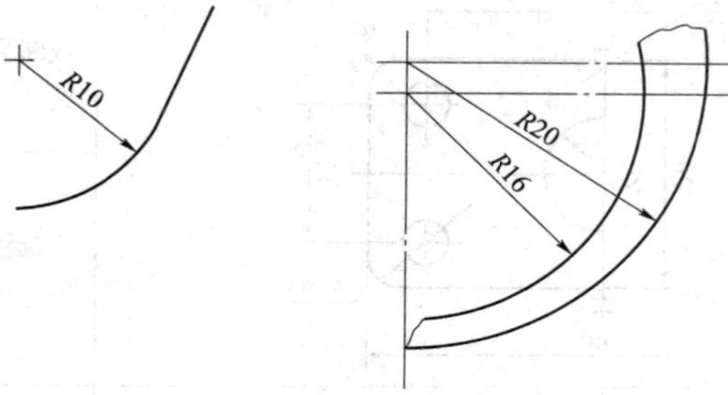 （a）　　　　　（b）	标注小于或等于半圆的圆弧时，尺寸线自圆心引向圆弧，只画一个箭头，尺寸数字前加注半径符号 R
大圆弧		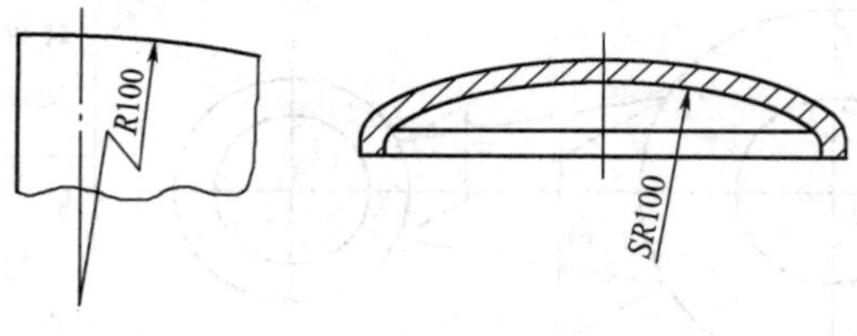 （a）　　　　　（b）	当圆弧的半径过大或在图纸范围内无法标注其圆心位置时，可采用折线形式，若圆心位置不需注明，则尺寸线可只画靠近箭头的一段
小尺寸		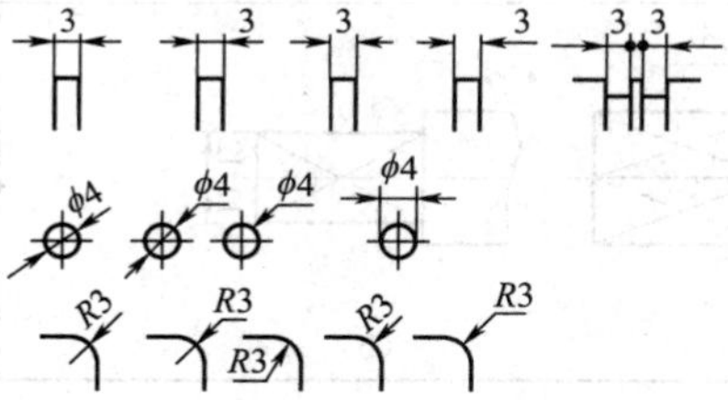	对于小尺寸，在没有足够的位置画箭头或注写数字时，箭头可画在外面，或用小圆点代替两个箭头；尺寸数字也可采用旁注或引出标注
球面		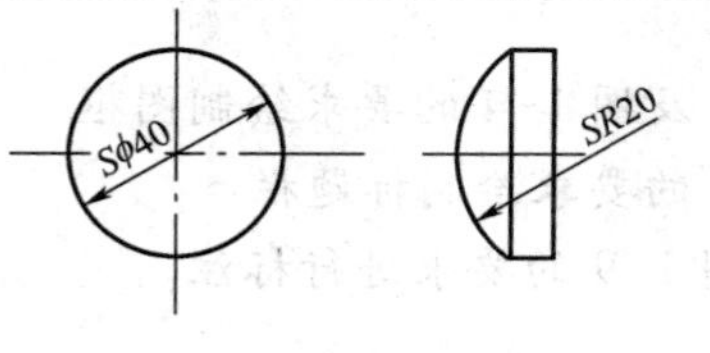 （a）　　　　　（b）	标注球面的直径或半径时，应在尺寸数字前分别加注符号 $S\phi$ 或 SR
角度		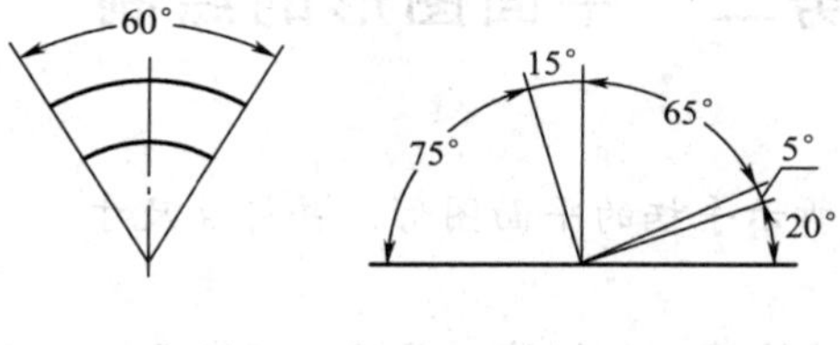 （a）　　　　　（b）	尺寸界线应沿径向引出，尺寸线画成圆弧，圆心是角的顶点。尺寸数字一律水平书写，一般注写在尺寸线的中断处，必要时也可按图（b）的形式标注

续表

标注内容	示　例	说　明
弦长和弧长	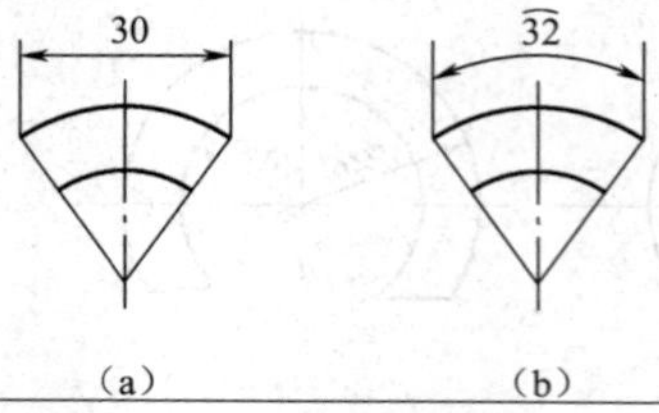 （a）　　　（b）	标注弦长和弧长时，尺寸界线应平行于弦的垂直平分线。弧长的尺寸线为同心弧，并应在尺寸数字上方加注符号"⌒"
只画一半或大于一半时的对称机件	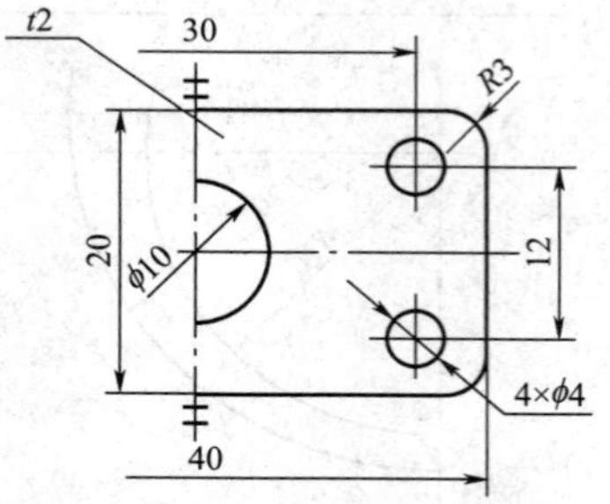	尺寸线应略超过对称中心线或断裂处的边界线，仅在尺寸线的一端画出箭头
板状零件		标注板状零件的尺寸时，在厚度的尺寸数字前加注符号 t
光滑过渡处的尺寸	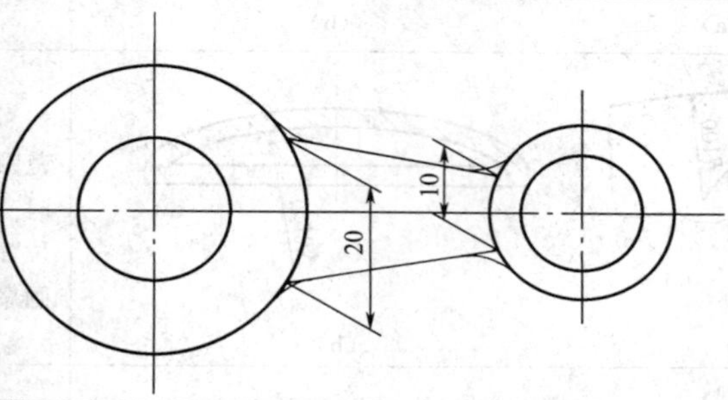	在光滑过渡处，必须用细实线将轮廓线延长，并从它们的交点引出尺寸界线
允许尺寸界线倾斜		尺寸界线一般应与尺寸线垂直，必要时允许倾斜
正方形结构	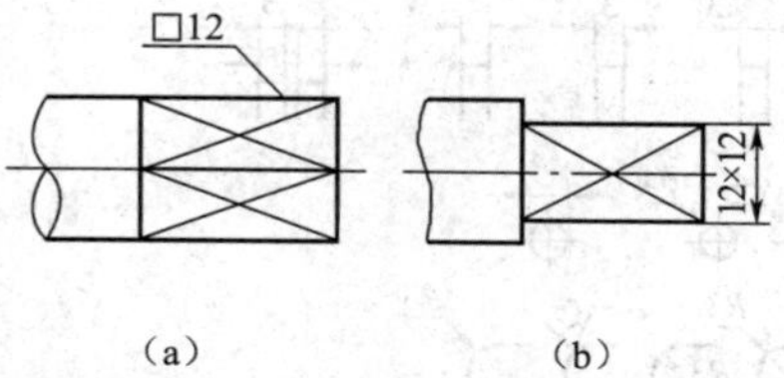 （a）　　　（b）	标注机件的剖面为正方形结构的尺寸时，可在边长尺寸数字前加注符号□，或用 12×12 代替□12。图中相交的两条细实线是平面符号

■ 任务实施

1. 选择正确的图线，按表 1-1 及图 1-4 的要求绘制图框。

2. 选择正确的图线，按图 1-5 的要求绘制标题栏。

3. 按图 1-2 绘制图形，并按图 1-9 的要求进行标注。

任务二　平面图形的绘制

■ 任务引入

用 A4 图纸，绘制图 1-31 所示手柄的平面图形，并标注尺寸。

■ 任务目标

1. 熟悉机械制图常用工具的使用，如铅笔、图板、丁字尺、三角尺等；

2. 掌握等分线段、等分圆周、斜度、锥度、光滑连接两曲线等的作图方法；

3. 掌握平面图形的分析过程、绘图步骤和尺寸注法；

4. 能正确使用一般的绘图工具和仪器，根据国家标准的有关规定正确绘制简单平面图形。

■ 相关知识

一、常用绘图工具及其使用方法

（一）铅笔

绘图铅笔的铅芯有软、硬之分，分别用字母 B 和 H 表示。B 前的数字越大表示铅芯越软，H 前的数字越大表示铅芯越硬，HB 表示铅芯软硬适中。绘图时，应根据不同的用途选不同软硬的铅芯，并将其削磨成一定的形状。

B 或 HB——画粗实线用；

HB 或 H——画箭头和写字用；

H 或 2H——画各种细线和画底稿用。

其中用于画粗实线的铅笔磨成矩形，其余的磨成圆锥形，如图 1-11 所示。

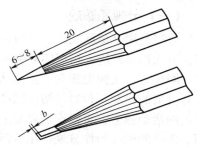

图 1-11　铅芯的形状

（二）图板、丁字尺和三角尺

图板是用来铺放和固定图纸的。在绘图时，用胶带纸将图纸固定在图板左下方适当位置，如图 1-12 所示，不要使用图钉固定图纸，以免损坏板面。

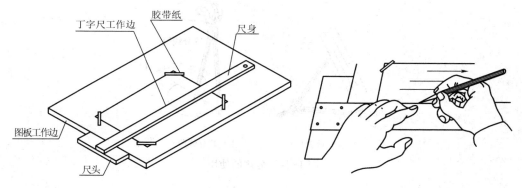

图 1-12　图板与丁字尺

丁字尺用于画水平线及与三角尺配合画垂直线与各种 15° 倍数角的斜线。丁字尺由尺头与尺身两部分组成，画图时，应使尺头靠紧图板左侧的工作边。画水平线时应自左向右画，笔尖应紧贴尺身，笔杆略向右倾斜。将丁字尺沿图板导边上下移动，可得一系列相互平行的水平线。

一副三角尺包括 45°、45° 和 30°、60° 三角尺各一块，一般用透明合成树脂制成。

三角尺与丁字尺配合可画出一系列不同位置的铅垂线，还可画出与水平线成 30°、45°、60° 及 15° 倍数的各种倾斜线，如图 1-13 所示。

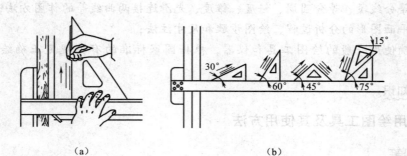

（a）　　　　　　　　　　　　　　（b）

图 1-13　三角尺与丁字尺配合

（三）分规和圆规

分规是用来截取线段、量取尺寸和等分线段或圆弧线的绘图工具。分规有两段，上端绞接，下端都是针脚，可以随意分开或合拢，以调整针尖间的距离。

圆规有一条固定腿和一条活动腿。固定腿上装有两端形状不同的钢针。画图时，应使用带有台肩的一端，台肩可防止图纸上的针孔扩大；当作分规使用时，则用圆锥形的一端。在圆规的活动腿上，可根据需要装上铅笔插脚、墨线笔插脚或钢针插脚，分别用于画铅笔线的圆、墨线的圆或当作分规使用。活动腿上的肘形关节可向内侧弯折，画圆时，可通过调节肘形关节保持铅芯与纸面垂直。用铅笔插脚画圆时，应先调整好铅芯与针尖的高低，使针尖略长于铅芯，然后按所规定长度调整针尖与铅芯距离，并调整肘形关节使铅芯与纸面垂直。分规和圆规的使用如图 1-14 和图 1-15 所示。

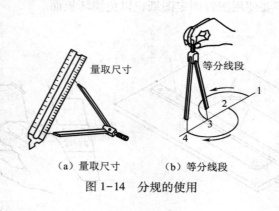

（a）量取尺寸　　　　　　（b）等分线段

图 1-14　分规的使用

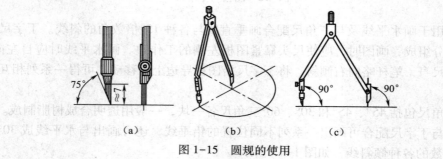

（a）　　　　　　　　（b）　　　　　　　　（c）

图 1-15　圆规的使用

（四）曲线板和比例尺

1. 曲线板

曲线板是用来画非圆曲线的工具。曲线板的轮廓线是由多段不同曲率半径的曲线所组成。使用曲线板画曲线时，必须分几次完成。画曲线的步骤如下。

（1）将需要连接的各点求出来，徒手用细线顺次地连接起来。

（2）由曲线上曲率半径较小的部分开始，选择曲线板上曲率适当的部分，逐段描绘。每次连接应至少通过三至四个点，并留一段下次再描。

（3）描下一段时，其前面应有一段与上次所描的线段重复，后面应留一段待第三次再描。

（4）按照上述方法逐段描绘，直到描完曲线为止，如图1-16（a）、图1-16（b）、图1-16（c）所示。

2. 比例尺

比例尺又叫三棱尺，是刻有不同比例的直尺，用来量取不同比例的尺寸。它的3个棱面上刻有6种不同比例的刻度，在使用时，可按所需的比例量取尺寸。图1-16（d）所示是最常见的一种比例尺。

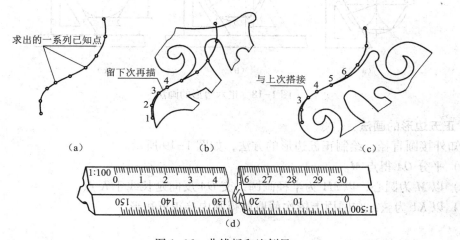

（a）　　　　　　　　（b）　　　　　　　　（c）

（d）

图 1-16　曲线板和比例尺

二、几何作图

机件的轮廓一般都是由直线、圆、圆弧或其他曲线组合而成的。因此，熟练地掌握它们的基本作图方法，是绘制机械图的基础。下面介绍几种常见几何图形的作图方法。

（一）等分直线段

任意等分直线段的方法如图1-17所示（如将线段 AB 三等分）。

过已知线段 AB 的一端点 A，画任意角度的直线 AC，并用分规自线段的起点量取3等份。将等分的最末点 F 与已知线段

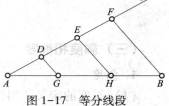

图 1-17　等分线段

的另一端点 B 相连，再过等分点 E、D 作该线的平行线与已知直线相交于 H、G，则该两点就是所要的等分点。如果是 n 等分，只要在直线 AC 上用分规分 n 等份，最末点与直线端点 B 点连接，然后依次作平行线即能将直线 n 等分。

（二）等分圆周和画正多边形

1. 正六边形的画法

（1）作对角线长为 D 的正六边形。画两条垂直相交的对称中心线，以其交点为圆心、$D/2$ 为半径作圆。有以下两种画法。

① 在圆上以 $D/2$ 为半径画弧，六等分圆周，依次连接圆上 6 个分点 1、2、3、4、5、6 即为正六边形，如图 1-18（a）所示。

② 用丁字尺与 30°、60°三角尺配合，作出正六边形，如图 1-18（b）所示。

（2）作对边距离为 S 的正六边形。先画对称中心线及内切圆（直径为 S），然后利用丁字尺与 30°、60°三角尺配合，即可画出正六边形，如图 1-18（c）所示。

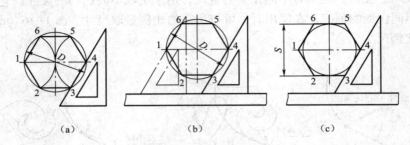

（a）　　　　　　　　（b）　　　　　　　　（c）

图 1-18　正六边形的画法

2. 正五边形的画法

已知外接圆直径，绘制正五边形的方法，如图 1-19 所示。

（1）平分 OA 得点 M。

（2）以 M 为圆心，以 $M1$ 为半径画圆，交 OA 反向延长线于 K 点。

（3）以 $K1$ 为弦，在圆周上依次截取即得圆内接正五边形。

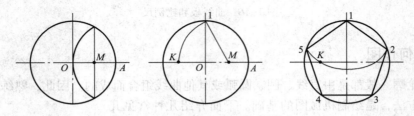

图 1-19　圆内接正五边形画法

（三）斜度和锥度

1. 斜度

（1）斜度的定义。斜度是指一直线（或平面）相对于另一直线（或平面）的倾斜程度，其大小用该两直线（或两平面）间夹角的正切值来表示，如图 1-20（a）所示，即

$$斜度 = \tan \alpha = \frac{CA}{AB} = \frac{H}{L}$$

在图 1-20（b）中，斜度 $=\dfrac{H-h}{L}$。

通常图样中把比值化成 $1:n$ 的形式。

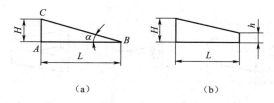

（a）　　　　　　　（b）

图 1-20　斜度及其图形符号

（2）斜度的画法。图 1-21（a）所示斜度为 $1:6$，其作图方法如图 1-21（b）所示。作图步骤如下。

① 自点 A 在水平线上任取 6 等份，得到点 B。

② 自点 A 在 AB 的垂线上取相同的 1 等份，得点 C。

③ 连接 BC 即得 $1:6$ 的斜度。

④ 过点 K 作 BC 的平行线，即得 $1:6$ 的斜度线。

（3）斜度的标注。斜度的符号如图 1-21（a）所示。符号的方向应与斜度的方向一致。

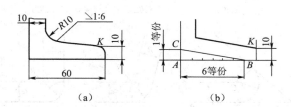

（a）　　　　　　　（b）

图 1-21　斜度的画法及标注

2. 锥度

（1）锥度的定义。锥度是指正圆锥体底圆直径与锥高之比。

$$锥度 = \frac{\phi}{h}$$

如果是圆锥台，则为上、下底圆直径之差与圆锥台高度之比。

$$锥度 = \frac{D-d}{L} = 2\tan\frac{\alpha}{2} = 1:n$$

（2）锥度的画法。图 1-22（a）所示锥度为 $1:3$，其作图方法如图 1-22（b）与图 1-22（c）所示。

① 作带 1:3 锥度的图形, 如图 1-22 (a) 所示;

② 过 O 点的轴线上任取 3 个单位长度, 得 S 点; 过 O 点在垂直轴线的方向上取 $OA=OB=1/2$ 单位长度, 连接 AS、BS, 即为 1:3 的锥度线, 如图 1-22 (b) 所示;

③ 按尺寸定出 C、D 两点, 过 C、D 两点分别作 AS 和 BS 的平行线, 即为所求, 如图 1-22 (c) 所示。

（3）锥度的标注。锥度的符号如图 1-22 所示。符号的方向应与锥度的方向一致。

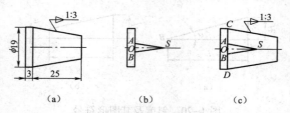

图 1-22　锥度的画法及标注

（四）圆弧连接

绘制平面图形时, 经常需要用圆弧将两条直线、一个圆弧与一条直线或两个圆弧之间光滑地连接起来, 这种连接作图称为圆弧连接, 用来连接已知直线或已知圆弧的圆弧称为连接圆弧。圆弧连接的要求就是光滑, 而要做到光滑连接就必须使连接圆弧与已知直线、圆弧相切, 切点称为连接点。为了能准确连接, 作图时必须先求出连接圆弧的圆心, 再找连接点（切点）, 最后作出连接圆弧。

1. 用圆弧连接两直线

已知直线 AC 和 CB, 连接圆弧的半径为 R, 求作连接圆弧, 如图 1-23 所示。

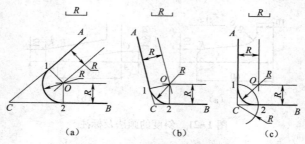

图 1-23　用圆弧连接两直线

具体作图步骤如下。

（1）在直线 AC 上任找一点并以其为垂足作直线 AC 的垂线, 再在该垂线上找到距垂足为 R 的另一点, 并过该点作直线 AC 的平行线。

（2）用同样的方法作出距离等于 R 的 BC 直线的平行线。

（3）找到两平行线的交点 O 即为连接圆弧的圆心。

（4）自点 O 分别向直线 AC 和 BC 作垂线, 得垂足 1、2, 即为连接圆弧的连接点（切点）。

（5）以 O 为圆心、R 为半径作圆弧 $\overset{\frown}{12}$, 完成连接作图。

2. 用圆弧连接一直线和一圆弧

已知连接圆弧的半径为 R, 被连接的圆弧圆心为 O_1、半径为 R_1 及直线 AB, 求作连接圆弧（要求与已知圆弧外切），如图 1-24 所示。

具体作图步骤如下。

（1）作已知直线 AB 的平行线，使其间距为 R，再以 O_1 为圆心、$R+R_1$ 为半径作圆弧，该圆弧与所作平行线的交点 O 即为连接圆弧的圆心。

（2）由点 O 作直线 AB 的垂线得垂足 2，连接 OO_1，与圆弧 O_1 交于点 1，点 1、2 即为连接圆弧的连接点（两个切点）。

（3）以 O 为圆心、R 为半径作圆弧 $\overset{\frown}{12}$，完成连接作图。

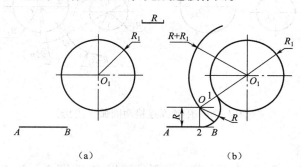

图 1-24 用圆弧连接一直线和一圆弧

3. 用圆弧连接两圆弧

1）与两个圆弧外切连接

已知连接圆弧半径为 R，被连接的两个圆弧的圆心分别为 O_1、O_2，半径分别为 R_1、R_2，求作连接圆弧，如图 1-25 所示。

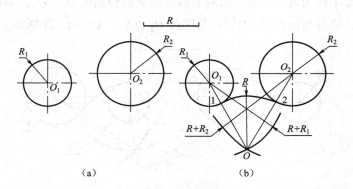

图 1-25 用圆弧连接两圆弧（外切）

具体作图步骤如下。

（1）以 O_1 为圆心、$R+R_1$ 为半径作一圆弧，再以 O_2 为圆心、$R+R_2$ 为半径作另一圆弧，两圆弧的交点 O 即为连接圆弧的圆心。

（2）作连心线 OO_1，它与圆弧 O_1 的交点为 1，再作连心线 OO_2，它与圆弧 O_2 的交点为 2，则 1、2 即为连接圆弧的连接点（外切的切点）。

（3）以 O 为圆心、R 为半径作圆弧 $\overset{\frown}{12}$ 完成连接作图。

2）与两个圆弧内切连接

已知连接圆弧的半径为 R，被连接的两个圆弧的圆心分别为 O_1、O_2，半径分别为 R_1、R_2，求作连接圆弧，如图 1-26 所示。

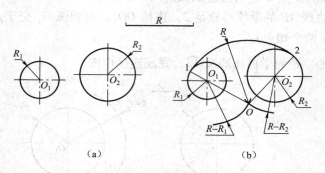

（a）　　　　　　　　　　（b）

图 1-26　用圆弧连接两圆弧（内切）

具体作图步骤如下。

（1）以 O_1 为圆心、$R-R_1$ 为半径作一圆弧，再以 O_2 为圆心、$R-R_2$ 为半径作另一圆弧，两圆弧的交点 O 即为连接圆弧的圆心。

（2）作连心线 OO_1，它与圆弧 O_1 的交点为 1，再作连心线 OO_2，它与圆弧 O_2 的交点为 2，则点 1、2 即为连接圆弧的连接点（内切的切点）。

（3）以 O 为圆心、R 为半径作圆弧 12，完成连接作图。

3）与一个圆弧外切，与另一个圆弧内切

已知连接圆弧半径为 R，被连接的两个圆弧的圆心分别为 O_1、O_2，半径分别为 R_1、R_2，求作一连接圆弧，使其与圆弧 O_1 内切，与圆弧 O_2 外切，如图 1-27 所示。

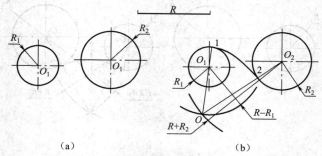

（a）　　　　　　　　　　（b）

图 1-27　用圆弧连接两圆弧（外切与内切）

具体作图步骤如下。

（1）分别以 O_1、O_2 为圆心，$R-R_1$、$R+R_2$ 为半径作两个圆弧，两圆弧交点 O 即为连接圆弧的圆心。

（2）作连心线 OO_1，与圆弧 O_1 相交于 1；再作连心线 OO_2，与圆弧 O_2 相交于 2，则点 1、2 即为连接圆弧的连接点（前者为内切切点、后者为外切切点）。

（3）以 O 为圆心、R 为半径作圆弧 12，完成连接作图。

（五）平面曲线

平面曲线非常多，常见的有圆、椭圆、渐开线及阿基米德螺线等。在这里只讲解椭圆的绘制方法。

1. 四心圆法

四心圆法绘制椭圆，如图 1-28 所示。

（1）连接 AC，以 O 为圆心、OA 为半径画圆弧，交中心线于 E。

（2）以 C 为圆心、CE 为半径画圆弧，交 CA 于 F。

（3）作 AF 的垂直平分线，分别交长轴和短轴延长线于点 3 和点 1。

（4）在长轴和短轴延长线上找出点 3 和点 1 的对称点 4 和点 2。

（5）分别以点 3、4 为圆心，$\overline{3A}$ 为半径画圆弧。

（6）分别以点 1、2 为圆心，$\overline{1C}$ 为半径画圆弧。即可得椭圆。

2. 同心圆法

同心圆法绘制椭圆，如图 1-29 所示。

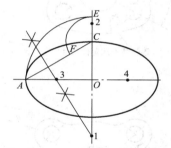
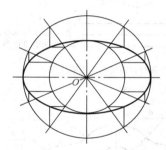

图 1-28   四心圆法画椭圆   图 1-29   同心圆法画椭圆

（1）分别以长轴和短轴的一半为半径画两个同心圆。

（2）过圆心 O 作射线，将圆周 12 等分，各得 12 个交点。

（3）过大圆上各交点向内作垂线（短轴平行线）。

（4）过小圆上各交点向外作水平线（长轴平行线）。

（5）得到一系列的交点。

（6）依次光滑连接各交点，即成椭圆。

三、平面图形的尺寸标注

平面图形的尺寸标注示例如图 1-30 所示。

四、绘图的基本方法与步骤

为了保证绘图的质量，提高绘图速度，除正确使用绘图仪器、工具，熟练掌握几何作图方法和严格遵守国家制图标准外，还应注意下述的绘图步骤和方法。

1. 画图前的准备

画图前应准备好图板、丁字尺及三角尺等绘图工具和仪器，按各种线型的要求削好铅笔

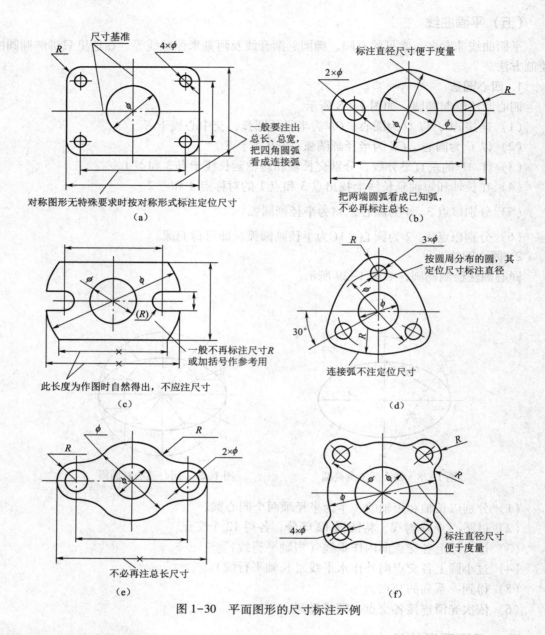

图 1-30　平面图形的尺寸标注示例

和圆规上的铅芯并备好图纸。

2. 确定图幅、固定图纸

根据图形的大小和比例，选取图纸幅面。

制图时必须将图纸用胶带纸固定在图板上。图纸固定在距图板左边 40~60 mm 处；图纸的下边应至少留有丁字尺尺身 1.5 倍宽度的距离；图纸的上边应与丁字尺的尺身工作边齐平。

3. 画图框和标题栏

按国家标准要求画出图框线和标题栏。

4. 布置图形的位置

图形在图纸上布置的位置要力求匀称，不宜偏置或过于集中某一角。根据每个图形的长度尺寸，同时要考虑标注尺寸和有关文字说明等所占用的位置来确定各图形的位置，画出各图形的基准线。

5. 画底稿

用 H 或 2H 铅笔尽量轻、细、准地绘好底稿。底稿线应分出不同类型，但不必分粗细，一律用细线画出。作图时应先画主要轮廓，再画细节。

6. 标注尺寸

应将尺寸线、尺寸界线、箭头一次性画出，再填写尺寸数字。

7. 检查描深

描深之前应仔细检查全图，修正图中的错误，擦去多余的图线。描深时按线型选择铅笔。先用铅芯较硬的铅笔描深细线，再用铅芯较软的铅笔描深粗实线；先描圆及圆弧，再描直线。描深直线应按先横后竖再斜的顺序，从上到下，从左至右进行。

8. 全面检查，填写标题栏

描深后再一次全面检查全图，确认无误后，填写标题栏，完成全图。

■ **任务实施**

1. 尺寸分析

图 1-31 所示的手柄平面轮廓图由许多线段（直线或圆弧）连接而成，而图中所注尺寸不仅确定了各线段的形状及相对位置，同时还影响作图的先后顺序。因此，在作图前必须对图形中的尺寸和线段进行分析，从而定出正确的作图步骤。

尺寸按其在图形中所起的作用，可分为以下两类。

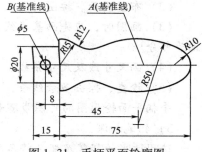

（1）定形尺寸。平面图形中确定各线段形状大小的尺寸称为定形尺寸，如直线线段的长度、圆和圆弧的直径或半径等。图 1-31 中的 R15、R12、R50、R10 等都是确定圆弧形状大小的定形尺寸。

（2）定位尺寸。平面图形中确定各线段之间相对位置的尺寸称为定位尺寸，如确定圆或圆弧的圆心位置、直线段位置的尺寸等。图 1-31 中的 8 是确定圆 ϕ5 的圆心在水平方向位置的尺寸；45 是确定圆弧 R50 的圆心在水

图 1-31　手柄平面轮廓图

平方向位置的尺寸；75 则可确定圆弧 R10 的圆心在水平方向的位置，所以都是定位尺寸。

标注定位尺寸时，还要考虑尺寸基准。作为定位尺寸起始位置的点或线称为尺寸基准。一个平面图形应有水平和垂直两个坐标方向的尺寸基准，通常选择图形的对称线、较大圆的中心线或较长的直线作为尺寸基准。图 1-31 中选择图形的对称线 A 为该图形垂直方向的尺寸基准，选择直线 B 为水平方向的尺寸基准。应当指出，有时一个尺寸可以兼有定形和定位两种作用。标注尺寸时，应首先确定图形的尺寸基准，然后依次注出各线段的定位尺寸和定形尺寸。

2. 线段分析

平面图形中的线段按所给尺寸的多少可分为已知线段、中间线段及连接线段 3 种。下面着重对图 1-31 中圆弧的连接情况进行线段分析。

（1）已知弧。具有半径（定形尺寸）及圆心的两个定位尺寸的圆弧，称为已知弧，作图时，可根据图中所注尺寸直接画出，如图 1-31 中的 $R10$ 与 $R15$。

（2）中间弧。具有半径及圆心的一个定位尺寸的圆弧，称为中间弧，如图 1-31 中的 $R50$，其圆心在长度方向的定位尺寸为 45，而高度方向的定位尺寸没有给出，画图时，要根据它和 $R10$ 相切的条件才能画出。

（3）连接弧。只有半径尺寸，没有给出圆心的两个定位尺寸的圆弧，称为连接弧。如图 1-31 中的 $R12$，其圆心可利用该圆弧与 $R50$ 及 $R15$ 相切的条件求出。

从上述分析可知，画图时，应首先画出图形中的已知弧，再画中间弧，最后画连接弧。

3. 画图步骤

要提高绘图效率，除了熟悉制图标准、掌握几何作图的方法和正确使用绘图工具外，还需有合理的工作程序。

1）准备工作

（1）准备好绘图用具，安排好工作地点。绘图前，应将绘图工具擦拭干净，削磨好铅笔及铅芯，并洗干净双手。

（2）根据所画图形的大小及复杂程度选取比例，确定图纸幅面。

（3）用胶带纸将图纸固定在图板左下方适当位置。

2）画底稿

选用较硬的 H 或 2H 铅笔，按各种图线的线型（可暂不考虑粗细）轻轻地画出底稿。

（1）画图框及标题栏。

（2）布置图面。按图的大小及标注尺寸的位置，将各图形布置在图框中的适当位置。

（3）画图时，应先画基准线、对称中心线及轴线等，再画图形的主要轮廓线，最后画细节部分。

（4）画尺寸线及尺寸界线。

（5）检查，擦去多余线条，完成全图底稿。

手柄平面轮廓图的作图步骤如图 1-32 所示。

3）铅笔加深

选用适当的铅笔及铅芯将各种图线按规定的粗细加深。为使图线连接光滑，并保持同类图线规格一致，加深时应按下列顺序进行。

（1）先画细线后画粗线；先画曲线后画直线；先画水平方向的线段后画垂直及倾斜方向的线段。

（2）先画图的上方后画图的下方；先画图的左方后画图的右方。

（3）同类型及同方向图线可成批画出。

4）其他

（1）画箭头，填写尺寸数字、标题栏及其他说明。

（2）校对并修饰全图。

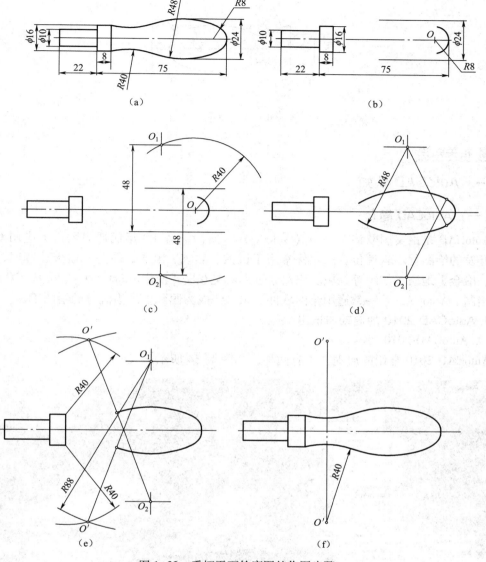

图 1-32 手柄平面轮廓图的作图步骤

任务三 AutoCAD 绘制平面图形

■ 任务引入
用 A4 图幅，绘制手柄的平面图形，参见图 1-33，并标注尺寸。

■ 任务目标
1. 熟悉 AutoCAD 的相关知识、常用的绘图功能和编辑功能；
2. 掌握 AutoCAD 绘制平面图形的方法和步骤；
3. 能使用 AutoCAD 正确绘制简单平面图形。

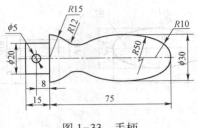

图 1-33 手柄

■ 相关知识

一、AutoCAD 认知

（一）AutoCAD 简介

AutoCAD 是由美国欧特克公司（Autodesk）于 20 世纪 80 年代初为微机上应用 CAD 技术而开发的绘图程序软件包。该软件常用于机械、建筑、电子、航空、航天、造船、石油、化工、冶金、地质、纺织等领域。用户通过人机交互模式使用 AutoCAD，能完成工程图样的精确绘制。AutoCAD 是一款通用绘图软件，现已经成为国际上广为流行的绘图工具。

1. AutoCAD 2010 的启动与退出

1）AutoCAD 2010 的启动

AutoCAD 2010 常用的启动方法有两种，如图 1-34 所示。

图 1-34 AutoCAD 2010 的启动

（1）在桌面上双击 AutoCAD 2010 的图标，即可进入 AutoCAD 2010 绘图界面。

（2）选择菜单："开始"｜"程序"｜"Autodesk"｜"AutoCAD 2010"命令，即可进入

AutoCAD 2010 绘图界面。

（3）双击已经存盘的任意一个 AutoCAD 2010 图形文件（＊.dwg 文件），即可打开 AutoCAD 2010。

2）AutoCAD 2010 的退出

常用的退出方法有以下 3 种。

（1）单击标题栏右上角的关闭按钮█。

（2）直接在命令行中输入 Quit 或 Exit 命令。

（3）单击标题栏左上角的控制图标▲，然后从下拉菜单中单击"退出 AutoCAD"按钮。

2. AutoCAD 2010 的工作界面

AutoCAD 2010 强化了三维绘图功能，提供了"初始设置工作空间""二维草图与注释""三维建模""AutoCAD 经典"4 种工作空间模式。对于这 4 种工作空间模式，用户可以通过单击屏幕右下角图标█初始设置工作空间█中的下拉箭头进行切换。对于初学者，可以在"初始设置工作空间"中画图，因此，下面先介绍"初始设置工作空间"的工作界面、菜单栏及下拉工具栏的功能和作用。

在初始设置工作空间中，AutoCAD 2010 的工作界面由标题栏、菜单栏、下拉工具栏、状态栏、绘图区、命令窗口等部分组成，如图 1-35 所示。

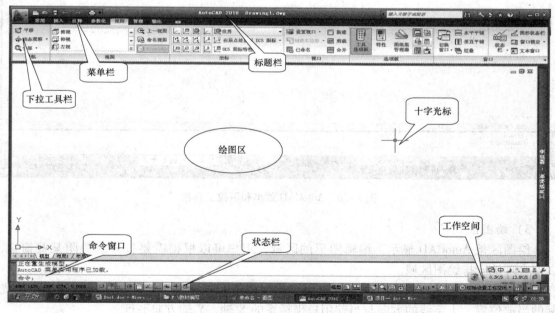

图 1-35　AutoCAD 2010 "初始设置工作空间"工作界面

1）标题栏

标题栏位于工作界面的最上方，用来显示 AutoCAD 2010 的程序图标、文件管理工具栏及当前正在运行的文件名称。如果是新建文件，AutoCAD 将自动用〔DrawingX.dwg〕命名，其中 X 为阿拉伯数字，表示新建的第 X 个文件。单击位于标题栏右侧的█-□×█图标，可分别实现窗口的最小化、还原（最大化）及关闭 AutoCAD 等操作。单击位于标题栏最左边的 AutoCAD 控制图标▲，会弹出一个下拉菜单，利用该下拉菜单可执行 AutoCAD 的大部分命令。

2）菜单栏和下拉工具栏

菜单栏位于标题栏的下方，由"常用""插入""注释""参数化""视图""管理""输出"共 7 个菜单项组成，这些菜单项包括了 AutoCAD 2010 几乎全部的功能和命令。

单击菜单选项，则弹出相应的下拉工具栏。图 1-36 为"常用"菜单下的下拉工具栏，包括"绘图""修改""注释""图层""块""特性""实用工具""剪贴板"8 项。下拉工具栏中的每一个图标都对应一个操作命令。另外，只要将鼠标放置在某个图标上，马上会自动提示图标所表示的命令和功能。

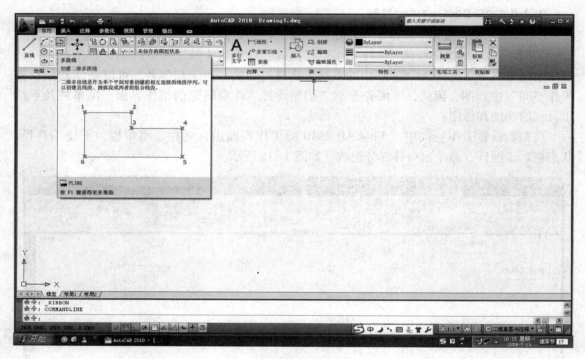

图 1-36 AutoCAD 菜单和下拉工具栏

3）绘图区

绘图区是 AutoCAD 显示、编辑图形的区域，用户可以根据需要打开或关闭某些窗口，以便合理地安排绘图区域。

绘图区中的光标为"十"字光标，用于绘制图形及选择图形对象，十字线的交点为光标的当前位置，十字线的方向与当前用户坐标系的 X 轴、Y 轴方向平行。

绘图区的左下角有一个坐标系图标，它反映了当前所使用的坐标系形式和坐标方向。

4）命令窗口

命令窗口是用户输入命令名和显示命令提示信息的区域。一般保留最后 3 次所执行的命令及相关的提示信息。当需要查看命令的输入和执行过程中的相关文字信息时，用户可以用鼠标拖动绘图区下边缘来改变命令窗口的大小，也可以单击菜单项"视图"下拉工具栏中"状态栏"的"文本窗口"项或按 F2 功能键实现绘图区和文本窗口的切换。

5）状态栏

状态栏位于屏幕的底部。左侧显示当前光标定位点的坐标值。中间依次有"捕捉模式""栅格显示""正交模式""极轴追踪""对象捕捉""对象捕捉追踪""允许\禁止动态 USB""动态输入""显示隐藏线宽""快捷特性"10个辅助绘图工具按钮，单击任一按钮，即可打开或关闭相应的辅助绘图工具。右侧为"模型""缩放""注释比例""初始设置工作空间"等按钮。

（二）AutoCAD 文件管理

1. 新建文件

1）命令激活方式

（1）在命令窗口输入命令行：NEW✓

（2）单击标题栏最左侧的文件控制图标▉，然后从下拉菜单中选择"文件"|"新建"命令，并单击。

（3）单击标题栏的"新建"图标▉。

2）操作步骤

采取上述任意一种方法激活命令，屏幕上都将打开"选择样板"对话框，如图1-37所示。在"选择样板"对话框中，用户可以在样板列表框中选中某一个样板文件，这时在右侧的"预览"框中将显示出该样板的预览图像。单击"打开"按钮，可以将选中的样板文件作为样板来创建新图形。单击对话框右下角"打开"按钮右侧的下拉剪头，将弹出一个下拉菜单，如图1-38所示，各菜单的功能如下。

◆ "打开"：新建一个由样板打开的绘图文件。

◆ "无样板打开-英制（I）"：新建一个英制的无样板打开的绘图文件。

◆ "无样板打开-公制（M）"：新建一个公制的无样板打开的绘图文件。

图1-37 "选择样板"对话框

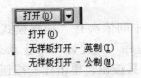

图1-38 "打开"选项卡

2. 打开已有图形文件

1）命令激活方式

（1）在命令窗口输入命令行：OPEN↙

（2）单击标题栏最左侧的文件控制图标，然后从下拉菜单中选择"文件"|"打开"命令，并单击。

（3）单击标题栏的"打开"图标。

2）操作步骤

采取上述任何一种方法激活命令，屏幕上都弹出"选择文件"对话框，如图1-39所示。选择需要打开的图形文件，在右侧的"预览"框中将显示出对应的图形，单击"打开"按钮即可。

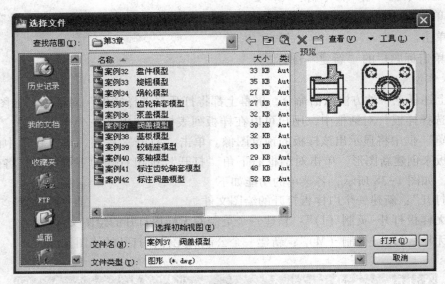

图1-39 "选择文件"对话框

3. 保存图形文件

1）命令激活方式

（1）在命令窗口输入命令行：SAVE↙

（2）单击标题栏最左侧的文件控制图标，然后从下拉菜单中选择"文件"|"保存"命令，并单击。

（3）单击标题栏的"保存"图标。

2）操作步骤

命令激活后，对于未保存过的图形文件，屏幕上将出现"图形另存为"对话框，如图1-40所示。在该对话框中，可以选择保存路径，并为文件命名。在默认情况下，文件以DrawingX.dwg命名并保存。也可以在下拉列表中选择其他格式。AutoCAD 2010的图形文件的默认扩展名为dwg，默认的文件类型为AutoCAD 2010的图形（*.dwg）。

如果用户想为一个已经命名保存的图形创建新的文件名，可以单击标题栏最左侧的文件控制图标，然后从下拉菜单中选择"文件"|"另存为"命令，并单击，或在命令行输入

SAVEAS，将图形以新的名称另存。此时不影响原命名图形，系统将以新命名的文件作为当前图形文件。

在绘制图形时，应注意及时存盘，以免因意外断电或机器故障造成图形丢失。

图 1-40　"图形另存为"对话框

4. 关闭图形文件

命令激活方式

（1）在命令窗口输入命令行：CLOSE↙

（2）单击标题栏最左侧的文件控制图标，然后从下拉菜单中选择"文件"|"关闭"命令，并单击。

（三）AutoCAD 基本操作

1. 命令激活方式

在 AutoCAD 中，命令可以用多种方法激活，常用的激活方法是通过命令行、下拉菜单或工具栏输入命令。

1）从命令行输入命令

AutoCAD 的命令名是一些英文单词或其简写。AutoCAD 对每个命令都规定了别名，通过键盘在命令行中输入命令或其别名，然后按回车键或空格键，即可执行该命令。如果用户具有较好的英语基础，应用这种方法可以方便快捷地调用各种命令，提高工作效率。

2）从下拉菜单输入命令

在 AutoCAD 经典工作空间，有下拉菜单，通过单击下拉菜单，然后单击下拉菜单的选项，即可打开某命令。同时，命令行中就会显示该命令名，用户根据命令行中的提示执行该命令即可。

3）从下拉工具栏输入命令

在初始设置工作空间，AutoCAD 2010 与其他版本相比较，在工作界面上的最大特点就是由下拉工具栏取代了下拉菜单。工具栏中的每一个按钮，都代表 AutoCAD 的一个命令。

只要单击菜单栏中的菜单项，工具栏出现的都是对应命令的工具按钮。所以，只要单击某个按钮，就可以调用相应的某个命令。同时，命令行中就会显示该命令名，用户根据命令行中的提示执行该命令即可。另外，将光标指到某一按钮图标上，停留片刻，就会自动显示该图标的名称、功能和图例。

2. 重复、中断、撤销、恢复、图形显示控制、透明命令

在 AutoCAD 命令的操作过程中，重复、中断、撤销、恢复、图形显示控制、透明等这些常用命令的调用频率非常高，为方便操作，介绍如下。

1）重复命令

当需要连续重复执行同一个命令时，可以按 Enter 键或空格键，也可以在绘图区域中右击，从弹出的快捷菜单中选择"重复"命令。

2）中断命令

在命令的执行过程中，由于输入的命令不正确或操作不当需要中断该命令时，可以按 Esc 键中断该命令，使命令行回到未输入该命令前的"命令："状态。

对于初学者，经常会遇到命令没法输入的情况，原因就是上一个命令还在执行过程中，尚未退出。这时也应首先按 Esc 键终止该命令，使命令行回到"命令："状态，然后再输入新的命令。但是，如果是通过下拉工具栏调用另一个命令，AutoCAD 将自动终止当前正在执行的命令。

3）撤销命令

在命令的执行过程中，如果发现上一步的操作有误，可采取以下方式进行撤销。

（1）在命令窗口输入命令行：UNDO（或 U）✓

（2）单击"标准"工具栏中的放弃按钮。如果单击放弃按钮右侧的下拉箭头，将弹出近期的操作，然后选择要放弃的命令数目。

（3）在绘图区内直接右击。有些命令在鼠标右键菜单中提供了"放弃"选项，可直接选择"放弃"选项进行撤销。

4）恢复命令

恢复已撤销的命令，可采取以下方式进行恢复。

（1）在命令窗口输入命令行：MREDO✓

（2）单击"标准"工具栏中的恢复按钮。同样，如果单击恢复按钮右侧的下拉箭头，将弹出近期的操作，然后选择要恢复的命令数目。

5）图形显示控制命令

AutoCAD 为用户提供了方便快捷的"图形显示控制"功能，通过"缩放""实时平移"等命令，可以改变图形在屏幕上的显示大小和位置，以便于绘制和观察图形，但并不改变图形的实际尺寸。

（1）视图缩放。改变图形的屏幕显示大小，但不改变图形的实际尺寸，只是为了方便用户更清楚地观察或修改图形。

◆ 命令激活方式

① 工具栏：在标准工具栏中单击相应的"缩放"图标 或使用"缩放"工具栏。

② 下拉菜单：单击"视图" | "缩放"命令。

③ 命令行：ZOOM（或 Z）↙

◆ 常用各选项的意义

① 实时缩放 🔍。激活命令后，"十"字光标变为放大镜形状，按住鼠标左键向上拖动可放大图形，向下拖动可缩小图形。按 Enter 键、Esc 键、空格键或鼠标右键退出。

② 上一步 🔍。激活命令后，将恢复上一次缩放的视图大小，最多可以恢复此前的 10 个视图。

③ 窗口缩放 🔍。激活命令后，框选需要显示的图形，被框选图形将充满窗口。

④ 全部显示 🔍。显示整个图形。如果图形对象未超出图形界限，则以图形界限显示；如果超出图形界限，则以当前范围显示。

（2）视图平移。移动整个图形以便于更好观察，但不改变图形对象的实际位置。

◆ 命令激活方式

① 工具栏：在标准工具栏中单击相应的"平移"图标 🖐。

② 下拉菜单：单击"视图"|"平移"命令。

③ 命令行：PAN（或 P）↙

◆ 操作步骤

激活命令后，光标变为手状，按住鼠标左键拖动，可使图形按光标移动方向移动。按 Enter 键、Esc 键、空格键或鼠标右键退出。

6）透明命令

有些命令可以在绘制或编辑图形命令的执行过程中开启或关闭，而不影响原来命令的执行，这些命令叫作透明命令。透明命令多为修改图形设置的命令和绘图辅助工具命令，例如，"平移""缩放""捕捉""正交"等命令。透明命令完成后，将继续执行原命令。

7）命令执行中的提示说明

一般来说，初学者应该注意观察命令行的提示，按照命令行的提示内容进行下一步操作。下面以圆的画法为例，说明 AutoCAD 命令执行过程中提示行内容的含义。

画圆的命令输入方法如下。

命令行：CIRCLE（或 C）↙

工具栏：选择"常用"|"绘图"|"◉·"命令。如果单击画圆按钮右侧的下拉箭头，将弹出画圆的各种方法，可根据已知条件选择对应画法。

此时，命令行提示：

```
命令：circle 指定圆的圆心或 [三点(3P)/两点(2P)/切点、切点、半径(T)]：200,200
指定圆的半径或 [直径(D)] <50.0000>：30
命令：
300.5102, 108.2155, 0.0000
```

这时，已完成了一个圆心坐标为（200，200），半径为 50 的圆的绘制。

在上述命令行提示中，各项的意义如下。

• 紧接在"命令："后面未加括号的提示为正在执行的命令。如本例中的"circle 指定圆的圆心"。

• 在"［　］"中的内容为选项，当一个命令有多个选项时，各选项用"/"隔开。在选择所需的选项时，需要输入对应选项后面括号内的字母，如若选用两点画圆法，需要输入 2P。AutoCAD 可以通过 4 种方式画圆：输入半径（直径）画圆，输入三点画圆，输入两点画圆，选中两个与圆相切的图形及圆的半径画圆。用户可以根据已知条件的不同任意选择画圆方法。

- 在 "< >" 中的选项为默认值。如果同意默认数值，只需按 Enter 键或空格键即可；如果不同意默认数值，直接通过键盘输入正确数值，然后按 Enter 键或空格键即可。如若绘制半径为 50 的圆，直接按 Enter 键或空格键，如若绘制半径不是 50 的圆，则需要直接输入半径数值即可。

（四）AutoCAD 数据输入

1. 点坐标的输入

输入点的坐标时，AutoCAD 可以使用 4 种不同的坐标系类型，即直角坐标系、极坐标系、球面坐标系和柱面坐标系，最常用的是直角坐标系和极坐标系。输入点坐标的方法主要有以下几种。

1）用键盘输入点的坐标

通过键盘直接输入坐标值，坐标的表示方法有绝对坐标和相对坐标，输入方法如下。

（1）绝对直角坐标。绝对直角坐标是指相对当前坐标原点的坐标。输入格式为 "x，y，z"，x、y、z 为具体的直角坐标值。在键盘上按顺序直接输入数值，各数之间直接用 "," 隔开，二维点可直接输入 "x，y" 的数值。

（2）相对直角坐标。相对直角坐标是指某点相对于已知点沿 X 轴和 Y 轴的位移量（Δx，Δy）。输入格式为 "@Δx，Δy"。@ 称为相对坐标符号，表示以前一点为相对原点，输入当前点相对于前一点的相对直角坐标值。

（3）绝对极坐标。绝对极坐标是指通过输入某点距相对当前坐标原点的距离，以及在 XOY 平面中该点和坐标原点连线与 X 轴正方向的夹角来确定位置。输入格式为 "$L<\theta$"。L 表示当前点到坐标系原点的距离，θ 表示距离线相对于 X 轴正方向的夹角，该点绕原点逆时针转过的角度为正值。

（4）相对极坐标。相对极坐标是指通过定义某点与已知点之间的距离，以及两点之间连线与 X 轴正方向的夹角来定位该点的位置。输入格式为 "@$L<\theta$"。@ 为相对坐标符号，L 表示当前点与前一点连线的长度，θ 表示当前点绕前一点转过的角度，逆时针为正，顺时针为负。

2）用鼠标输入点

当需要输入一个点时，也可以直接用鼠标在屏幕上拾取。其过程是：把 "十" 字光标移到所需的位置，单击，即可拾取该点，该点的坐标值同时被输入。

2. 数值的输入

在命令执行过程中，有些命令提示是要求输入数值，如长度、宽度、高度、行数和列数、行间距和列间距等。数值的输入方法有两种。

（1）通过键盘直接输入需要的数值。

（2）用鼠标拾取一点的位置。当已知某一基点时，用鼠标拾取另一点的位置，此时，系统会自动计算出基点到指定点的距离，并以该两点之间的距离作为输入的数值。

3. 角度的输入

（1）通过键盘直接输入需要的角度值。X 轴正方向为 0 度，逆时针为正，顺时针为负。

（2）通过两点输入角度值。通过输入第一点与第二点的连线方向确定角度。角度大小与输入点的顺序有关。规定第一点为起始点，第二点为终点。

二、AutoCAD 精确绘图

AutoCAD 提供的对象捕捉功能可以准确地捕捉一些特殊位置点（如端点、交点等），不但能提高绘图的速度，也使得图形绘制非常精确。

1. 临时对象捕捉

临时对象捕捉仅对本次捕捉点有效，共有 3 种方法。

（1）在任意一个工具栏处右击，在打开的工具栏快捷菜单中单击"对象捕捉"命令，将打开如图 1-41 所示的"对象捕捉"工具栏。

图 1-41 "对象捕捉"工具栏

将鼠标放在工具栏任意按钮的下方停留片刻，将显示出该按钮的捕捉名称。临时对象捕捉属于透明命令，可以在绘图或编辑命令执行过程中插入，在绘图过程中提示确定一点时，选择对象捕捉的某一项（如端点、中点等），只要光标在该点的附近，光标就会自动捕捉到相关的点。

（2）在执行绘图命令要求指定点时，可以按下 Shift 键或 Ctrl 键，右击，打开对象捕捉快捷菜单，如图 1-42 所示，选择需要的捕捉定位点进行捕捉。

图 1-42 "对象捕捉"快捷菜单

（3）在命令行提示输入点时，直接输入关键词如 MID（中点）、TAN（切点）等，按

Enter 键，临时打开捕捉功能。

被输入的临时捕捉命令将暂时覆盖其他的捕捉命令，在命令行中显示一个"于"标记。

2. 自动对象捕捉

在绘图过程中，使用对象捕捉的频率非常高。若每次都使用"对象捕捉"工具栏等临时对象捕捉，将会影响绘图效率。为此，AutoCAD 又提供了一种自动对象捕捉模式。

要打开自动对象捕捉模式，可在"工具"下拉菜单中选择"草图设置"选项草图设置(F)... ，此时，将打开"草图设置"对话框，在该对话框中选择"对象捕捉"选项卡，并选中"启用对象捕捉"复选框，然后在"对象捕捉模式"选项组中选中相应复选框，如图 1-43 所示。

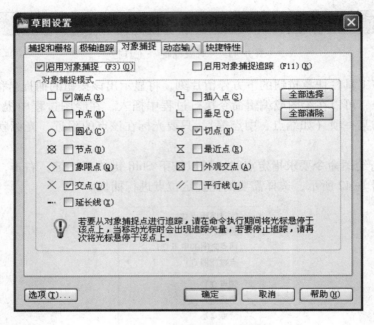

图 1-43 "草图设置"对话框

当开启自动捕捉后，绘制和编辑图形时，若把光标放在一个对象上时，系统自动捕捉到对象上所有符合条件的结合特征点，并显示相应的标记。

当开启自动捕捉后，设置的对象捕捉模式始终处于运行状态，直到关闭为止。若想关闭该功能，在"草图设置"对话框的"对象捕捉"选项卡中，取消"启用对象捕捉"，此时将关闭对象捕捉功能。但是更方便的是直接单击屏幕下方状态栏上的按钮，开启或关闭"对象捕捉"功能。

三、绘图环境的设置

（一）图形单位及图幅的设置

1. 图形单位

在绘图前，一般要先设置绘图单位。绘图单位的设置主要包括设置绘图时所使用的长度单位、角度单位及显示单位的精度和格式。

1）命令的激活方式

① 在命令窗口输入命令行：UNITS（或 UN）↙

② 下拉菜单：选择"格式"|"单位"命令。

2）操作步骤

用上述任何一种方式激活"单位"命令后，都将弹出如图 1-44 所示的"图形单位"对话框，可对该对话框相应的内容进行设置。

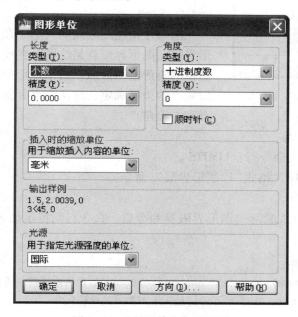

图 1-44　"图形单位"对话框

（1）长度单位设置。在"长度"选项组中，可以设置图形的长度单位类型和精度，各选项的功能如下。

①"类型"下拉列表框：用于设置长度单位的格式类型。可选的长度单位有"小数""分数""工程""建筑""科学"5 种。其中，"工程"和"建筑"格式用英尺或英寸显示，其余 3 种显示格式可用于任何一种单位，常用的为小数单位。

②"精度"下拉列表框：用于设置长度单位的显示精度，即小数点的位数，最大可以精确到小数点后 8 位数，默认为小数点后 4 位数。

（2）角度格式的设置。在"角度"选项组中，可以设置绘图的角度格式和精度，各选项的功能如下。

①"类型"下拉列表框：用于设置角度单位的格式类型。可选的角度格式有"十进制数""百分度""弧度""勘测单位""度/分/秒"5 种。常用的为十进制数格式。

②"精度"下拉列表框：用于设置角度单位的显示精度，默认值为 0。

③"顺时针"复选框：该复选框用来指定角度的正方向。选择"顺时针"复选框则以顺时针方向为正方向，不选中此复选框则以逆时针方向为正方向。默认情况下，不选中此复选框。

（3）插入比例。用于设置插入到当前图形中的块和图形的测量单位。单击"用于缩放插入内容的单位"下拉列表右边的下拉按钮，可以从下拉列表框中选择所拖放图形的单位，如毫米、英寸、码、厘米、米等，常用的为毫米单位。

图 1-45 "方向控制"对话框

（4）方向控制。单击"方向"按钮，弹出如图 1-45 所示的"方向控制"对话框，在对话框中可以设置基准角度（0°角）的方向。在 AutoCAD 的默认设置中，0°角方向是指向右（正东）的方向，逆时针方向为角度增加的正方向。

2. 图幅

图幅是指绘图区域的大小，在 AutoCAD 中被称为图形界限。图形界限就是绘图时在模型空间中设置的一个虚拟的矩形绘图区域，这个矩形的虚拟绘图区域由两个对角点的坐标确定，这两个点分别是绘图范围的左下角点和右上角点。

1）命令的激活方式

① 在命令窗口输入命令行：LIMITS ↙

② 下拉菜单：选择"格式"|"图形界限"命令。

2）操作步骤

用上述任何一种方式激活"图形界限"命令后，命令行均提示如下：

命令：limits ↙
重新设置模型空间界限：
指定左下角点或［开(ON)/关(OFF)］<0.0000,0.0000>:（输入左下角点的坐标）↙
指定右上角点 <420.0000,297.0000>:（输入右上角点的坐标）↙

执行结果：设置了一个以左下角点和右上角点为对角点的矩形绘图界限。默认时，设置的是 A3 图幅的绘图界限。

设置了图形界限后，用户可以通过"命令窗口"中的"［开（ON）/关（OFF）］"选项，来打开或关闭图形界限检查，系统的默认选项为"关"。当输入 on 打开界限检查时，输入的点坐标将被限定在所设置的图形界限范围内，不能在图形界限之外绘制图形。如果所绘图形超出了图形界限，系统会在命令窗口给出提示信息，从而保证了绘图的正确性。

（二）图层的设置

1. 图层的概念

图层可以想象为没有厚度的"透明纸"，一张图纸可以看成是由多层"透明纸"重叠而成，每张"透明纸"是一个图层。将一幅图样的不同内容绘制在不同的图层上，为保证层与层之间完全对齐，各图层之间具有相同的坐标系和显示缩放系数。当一个图形的各层完全打开，所有图层重叠在一起，就组成了一张完整的图样。例如，绘制一张轴端盖零件图，可以将轴线绘制在一个图层上，端盖的轮廓线绘制在另一个图层上，尺寸标注在其他图层上，所有的图层叠加组合在一起，就构成完整的轴端盖零件图。

2. 图层的作用

对于一个图形实体，除了由几何信息来确定它的位置和大小外，还要确定它的颜色、线型、线宽和状态。一张工程图样往往包含许多图形实体，而且有很多具有相同颜色、线型、线宽和状态的实体，重复做这种描述工作不仅浪费时间，还要占据较多的存储空间。按分层来绘制图形，在确定每一个实体时，只要确定其几何数据和它所在的图层就可以了，从而节约了时间和存储空间。当图层被赋予了某种颜色、线型和线宽时，在该层绘制出来的图形实体便具有同样的颜色、线型和线宽了。

在机械和建筑工程等图样中，图形中主要包括中心线、轮廓线、虚线、剖面线、尺寸标注及文字说明等要素。如果用图层来管理，不仅能使图形的各种信息清晰、有序、便于观察，而且也会给图形的编辑、修改和输出带来很大方便。

在 AutoCAD 中，图层的功能和用途要比"透明纸"强大得多，用户可以根据需要创建很多图层，将相关的图形信息放在同一层上，以此来管理图形对象。

3. 图层的创建与设置

在默认情况下，AutoCAD 会自动创建一个名为 0 的图层，0 图层不可重命名，也不可被删除，一般作为辅助图层使用。用户在绘图时，可以根据需要来创建新的图层，然后再更改其图层名，并进行必要的设置。

1）创建新图层

（1）命令的激活方式。

① 在命令窗口输入命令行：LAYER（或 LA）✓

② 下拉菜单：选择"格式" | "图层"命令。

③ 工具栏：单击"图层特性管理器"图标。

（2）操作步骤。用上述任何一种方式激活"图形界限"命令后，都将打开"图层特性管理器"对话框，如图 1-46 所示。此时对话框中只有默认的 0 层，单击新建图层按钮，即可在列表框中出现名称为"图层 1"的新图层，如图 1-47 所示。

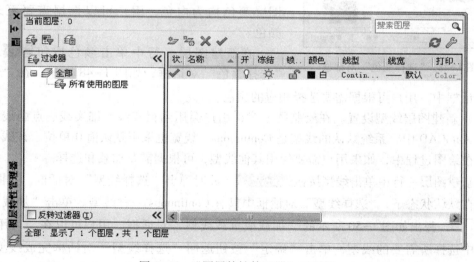

图 1-46 "图层特性管理器"对话框

2）对新建图层进行设置

此时新建的图层颜色为蓝色，处于被选中的状态，可以对该图层的各项属性进行设置，各项属性设置说明如下。

（1）新建图层的命名。单击图层名称（图层 1）可更改图层名。为方便绘图，用户可

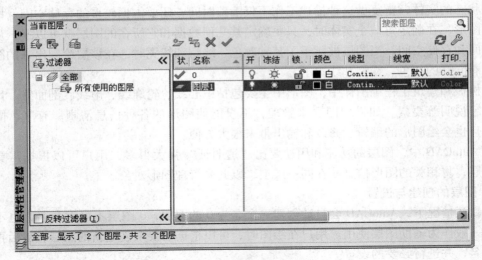

图 1-47 "图层特性管理器"选项板

图 1-48 "选择颜色"对话框

以将"图层 1"改为"粗实线层"或"点画线层"等。需要注意的是，如果输入的图层名是汉字，输入完毕后需要按 Enter 键或空格键确定。当然，用户也可以在文本框中输入其他新的图层名。

（2）新建图层颜色设置。图层的颜色是指该图层上面的实体颜色，对不同的图层可以设置不同的颜色，也可以设置相同的颜色。在默认情况下，新建的图层颜色均为白色，用户可以根据需要更改图层颜色。

在新建图层一行中单击颜色按钮 ■白，弹出"选择颜色"对话框，如图 1-48 所示。在"选择颜色"对话框中，用户可根据需要选择相应的颜色。

（3）新建图层线型设置。在绘制图形时，用户会用到粗实线、细实线、点画线和虚线等。在 AutoCAD 中，系统默认的线型是 Continuous，线宽也采用默认值 0 单位，该线型是连续的。在绘图过程中，如果用户需要使用其他线型，可根据需要加载和选择。

在新建图层一行中单击线型按钮 Contin...，此时弹出"选择线型"对话框，如图 1-49 所示。在默认状态下，"选择线型"对话框中只有 Continuous 一种线型。单击"加载"按钮 加载(L)...，弹出如图 1-50 所示的"加载或重载线型"对话框，用户可以在"可用线型"列表框中选择所需要的线型，单击"确定"按钮返回"选择线型"对话框完成线型加载，选择需要的线型，单击"确定"按钮回到"图层特性管理器"选项板，完成线型的设定。

（4）新建图层线宽设置。在"默认"情况下线宽默认值为 0.25 mm，用户可以通过下述方法来设置线宽。

在新建图层一行中单击线宽按钮 —— 默认，此时弹出"线宽"对话框，如图 1-51 所示。用户在"线宽"列表框中选择需要的线宽，单击"确定"按钮完成线宽的设置。

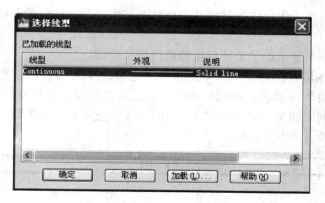

图 1-49 "选择线型"对话框

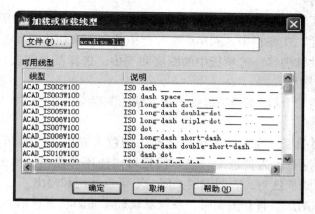

图 1-50 "加载或重载线型" 对话框

图 1-51 "线宽"对话框

注意：在绘制图形时，只有单击状态栏上的"线宽"按钮┼，将"线宽"处于"显示"状态，新设置的线宽才能显示，否则不显示线宽。

3）图层管理

在系统默认状态下，用户所设置的每个图层都具有相同的特性。用户在绘制或编辑图形时，可以根据需要对各个图层的各种特性进行修改。图层的特性包括图层的开关、冻结、锁定、打印和过滤等。

下面对该对话框中显示的主要图形特性进行简要介绍。

（1）置为当前图层。在创建的许多图层中，总有一个为当前层。图 1-52 所示是"图层"工具栏和"特性"工具栏，此时，图层 1 被设为当前层。如果在"特性"工具栏中将颜色控制、线型控制、线宽控制都设置成"ByLayer（随层）"，那么，所绘制的图形的颜色、线型、线宽都符合该图层特性。

图 1-52　"图层"工具栏和"特性"工具栏

要将某个图层切换到当前图层，可通过以下 3 种方法之一进行。

① 在"图层"工具栏中，单击按钮❷切换对象所在图层为当前图层。

② 在"对象特性"工具栏中，利用图层控制下拉列表来切换图层。

③ 在"图层特性管理器"选项板中的图层列表中，选择某个图层，然后单击置为当前按钮✔来切换到当前图层。

使用图层时注意：当前层不能被冻结或被冻结的图层不能作为当前层。编辑已存在的图形不受当前层的限制。

（2）打开或关闭图层。在对话框中以灯泡的颜色来表示图层的开关。在默认情况下，图层都是打开的，灯泡显示为黄色💡，表示图层可以使用和输出；单击灯泡可以切换图层的开关，此时灯泡变成灰色💡，表明图层关闭，不可以使用和输出。

（3）冻结或解冻图层。打开图层时，系统默认以解冻的状态显示，以太阳图标☼表示，此时的图层可以显示、打印输入和在该图层上对图形进行编辑。单击太阳图标可以冻结图层，此时以雪花图标❄表示，该图层上的图形不能显示、无法打印输出、不能编辑该图层上的图形。当前图层不能冻结。

（4）锁定或解锁图层。在绘制完一个图层时，为了在绘制其他图形时不影响该图层，通常可以把图层锁定。图层锁定以🔒来表示，单击该图标可以将图层解锁，以图标🔓表示。新建的图层默认都是解锁状态。锁定图层不会影响该图层上图形的显示。

（5）打印或不打印图层。用来设置哪些图层可以打印。可以打印的图层以🖨显示，单击该图标可以设置图层不能打印，以图标🖨表示。打印功能只能对可见图层、没有被冻结、没有锁定和没有关闭的图层起作用。

（6）过滤图层。在实际绘图过程中，当图层很多时，如何快速查找图层是一个很重要的问题，这时候就需要用到图层过滤。AutoCAD 2010 中文版提供了"图层特性过滤器"来管理图层过滤。在"图层特性管理器"选项板中单击"新建特性过滤器"按钮❷，打开"图层过滤器特性"对话框，如图 1-53 所示。通过"图层过滤器特性"对话框来设置图层过滤。

在"图层过滤器特性"对话框的"过滤器名称"文本框中输入过滤器的名称，过滤器名称中不能包含"<>"";"":""?""*""="等字符。在"过滤器定义"列表中，可以设置过滤条件，包括图层名称、颜色、状态等。当指定过滤器的图层名称时，"?"可以

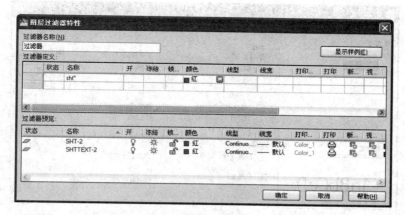

图1-53　"图层过滤器特性"对话框

代替任何一个字符。如图1-53所示，命名为"过滤器"的过滤器将显示符合以下所有条件的图层：

名称中包含字母SHT；图层颜色为红色。

（三）文字样式的设置

1. 汉字样式的设置

1）命令激活方式

① 工具栏：单击"样式"图标 。

② 下拉菜单：选择"格式"|"文字样式"命令。

③ 在命令窗口输入命令行：STYLE（或ST）✓

2）操作步骤

执行上述操作后，系统打开"文字样式"对话框，如图1-54所示。单击"新建"按钮，系统打开"新建文字样式"子对话框，如图1-55所示。将"样式名"文本框中的"样式1"修改为"汉字"，单击"确定"按钮，返回"文字样式"对话框。

在"文字样式"对话框中，单击"字体名"下拉列表框，从中选择"仿宋_ GB2312"，将"宽度因子"设置为0.67，"倾斜角度"设置为0，依次单击"应用"按钮和"关闭"按钮。

重复上述操作，在"新建文字样式"对话框中，输入样式名"数字与字母"，选择"isocp. shx"字体，"宽度因子"设为0.67，"倾斜角度"设为15，依次单击"应用"按钮和"关闭"按钮。

2. 操作说明

（1）在"文字样式"对话框中，"高度"文本框是用来设置创建文字时的固定字高，在用命令输入文字时，AutoCAD不再提示输入字高参数。如果在此文本框中设置高度为0，系统会在每一次创建文字时均提示输入字高。因此，如果不想固定字高，就可以将"高度"文本框中的数值设置为0。

（2）设置过的文字样式，可以再利用"文字样式"对话框进行修改。如果修改现有样式的字体或方向，使用该样式的所有文字将随之改变并重新生成。修改文字的高度、宽度因

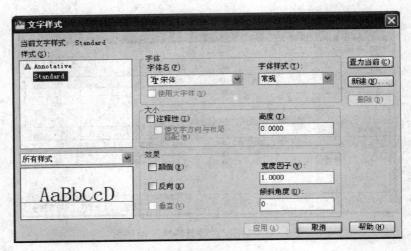

图 1-54 "文字样式"子话框

图 1-55 "新建文字样式"与对话框

子和倾斜角度不会改变现有的文字，但会改变以后创建的文字对象。

（四）尺寸标注样式的设置

1. 标注样式的设置

1）命令激活方式

① 工具栏：单击"标注"图标 ◢ 。

② 下拉菜单：选择"格式"|"标注样式"命令。

③ 在命令窗口输入命令行：DIMSTYLE（或 D）↙

2）操作步骤

执行上述操作后，系统打开"标注样式管理器"对话框，如图 1-56 所示。单击"新建"按钮，系统打开"创建新标注样式"对话框，如图 1-57 所示。将"新样式名"文本框中的"副本 ISO-25"修改为"尺寸标注"，单击"继续"按钮，弹出"新建标注样式：标注样式"对话框，如图 1-58 所示。

分别进入"线"和"文字"选项卡，根据制图国家标准的规定，将"线"设置成图 1-58 所示样式，将"文字"设置成图 1-59 所示样式。参数修改完毕后，单击"确定"按钮，返回到"标注样式管理器"对话框，如图 1-60 所示，单击"置为当前"按钮，将新建的标注样式设为当前标注样式。单击"关闭"按钮，返回绘图界面，标注样式设置完成。

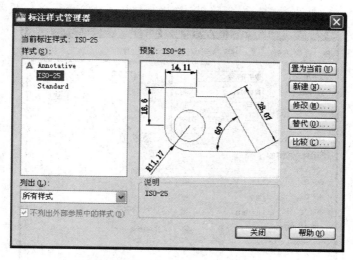

图 1-56 "标注样式管理器"对话框

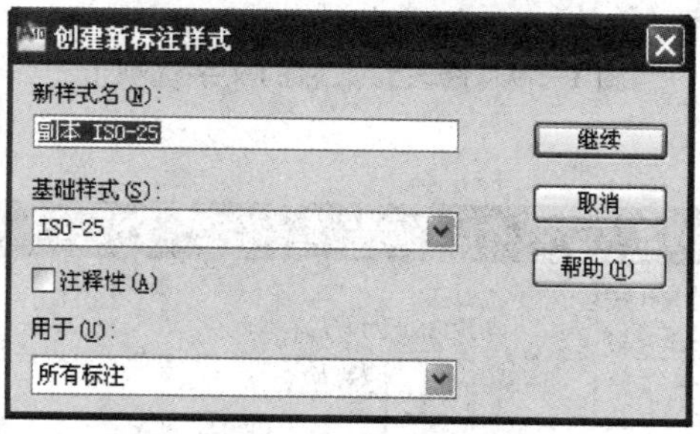

图 1-57 "创建新标注样式"对话框

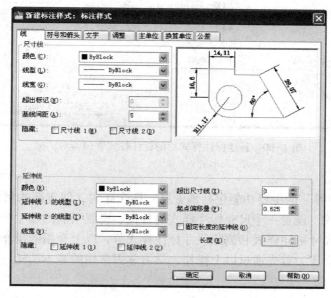

图 1-58 修改参数后的直线选项卡

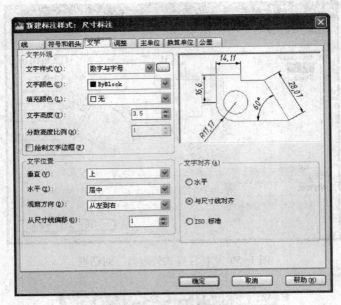

图 1-59　修改参数后的文字选项卡

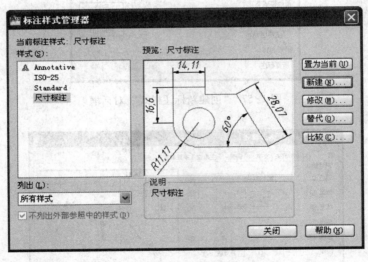

图 1-60　新建标注样式后的标注样式管理器对话框

2. 操作说明

"标注样式管理器"的主要功能包括预览尺寸标注样式、创建新的尺寸标注样式、修改已有的尺寸标注样式、设置一个尺寸标注样式的替代、设置当前的尺寸标注样式、比较尺寸标注样式、重命名尺寸标注样式和删除尺寸标注样式等，以上介绍的操作步骤仅是其中的一个方面。对初学者而言，首先通过以上操作，学习掌握常用的基本功能，在此基础上逐步掌握其他功能。

四、AutoCAD 绘图步骤

（一）AutoCAD 绘图时注意的几个问题

（1）将不同的线型分层绘制。用 AutoCAD 绘制图形时，绝大多数情况下是绘制在当前图层上，因此，要注意根据所绘线型的不同，及时变换当前层。此外，利用图层的"关闭"和"打开"功能，有助于提高绘图效率和图形管理。

（2）灵活运用显示控制功能。在绘图和编辑过程中，为了看得清楚、定位准确，应随时对屏幕显示进行缩放、平移。

（3）灵活运用"捕捉"功能。注意利用"捕捉"功能来保证作图的准确性。

（4）经常对所绘图形进行存盘处理。新建一个"无名文件"后，应及时进行赋名存盘，在操作过程中，要养成经常存盘的习惯，以防意外原因造成所画图形的丢失。

（二）AutoCAD 绘图的一般步骤

（1）在绘图前，首先要看懂和分析所绘图形的内容。譬如，根据视图数量和尺寸大小，选择图幅和比例。根据图形特点，分析应如何绘制，还有没有其他更简捷的方法等。

（2）启动 AutoCAD 后，首先应进行系统设置。这些设置包括图形界限、图层、线型、线宽、颜色的设置；文本样式和标注样式的设置等。

（3）设置图幅，确定比例，绘制图框和标题栏，填写标题栏。

（4）绘制图形并及时编辑和修改。

（5）标注尺寸和技术要求。

（6）检查、修改后存盘。

AutoCAD 绘图步骤比较灵活，可根据自己的绘图习惯灵活运用。

■ 任务实施

1. 读图并分析

图 1-33 所示的手柄属于较复杂的平面图形，要灵活应用各种绘图与修改命令、尺寸标注和文字输入命令才能完成。

2. 设置绘图环境

1）新建图形文件

单击文件管理工具栏中的"新建"图标▢（或单击控制图标▮，并选择"文件"｜"新建"命令），新建一个图形文件。在文件名右侧的"打开"对话框中，选择"公制"形式，赋名存盘。

2）设置图形界限

在命令行中输入"LIMITS"命令，将左下角点设为（0，0），右上角点设为（210，297）。

3）设置图层

单击图层工具栏中的"图层特性管理器"图标▤，系统将打开"图层特性管理器"对话框，单击"新建"按钮，建立"细实线""粗实线""点画线""标注""文本"5 个图层，并对每个图层的线型、颜色等进行相应设置。

4）设置文字样式、标注样式（略）

3. 绘制图幅

1）绘制竖 A4 图幅的外边框

将"细实线"层设为当前层，单击绘图工具栏中的"矩形"图标□，绘制一个左下角点为（0，0），右上角点为（210，297）的矩形线框。

2）绘制竖 A4 图幅的内边框

将"粗实线"层设为当前层，单击绘图工具栏中的"矩形"图标□，命令行提示如下：绘制一个左下角点为（10，10），右上角点为（200，287）的矩形线框。

3）绘制标题栏

绘制图 1-5 所示标题栏并填写文字。

（1）分解边框。单击修改工具栏中的"分解"图标，命令行提示如下：

选择对象：（拾取边框矩形）

选择对象：（点击右键或回车，完成分解）

（2）利用偏移、修剪、窗口缩放命令绘制标题栏。

（3）注写文字。在进行文字注写前，应先设置文字样式，并将"文本"层置为当前图层。

单击绘图工具栏中的"多行文字"图标 **A**，命令行提示如下：

指定第一角点：（捕捉待注写"制图"的矩形框的左上角）

指定对角点或［高度(H)/对正(J)/行距(L)/旋转(R)/样式(S)/宽度(W)/栏(C)］：j↙（选择"对正"选项）

输入对正方式［左上(TL)/中上(TC)/右上(TR)/左中(ML)/正中(MC)/右中(MR)/左下(BL)/中下(BC)/右下(BR)］<左上(TL)>：mc↙（选择"正中"选项）

指定对角点或［高度(H)/对正(J)/行距(L)/旋转(R)/样式(S)/宽度(W)/栏(C)］：（捕捉待注写"制图"的矩形框的右下角）

此时，弹出多行文字编辑器。在该对话框中，将"文字高度"设为5，输入文字内容后单击"确定"按钮，完成"制图"二字的注写。

继续执行"多行文字"命令，选定相应的矩形边界，依次输入"校核""比例""数量"等文字。

4. 绘制平面图形

1）绘制图形对称线及基准线

打开"正交"模式，将"细实线"层设为当前层，单击绘图工具栏中的"直线"图标，启动绘制"直线"命令，绘制图形对称线及基准线。

2）绘制图形

灵活应用各种绘图与修改命令完成平面图形的绘制。

5. 标注尺寸

在进行尺寸标注前，应先设置标注样式，并将"标注"层置为当前图层。

1）标注线性尺寸

（1）标注尺寸 $\phi20$、$\phi30$ 和 8。

命令: dimlinear↙

指定第一条延伸线原点或 <选择对象>:(捕捉左侧矩形的左上方角点)

指定第二条延伸线原点:(捕捉左侧矩形的左下方角点)

指定尺寸线位置或[多行文字(M)/文字(T)/角度(A)/水平(H)/垂直(V)/旋转(R)]:t↙(选择"文字"选项)

输入标注文字 <20>:％％c20 ↙(将尺寸标注内容修改为 φ20)

指定尺寸线位置或[多行文字(M)/文字(T)/角度(A)/水平(H)/垂直(V)/旋转(R)]:↙(在适当的位置单击,以确定尺寸线位置。)

标注文字 = 20

继续执行"线性"标注命令,可完成线性尺寸 $\phi20$、$\phi30$、8 的标注,如图 1-61 (a) 所示。

(2) 标注尺寸 $R15$ 和 75。

命令: dimbaseline↙(激活基线标注命令)

指定第二条延伸线原点或[放弃(U)/选择(S)] <选择>:(捕捉左侧矩形的左下方角点)

标注文字 = 15

指定第二条延伸线原点或[放弃(U)/选择(S)] <选择>:↙(回车)

选择基准标注:↙(回车结束基线标注)

命令: dimcontinue↙(激活连续标注命令)

指定第二条延伸线原点或[放弃(U)/选择(S)] <选择>:(点击尺寸 15 右侧的尺寸界线)

标注文字 = 15

指定第二条延伸线原点或[放弃(U)/选择(S)] <选择>:(捕捉圆弧 R10 的最右侧端点)

标注文字 = 75

指定第二条延伸线原点或[放弃(U)/选择(S)] <选择>:↙(回车)

选择连续标注:↙(回车结束连续标注)

执行"基线"标注和"连续"标注命令后,可完成线性尺寸 $R15$、75 的标注,如图 1-61 (b) 所示。

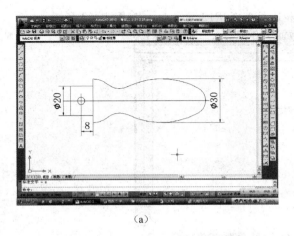
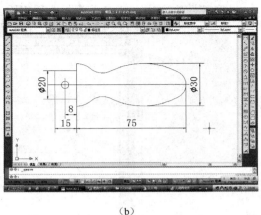

(a)   (b)

图 1-61 线性尺寸的标注

2) 标注直径和半径尺寸

（1）标注直径尺寸。

命令：dimdiameter↙

选择圆弧或圆：(拾取左侧矩形内部的小圆)

标注文字 = 5

指定尺寸线位置或 [多行文字(M)/文字(T)/角度(A)]：(移动鼠标至合适的位置，单击)

标注结果如图 1-62 所示。

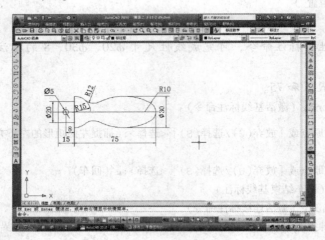

图 1-62　直径和半径尺寸的标注

（2）标注半径尺寸。

命令：dimradius↙

选择圆弧或圆：(拾取已知圆弧 R15)

标注文字 = 15

指定尺寸线位置或 [多行文字(M)/文字(T)/角度(A)]：(移动鼠标至合适的位置，单击)

利用同样的方法，可完成已知圆弧 R10 和连接圆弧 R12 的标注，如图 1-63 所示。

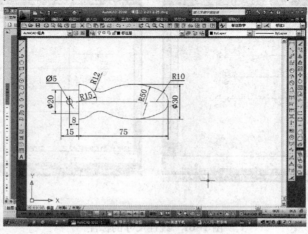

图 1-63　"折弯"半径尺寸的标注

（3）标注"折弯"半径尺寸。

命令：dimjogged↙

选择圆弧或圆：(拾取 R50 的中间圆弧)

指定图示中心位置：(拾取半径标注的起始点)

标注文字 = 50

指定尺寸线位置或［多行文字(M)/文字(T)/角度(A)］：(在合适的位置点击,以确定尺寸线的位置)

指定折弯位置：(在适当的位置单击,确定折弯的位置)

标准结果如图 1-63 所示。

6. 存储文件

- 单击标准工具栏中的"保存"图标 █，弹出"图形另存为"对话框；
- 在"图形另存为"对话框中，选择好保存位置，并输入文件的名称，然后单击"保存"按钮。

 【知识扩展】

徒手画图

徒手画的图又叫草图，它是以目测估计图形与实物的比例，不借助绘图工具（或部分使用绘图仪器）徒手绘制的图样。草图常用来表达设计意图。设计人员将设计构思先用草图表示，然后再用仪器画出正式的工程图。另外，在机器测绘及零件修配中，也常用徒手作图。

1. 画草图的要求

草图是表达和交流设计思想的一种手段，如果作图不准，将影响草图的效果。草图是徒手绘制的图，而不是潦草的图，因此作图时要做到线型分明，自成比例，不求图形的几何精度。

2. 草图的绘制方法

绘制草图时应使用软一些的铅笔（如 HB、B 或 2B），铅笔削长一些，铅芯呈圆形，粗、细各一支，分别用于绘制粗、细线。

画草图时，可以用有方格的专用草图纸，或者在白纸下面垫一张有格子的纸，以便控制图线的平直和图形的大小。

1）直线的画法

画直线时，执笔要稳，眼睛要注意终点。画较短线时，只运动手腕；画长线则运动手臂。画水平线时可将图纸稍向左倾斜，从左向右画；画垂直线时自上而下运笔；画倾斜线时，可适当将图纸转到绘图顺手的位置，如图 1-64 所示。

2）圆的画法

画圆时，应先画中心线。较小的圆在中心线上定出半径的 4 个端点，过这 4 个端点画圆。稍大的圆可以过圆心再作两条斜线，再在各线上定半径长度，然后过这 8 个点画圆。圆的直径很大时，可以用手作圆规，以小指支撑于圆心，使铅笔与小指的距离等于圆的半径，笔尖接触纸面不动，转动图纸，即可得到所需的大圆。也可在一张纸上作出半径长度的记

图 1-64　徒手画直线

号，使其一端置于圆心，另一端置于铅笔，旋转纸张，便可以画出所需圆，如图 1-65 所示。

图 1-65　徒手画圆

画圆弧、椭圆等曲线时，同样用目测定出曲线上若干点，光滑连接即可，如图 1-66 所示。

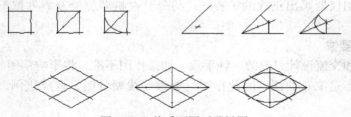

图 1-66　徒手画圆弧及椭圆

3. 绘制平面图形

徒手绘制平面图形时，也和使用尺、规作图时一样，要进行图形的尺寸分析和线段分析，先画已知线段，再画中间线段，最后画连接线段。在方格纸上画平面图形时，主要轮廓线和定位中心线应尽可能利用方格纸上的线条，图形各部分之间的比例可按方格纸上的格数来确定。图 1-67 所示为徒手在方格纸上画平面图形的示例。

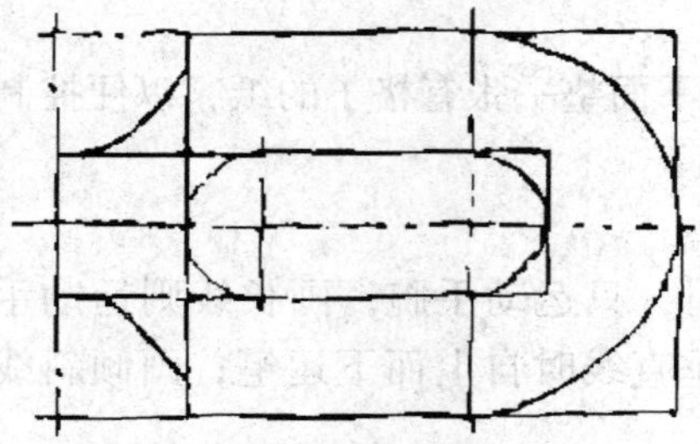

图 1-67　徒手画平面图形

项目二
点、直线、平面投影的绘制

 【项目引入】

  工程技术中各种各样的形体，机械图样中用三视图表达其形状。各种各样的形体是由点、线、面构成的。因此，必须理解和掌握点、线、面的投影规律和作图方法。

 【项目分析】

本项目主要学习：

投影法的基本知识；点的投影；直线的投影；平面的投影；求直线的实长和平面的实形。

■ 知识目标

1. 理解投影的概念、三投影面体系的建立及三视图的形成过程；

2. 掌握三视图之间的投影关系；

3. 掌握点、直线、平面的投影规律和作图方法。

■ 能力目标

1. 能分析形体上点、直线、平面在三投影面体系中的投影特性；

2. 能用正投影的方法正确绘制点、直线、平面的投影。

任务一　点投影的绘制

■ 任务引入

参见图 2-8（a）所示的立体图，作点 A 的三面投影。

■ 任务目标

1. 理解投影的概念、三投影面体系的建立及三视图的形成过程，掌握三视图之间的投影关系；

2. 掌握点的投影规律和作图方法，能分析形体上点在三投影面体系中的投影特性，能用正投影的方法正确绘制点的投影。

■ 相关知识

一、投影法的基本知识

（一）投影法的概念

投影法是指投射线通过物体向选定的平面进行投射，并在该面上得到图形的方法。

如图 2-1 所示，设定平面 P 为投影面，不属于投影面的定点 S 为投射中心。过空间点 A 由投射中心可引直线 SA，SA 称投射线。投射线 SA 与投影面 P 的交点 a，称为空间点 A 在投影面 P 上的投影。同理，b 点是空间点 B 在投影面 P 上的投影（注：空间点以大写字母表示，如 A、B、C，其投影用相应的小写字母表示，如 a、b、c）。

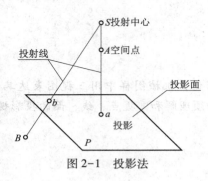

图 2-1 投影法

（二）投影法的分类

1. 中心投影法

投射线都从投射中心出发的投影法，称为中心投影法。所得的投影，称为中心投影，如图 2-2 所示。

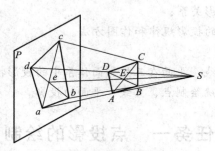

图 2-2 中心投影法

2. 平行投影法

投射线相互平行的投影法，称为平行投影法。根据投射线与投影面的相对位置，平行投影法又分为以下两种。

（1）斜投影法——投射线倾斜于投影面。由斜投影法得到的投影，称为斜投影，如图 2-3 所示。

（2）正投影法——投射线垂直于投影面。由正投影法得到的投影，称为正投影，如图 2-4 所示。

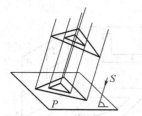

图2-3 平行投影法之一——斜投影

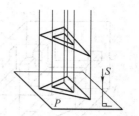

图2-4 平行投影法之二——正投影

绘制工程图样主要用正投影，今后如不作特别说明，"投影"即指"正投影"。

（三）三视图的形成

一般工程图样大都是采用正投影法绘制的正投影图，根据有关标准和规定，用正投影法绘制出的物体的图形称为视图。

1. 三面投影体系

如图2-5所示，三面投影体系由3个相互垂直的投影面组成，其中V面称为正立投影面，简称正面；H面称为水平投影面，简称水平面；W面称为侧立投影面，简称侧面。在三投影面体系中，两投影面的交线称为投影轴，V面与H面的交线为OX轴，H面与W面的交线为OY轴，V面与W面的交线为OZ轴。3条投影轴的交点为原点，记为O。3个投影面把空间分成8部分，称为8个分角。分角Ⅰ、Ⅱ、Ⅲ、Ⅳ、…，Ⅷ的划分顺序如图2-5所示。

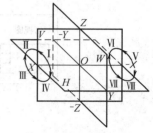

图2-5 三面投影体系

2. 三视图的形成

如图2-6（a）所示，将物体放在三面投影体系内，分别向3个投影面投射。为了使所得的3个投影处于同一平面上，保持V面不动，将H面绕OX轴向下旋转90°，W面绕OZ轴向右旋转90°，与V面处于同一平面上，如图2-6（b）和图2-6（c）所示。这样，便得到物体的3个视图。V面上的视图称为主视图，H面上的视图称为俯视图，W面上的视图称为左视图。在画视图时，投影面的边框及投影轴不必画出，3个视图的相对位置不能变动，即俯视图在主视图的下边，左视图在主视图的右边，3个视图的配置如图2-6（d）所示。3个视图的名称均不必标注。

3. 三视图之间的度量对应关系

物体有长、宽、高3个方向的尺寸。物体左右间的距离为长度，前后间的距离为宽度，上下间的距离为高度，如图2-7所示。主视图和俯视图都反映物体的长，主视图和左视图都反映物体的高，俯视图和左视图都反映物体的宽。三视图之间的投影关系可归纳为：主视图、俯视图长对正；主视图、左视图高平齐；俯视图、左视图宽相等，即"长对正，高平齐，宽相等"。这种"三等"关系是三视图的重要特性，也是画图和看图的主要依据。

4. 三视图与物体方位的对应关系

物体有上、下、左、右、前、后6个方位，如图2-7所示，主视图能反映物体的左右和上下关系，左视图能反映物体的上下和前后关系，俯视图能反映物体的左右和前后关系。

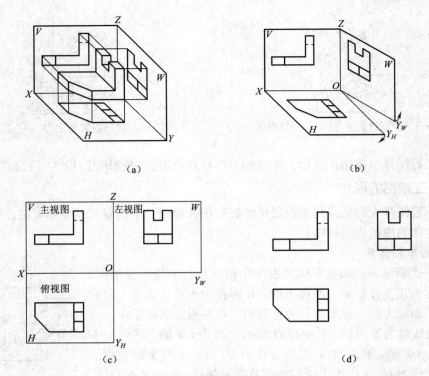

图 2-6 三视图的形成

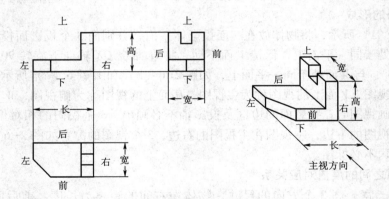

图 2-7 三视图的度量对应关系和方位关系

二、点的投影

（一）点的三面投影

如图 2-8（a）所示，第一分角内有一点 A，将其分别向 V、H、W 面投射，即得点的三面投影。其中，V 面上的投影称为正面投影，记为 a'；H 面上的投影称为水平投影，记为 a；W 面上的投影称为侧面投影，记为 a''。

移去空间点 A，保持 V 面不动，将 H 面绕 OX 轴向下旋转 90°，W 面绕 OZ 轴向右旋转 90°，与 V 面处于同一平面，得到点 A 的三面投影图，如图 2-8（b）所示。图中 OY 轴被假想地分为两条，随 H 面旋转的称为 OY_H 轴，随 W 面旋转的称为 OY_W 轴。在投影图中不必画出投影面的边界，如图 2-8（c）所示。

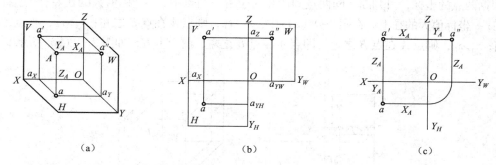

（a）　　　　　　　　　　（b）　　　　　　　　　　（c）

图 2-8　第一分角内点的投影图

（二）点的三面投影与直角坐标的关系

若将三投影面体系当作笛卡儿直角坐标系，则投影面 V、H、W 相当于坐标面，投影轴 OX、OY、OZ 相当于坐标轴 X、Y、Z，原点 O 相当于坐标原点 O，参见图 2-5。原点把每一个轴分成两部分，并规定：OX 轴从 O 向左为正，向右为负；OY 轴向前为正，向后为负；OZ 轴向上为正，向下为负。因此，第一分角内点的坐标值均为正。

点 A 的三面投影与其坐标间的关系如下（参见图 2-8）。

（1）空间点的任意投影，均反映了该点的某两个坐标值，即 a（x_A，y_A），a'（x_A，z_A），a''（y_A，z_A）。

（2）空间点的每一个坐标值反映了该点到某投影面的距离，即

$x_A = aa_{YH} = a'a_Z = A$ 到 W 面的距离；

$y_A = aa_X = a''a_Z = A$ 到 V 面的距离；

$z_A = a'a_X = a''a_{YW} = A$ 到 H 面的距离。

由上可知，点 A 的任意两个投影反映了点的 3 个坐标值。有了点 A 的一组坐标（x_A，y_A，z_A），就能唯一确定该点的三面投影（a，a'，a''）。

（三）点的三面投影规律

参见图 2-8（a），投射线 Aa 和 Aa' 构成的平面 Aaa_Xa' 垂直于 H 面和 V 面，则必垂直于 OX 轴，因而 $aa_X \perp OX$，$a'a_X \perp OX$。当 a 随 H 面绕 OX 轴旋转至与 V 面平齐后，a、a_X、a' 三点共线，且 $a'a \perp OX$ 轴，参见图 2-8（b）。同理可得，点 A 的正面投影与侧面投影的连线垂直于 OZ 轴，即 $a'a'' \perp OZ$。

空间点 A 的水平投影到 OX 轴的距离和侧面投影到 OZ 轴的距离均反映该点的 y 坐标，故 $aa_X = a''a_Z = Y_A$。

综上所述，点的三面投影规律为：

（1）点的正面投影与水平投影的连线垂直于 OX 轴；

（2）点的正面投影与侧面投影的连线垂直于 OZ 轴；

（3）点的水平投影与侧面投影具有相同的 Y 坐标。

（四）两点间的相对位置

两点间的相对位置是指空间两点之间上下、左右、前后的位置关系。

根据两点的坐标，可判断空间两点间的相对位置。两点中，x 坐标值大的在左；y 坐标值大的在前；z 坐标值大的在上。在图 2-9（a）中，$x_A > x_B$，则点 A 在点 B 之左；$y_A > y_B$，则点 A 在点 B 之前；$z_A > z_B$，则点 A 在点 B 之上。即点 A 在点 B 之左、前、上方，如图 2-9（b）所示。

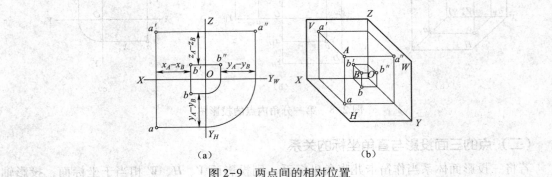

图 2-9　两点间的相对位置

（五）重影点及其可见性

属于同一条投射线上的点，在该投射线所垂直的投影面上的投影重合为一点。空间的这些点，称为该投影面的重影点。在图 2-10（a）中，空间两点 A、B 属于对 H 面的一条投射线，则点 A、B 称为 H 面的重影点，其水平投影重合为一点 $a(b)$。同理，点 C、D 称为对 V 面的重影点，其正面投影重合为一点 $c'(d')$。

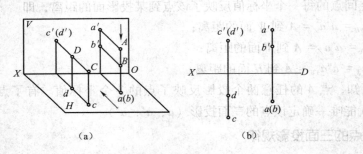

图 2-10　重影点和可见性

当空间两点在某投影面上的投影重合时，其中必有一点的投影遮挡着另一点的投影，这就出现了重影点的可见性问题。在图 2-10（b）中，点 A、B 为 H 面的重影点，由于 $z_A > z_B$，点 A 在点 B 的上方，故 a 可见，b 不可见（点的不可见投影加括号表示）。同理，点 C、D 为 V 面的重影点，由于 $y_C > y_D$，点 C 在点 D 的前方，故 c' 可见，d' 不可见。

显然，重影点是那些两个坐标值相等，第三个坐标值不等的空间点。因此，判断重影点的可见性，是根据它们不等的那个坐标值来确定的，即坐标值大的可见，坐标值小的不可见。

■ **任务实施**

根据投影规律，参见图 2-8 绘制点 A 的三面投影。

任务二 直线投影的绘制

■ **任务引入**

按图 2-11（a）所示的立体图作直线 AB 的三面投影。

■ **任务目标**

1. 掌握直线的投影规律和作图方法，能分析形体上直线在三投影面体系中的投影特性；
2. 能用正投影的方法正确绘制直线的投影。

■ **相关知识**

一、直线的投影

直线的投影可由属于该直线的两点的投影来确定。一般用直线段的投影表示直线的投影，即作出直线段上两端点的投影，则该两点的同面投影连线即为直线段的投影，如图 2-11 所示。

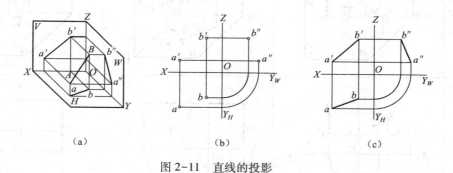

图 2-11　直线的投影

二、各种位置直线的投影

根据直线在投影体系中对 3 个投影面所处的位置不同，可将直线分为一般位置直线、投影面平行线和投影面垂直线 3 类。其中，后两类统称为特殊位置直线。

$$直线\begin{cases}特殊位置直线\begin{cases}投影面平行线：平行于某投影面，倾斜于其余两投影面的直线\\投影面垂直线：垂直于某投影面，平行于其余两投影面的直线\end{cases}\\一般位置直线：与三个投影面都倾斜的直线\end{cases}$$

直线对 H、V、W 三投影面的倾角，分别用 α、β、γ 表示，如图 2-12（a）所示。

1. 投影面平行线的投影

在投影面平行线中，与正面平行的直线称为正平线，与水平面平行的直线称为水平线，与侧面平行的直线称为侧平线。

表 2-1 列出了 3 种投影面平行线的立体图、投影图和投影特性。

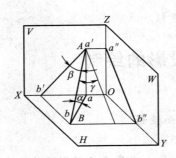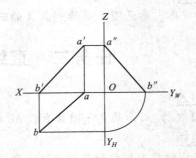

（a）立体图　　　　　　　　　　　　（b）投影图

图 2-12　一般位置直线的投影

表 2-1　投影面平行线

名称	正平线	水平线	侧平线
立体图			
投影图			
实例			

续表

名称	正平线	水平线	侧平线
投影特性	1. $a'b'$ 反映实长和实际倾角 α、γ； 2. $ab \parallel OX$，$a''b'' \parallel OZ$，长度缩短	1. cd 反映实长和实际倾角 β、γ； 2. $c'd' \parallel OX$，$c''d'' \parallel OY_W$，长度缩短	1. $e''f''$ 反映实长和实际倾角 α、β； 2. $e'f' \parallel OZ$，$ef \parallel OY_H$，长度缩短

从表 2-1 中正平线的立体图可知：

因为 $ABb'a'$ 是矩形，所以 $a'b' \parallel AB$，$a'b' = AB$；因为 AB 上各点与 V 面等距，即 y 坐标相等，所以 $ab \parallel OX$，$a''b'' \parallel OZ$；因为 $a'b' \parallel AB$，$ab \parallel OX$，$a''b'' \parallel OZ$，所以 $a'b'$ 与 OX、OZ 的夹角即为 AB 对 H 面、W 面的真实倾角 α、γ。

同时还可以看出：$ab = AB\cos\alpha < AB$，$a''b'' = AB\cos\gamma < AB$。

通过以上证明可得出表 2-1 中所列的正平线的投影特性。同理，也可证明水平线和侧平线的投影特性。

从表 2-1 中可概括出投影面平行线的投影特点，具体如下。

（1）在所平行的投影面上的投影反映实长（实形性），它与投影轴的夹角分别反映直线对另两投影面的真实倾角。

（2）在另两投影面上的投影，分别平行于相应的投影轴，且长度缩短。

2. 投影面垂直线的投影

在投影面垂直线中，与正面垂直的直线称为正垂线，与水平面垂直的直线称为铅垂线，与侧面垂直的直线称为侧垂线。

表 2-2 列出了 3 种投影面垂直线的立体图、投影图和投影特性。

表 2-2 投影面垂直线

名称	正垂线	铅垂线	侧垂线
立体图	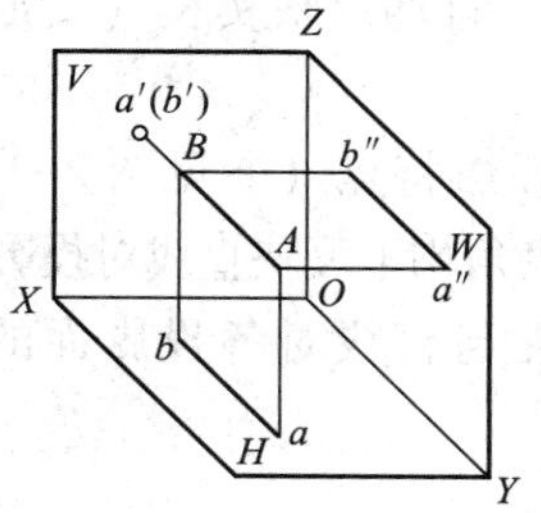	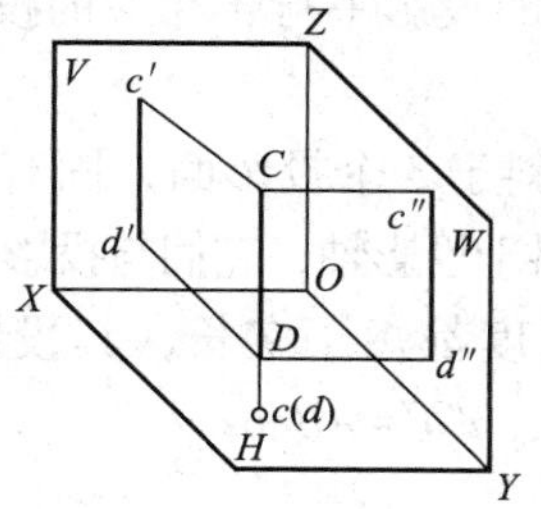	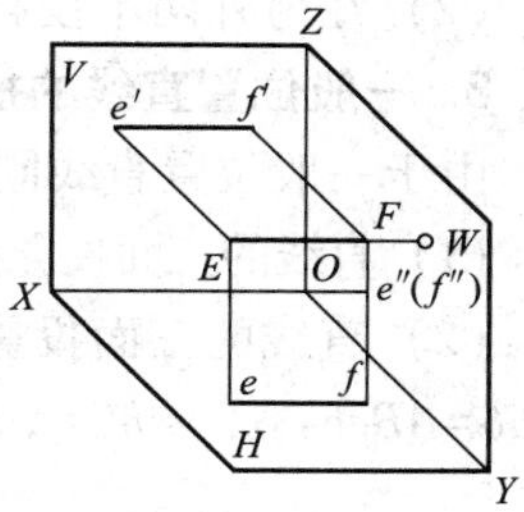
投影图	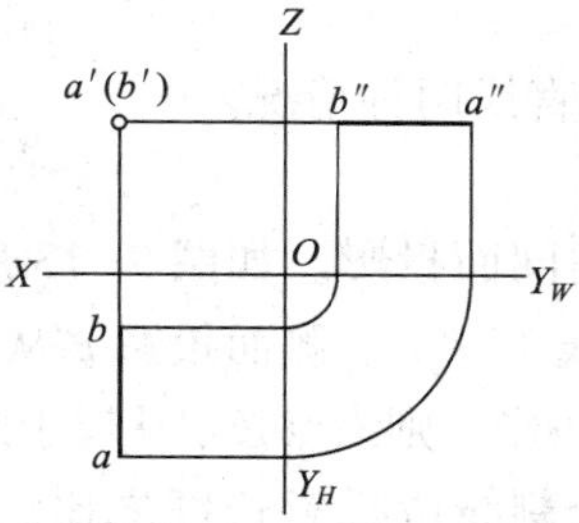	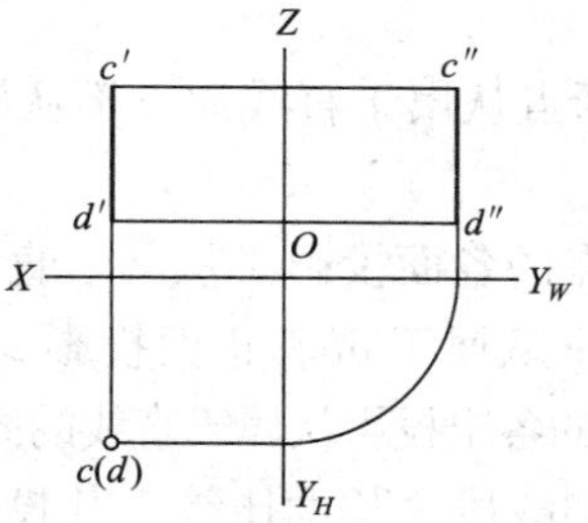	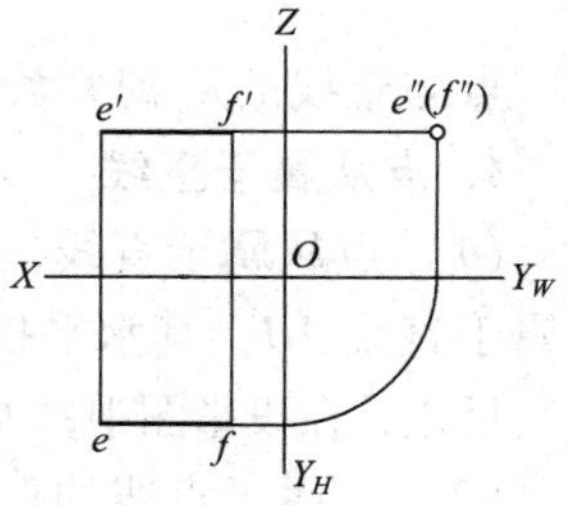

名称	正垂线	铅垂线	侧垂线
实例	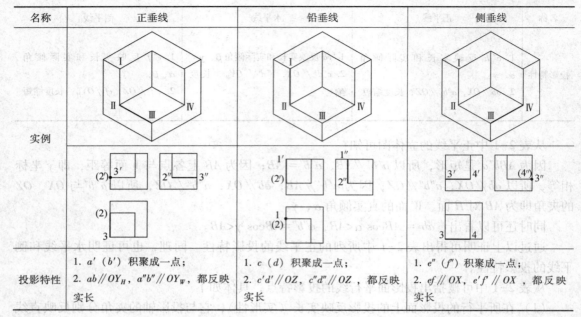		
投影特性	1. a'（b'）积聚成一点； 2. $ab /\!/ OY_H$，$a''b'' /\!/ OY_W$，都反映实长	1. c'（d'）积聚成一点； 2. $c'd' /\!/ OZ$，$c''d'' /\!/ OZ$，都反映实长	1. e''（f''）积聚成一点； 2. $ef /\!/ OX$，$e'f' /\!/ OX$，都反映实长

从表 2-2 中正垂线 AB 的立体图可知：

因为 $AB \perp V$ 面，所以 $a'b'$ 积聚成一点；

因为 $AB /\!/ W$ 面，$AB /\!/ H$ 面，AB 上各点的 x 坐标、z 坐标分别相等，所以 $ab /\!/ OY_H$、$a''b'' /\!/ OY_W$，且 $a''b'' = AB$、$ab = AB$。

于是就得出表 2-2 中所列的正垂线的投影特性。同理，也可证明铅垂线和侧垂线的投影特性。

从表 2-2 中可概括出投影面垂直线的投影特性，具体如下。

（1）在与直线垂直的投影面上的投影积聚成一点（积聚性）。

（2）在另外两个投影面上的投影平行于相应的投影轴，且均反映实长（实形性）。

3. 一般位置直线的投影

由于一般位置直线同时倾斜于 3 个投影面，固有以下投影特点（参见图 2-12）。

（1）直线的三面投影都倾斜于投影轴，它们与投影轴的夹角均不反映直线对投影面的倾角；

（2）直线的三面投影的长度都短于实长，其投影长度与直线对各投影面的倾角有关，即 $ab = AB\cos \alpha$，$a'b' = AB\cos \beta$，$a''b'' = AB\cos \gamma$。

三、点与直线

点与直线的从属关系包括点从属于直线和点不从属于直线两种情况。

1. 点从属于直线

（1）点从属于直线，则点的各面投影必从属于直线的同面投影。如图 2-13 所示，点 C 从属于直线 AB，其水平投影 c 从属于 ab，正面投影 c' 从属于 $a'b'$，侧面投影 c'' 从属于 $a''b''$。

反之，在投影图中，如点的各个投影从属于直线的同面投影，则该点必定从属于此直线。

（2）从属于直线的点分割线段之长度比等于其投影分割线段投影长度之比。如图 2-13

所示，点 C 将线段 AB 分为 AC、CB 两段，则 $AC:CB=ac:cb=a'c':c'b'=a''c'':c''b''$。

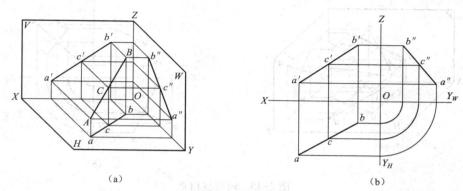

（a）   （b）

图 2-13　点从属于直线

2. 点不从属于直线

若点不从属于直线，则点的投影不具备上述性质。

如图 2-14 所示，虽然 k 从属于 ab，但 k' 不从属于 $a'b'$，故点 K 不从属于直线 AB。

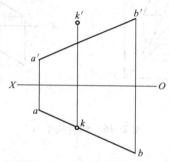

图 2-14　点不从属于直线

四、两直线的相对位置

两直线的相对位置有相交、平行、交叉（既不相交，又不平行，亦称异面）3 种情况。

1. 两直线相交

两直线相交，其交点同属于两直线，为两直线所共有。两直线相交，同面投影必相交。其同面投影的交点，即为两直线交点的投影。

如图 2-15 所示，直线 AB 与 CD 相交，其同面投影 $a'b'$ 与 $c'd'$、ab 与 cd、$a''b''$ 与 $c''d''$ 均相交，其交点 k'、k、k'' 即为 AB 与 CD 的交点 K 的三面投影（且交点的投影符合点的投影规律）。

两直线的投影符合上述特点，则两直线必定相交。

2. 两直线平行

两直线平行，其同面投影必定平行或重合。如图 2-16 所示，$AB/\!/CD$，则 $a'b'/\!/c'd'$，$ab/\!/cd$，$a''b''/\!/c''d''$。

如两直线的投影符合上述特点，则此两直线必定平行。

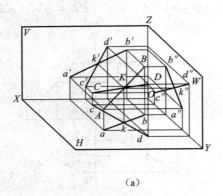
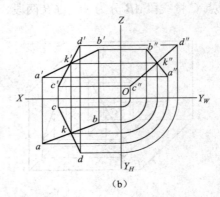

(a)　　　　　　　　　　　　　(b)

图 2-15　两直线相交

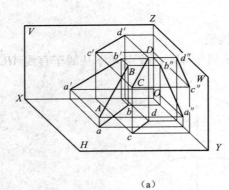
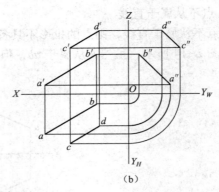

(a)　　　　　　　　　　　　　(b)

图 2-16　两直线平行

3. 两直线交叉

由于交叉的两直线既不相交也不平行，因此不具备相交两直线和平行两直线的投影特点。

若交叉两直线的投影中，有某投影相交，这个投影的交点是同处于一条投射线上且分别从属于两直线的两个点，即重影点的投影。

如图 2-17 所示，正面投影的交点 $1'(2')$，是 V 面重影点 I（从属于直线 CD）和 II

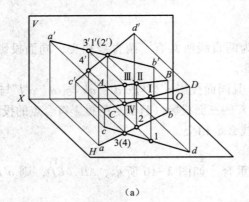
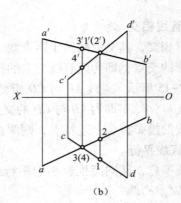

(a)　　　　　　　　　　　　　(b)

图 2-17　两直线交叉

（从属于直线 *AB*）的正面投影。水平投影的交点 3(4)，是 *H* 面重影点 Ⅲ（从属于直线 *AB*）和 Ⅳ（从属于直线 *CD*）的水平投影。

重影点 Ⅰ、Ⅱ 和 Ⅲ、Ⅳ 的可见性可按"重影点及其可见性"中所述方法判断。在正面投影中 1′可见，2′不可见（$y_I > y_{II}$）；在水平投影中，3 可见，4 不可见（因 $z_{III} > z_{IV}$）。

五、一边平行于投影面的直角的投影

空间两直线成直角（相交或交叉），若两边都与某一投影面倾斜，则在该投影面上的投影不是直角；若一边平行于某一投影面，则在该投影面上的投影仍是直角。

如图 2-18 所示，设：$AB \perp BC$，$BC /\!/ H$ 面，则 $\angle abc = 90°$。

证明：因为 $BC /\!/ H$ 面，所以 $bc /\!/ BC$。又因为 $BC \perp AB$，$BC \perp Bb$，所以 $BC \perp ABba$ 平面，$bc \perp ABba$ 平面，因为 $bc \perp ab$，即 $\angle abc = 90°$。

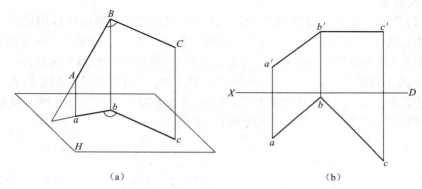

（a）　　　　　　　　　　　　　（b）

图 2-18　一边平行于投影面的直角的投影

■ **任务实施**

根据投影规律，参见图 2-11，绘制直线 *AB* 的三面投影。

任务三　平面投影的绘制

■ **任务引入**

参见图 2-21（a）所示的立体图，作平面 *ABC* 的三面投影。

■ **任务目标**

1. 掌握平面的投影规律和作图方法，能分析形体上平面在三投影面体系中的投影特性；
2. 能用正投影的方法正确绘制平面的投影。

■ **相关知识**

一、平面的表示法

1. 用几何元素表示

通常用平面上的点、直线或平面图形等几何元素的投影来表示平面的投影，如图 2-19 所示。

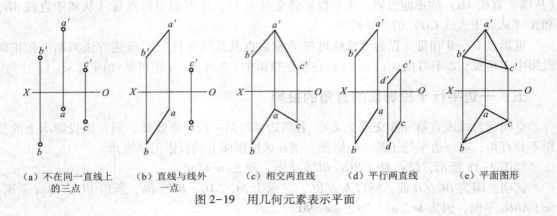

(a) 不在同一直线上   (b) 直线与线外   (c) 相交两直线   (d) 平行两直线   (e) 平面图形
　　的三点　　　　　　　一点

图 2-19　用几何元素表示平面

2. 用迹线表示

如图 2-20 所示，平面与投影面的交线，称为平面的迹线。平面可以用迹线表示。用迹线表示的平面称为迹线平面。平面与 V 面、H 面、W 面的交线，分别称为正面迹线（V 面迹线）、水平迹线（H 面迹线）、侧面迹线（W 面迹线）。迹线的符号用平面名称的大写字母附加投影面名称的注脚表示，如图 2-20 中的 P_V、P_H、P_W。迹线是投影面上的直线，它在该投影面上的投影位于原处，用粗实线表示，并标注上述符号；它在另外两个投影面上的投影，分别在相应的投影轴上，不需作任何表示和标注。

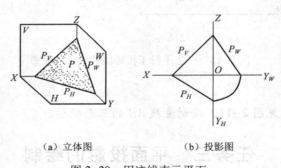

(a) 立体图　　　　　　(b) 投影图

图 2-20　用迹线表示平面

二、各种位置平面的投影

根据平面在三面投影体系中对 3 个投影面所处位置的不同，可将平面分为一般位置平面、投影面垂直面和投影面平行面三类。其中，后两类平面统称为特殊位置平面。

平面
- 一般位置平面：倾斜于 V、H、W 面
- 投影面垂直面（只垂直于一个投影面）
  - 正垂面：$\perp V$，倾斜于 H、W 面
  - 铅垂面：$\perp H$，倾斜于 V、W 面
  - 侧垂面：$\perp W$，倾斜于 H、V 面
- 投影面平行面（平行于一个投影面，垂直于另外两个投影面）
  - 正平面：$/\!/V$
  - 水平面：$/\!/H$
  - 侧平面：$/\!/W$

平面对 H、V、W 三投影面的倾角，分别用 α、β、γ 表示。

1. 一般位置平面

如图 2-21 所示，$\triangle ABC$ 倾斜于 V、H、W 面，是一般位置平面。

图 2-21（b）是 $\triangle ABC$ 的三面投影，3 个投影都是 $\triangle ABC$ 的类似形（边数相等），且均不能直接反映该平面对投影面的真实倾角。

由此可得处于一般位置的平面的投影特性：它的 3 个投影仍是缩小了的平面图形。

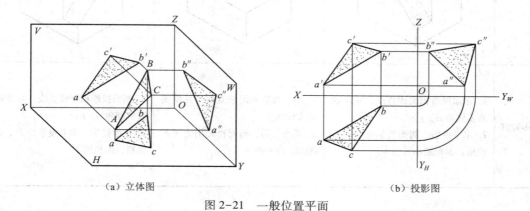

（a）立体图　　　　　　　　　　（b）投影图

图 2-21　一般位置平面

2. 投影面垂直面

表 2-3 列出了 3 种投影面垂直面的立体图、投影图和投影特性。

表 2-3　投影面垂直面

名称	正垂面	铅垂面	侧垂面
立体图			
投影图			

续表

名称	正垂面	铅垂面	侧垂面
实例			
投影特性	1. 正面投影积聚成直线，并反映真实倾角 α、γ； 2. 水平投影、侧面投影仍为平面图形，面积缩小	1. 水平投影积聚成直线，并反映真实倾角 β、γ； 2. 正面投影、侧面投影仍为平面图形，面积缩小	1. 侧面投影积聚成直线，并反映真实倾角 α、β； 2. 正面投影、水平投影仍为平面图形，面积缩小

现以正垂面为例，得到投影面垂直面的投影特点如下。

（1）正垂面 ABCD 的正面投影 $a'b'c'd'$ 积聚为一倾斜于投影轴 OX、OZ 的直线段。

（2）正垂面的正面投影 $a'b'c'd'$ 与 OX 轴的夹角反映该平面对 H 面的倾角 α，与 OZ 轴的夹角反映该平面对 W 面的倾角 γ。

（3）正垂面的水平投影和侧面投影是与平面 ABCD 形状类似的图形。

同理可得铅垂面和侧垂面的投影特性，参见表 2-3。

因此可得投影面垂直面的投影特性如下。

（1）在所垂直的投影面上的投影积聚成直线；它与投影轴的夹角分别反映该平面对另两投影面的真实倾角。

（2）在另外两个投影面上的投影为面积缩小的原形的类似形。

3. 投影面平行面

表 2-4 列出了 3 种投影面平行面的立体图、投影图和投影特性。

表 2-4　投影面平行面

名称	正平面	水平面	侧平面
立体图			

名称	正平面	水平面	侧平面
投影图			
实例			
投影特性	1. 正面投影反映实形； 2. 水平投影 $/\!/ OX$，侧面投影 $/\!/$ OZ，并分别积聚成直线	1. 水平投影反映实形； 2. 正面投影 $/\!/ OX$，侧面投影 $/\!/$ OY_W，并分别积聚成直线	1. 侧面投影反映实形； 3. 正面投影 $/\!/ OZ$，水平投影 $/\!/$ OY_H，并分别积聚成直线

现以水平面为例，得到投影面平行面的投影特点如下。

（1）水平面 $EFGH$ 的水平投影 $efgh$ 反映该平面图形的实形 $EFGH$。

（2）水平面的正面投影 $e'f'g'h'$ 和侧面投影 $e''f''g''h''$ 均积聚为直线段，且 $e'f'g'h' /\!/ OX$，$e''f''g''h'' /\!/ OY_W$。

同理可得正平面和侧平面的投影特性，参见表2-4。

因此可得投影面平行面的投影特性如下。

（1）在所平行的投影面上的投影反映实形。

（2）在另外两个投影面上的投影分别积聚为直线，且平行于相应的投影轴。

三、平面内的点和直线

1. 平面内的点和直线的判断条件

点和直线在平面内的几何条件：

（1）点从属于平面内的任一直线，则点从属于该平面；

（2）若直线通过属于平面的两个点或通过平面内的一个点，且平行于属于该平面的任一直线，则直线属于该平面。

图2-22中点 D 和直线 DE 位于相交两直线 AB、BC 所确定的平面 ABC 内。

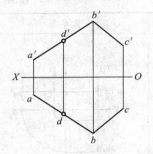

（a）点D在平面ABC的
直线AB上

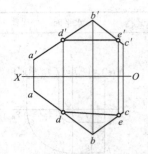

（b）直线DE通过平面ABC上的
两个点D、E

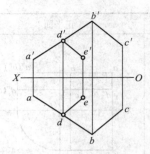

（c）直线DE通过平面ABC上的点D，
且平行于平面ABC上的直线BC

图 2-22　平面内的点和直线

【例 2.1】 如图 2-23 所示，判断点 D 是否在平面△ABC 内。

【解】 若点 D 能位于平面△ABC 的一条直线上，则点 D 在平面△ABC 内；否则，就不在平面△ABC 内。

判断过程如下：连接点 A、D 的同面投影，并延长到与 BC 的同面投影相交。因为图中的直线 AD、BC 的同面投影的交点在一条投影连线上，便可认为是直线 BC 上的一点 E 的两面投影 e'、e，于是点 D 在平面△ABC 的直线 AE 上，就判断出点 D 是在平面△ABC 内。

【例 2.2】 如图 2-24 所示，已知四边形 ABCD 的两面投影，在其上取一点 K，使点 K 在 H 面之上 10 mm，在 V 面之前 15 mm。

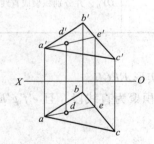

图 2-23　判断点 D 是否在
平面△ABC 内

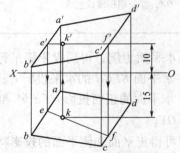

图 2-24　在四边形 ABCD 内取
与两投影面为已知距离的点 K

【解】 可在四边形 ABCD 内取位于 H 面之上 10 mm 的水平线 EF，再在 EF 上取位于 V 面之前 15 mm 的点 K。

作图过程如下。

（1）先在 OX 上方 10 mm 处作出 e'f'，再由 e'f'作 ef。

（2）在 ef 上取位于 OX 之前 15 mm 的点 k，即为所求点 K 的水平投影。由 k 作出点 K 的正面投影 k'。

2. 平面上的投影面平行线

从属于平面的投影面平行线，应该满足两个条件：其一，该直线的投影应满足投影面平行线的投影特点；其二，该直线应满足直线从属于平面的几何条件。

【例 2.3】作从属于平面△ABC 的一条水平线。

【解】作图过程如图 2-25 所示。

在正面投影中，作 $d'e' /\!/ OX$，并与 $a'b'$ 交于 d'、与 $a'c'$ 交于 e'，$d'e'$ 即为平面△ABC 内水平线的正面投影，如图 2-25（a）所示；再根据 d'、e' 求出 d、e，连接 de，即得该直线的水平投影，如图 2-25（b）所示。

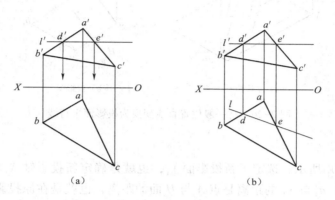

图 2-25　作从属于平面△ABC 的水平线

■ **任务实施**

根据投影规律，参见图 2-21，绘制平面△ABC 的三面投影。

 【知识扩展】

求直线的实长和平面的实形

（一）换面法的基本概念与投影变换的基本作图

从投影面平行线的投影能直接反映实长和对投影面的倾角可以得到启示：当几何元素在两个互相垂直的投影面体系中对某一投影面处于特殊位置时，可以直接利用一些投影特性解决几何元素的图示和图解问题，使作图简化。若几何元素在两投影面体系中不处于这样的特殊位置，则可以保留一个投影面，用垂直于被保留的投影面的新投影面代替另一投影面，组成一个新的两投影面体系，使几何元素在新投影面体系中对新投影面处于便利解题的特殊位置，在新投影面体系中作图求解，这种方法称为变换投影面法，简称换面法。

如图 2-26（a）所示，在投影面体系 V/H 中有一般位置直线 AB，需求作其实长和对 H 面的倾角 α。设一个新投影面 V_1，平行于平面 ABba，由于 Abba⊥H，则 V_1⊥H。于是用 V_1 代替 V 面，AB 在 V_1、H 新投影面体系 V_1/H 中就成为正平线，作出它的 V_1 面投影 $a_1'b_1'$，就反映出 AB 的实长和倾角 α。具体作图过程如图 2-26（b）所示。

由此可见，用换面法解题时应遵循下列两条原则：

（1）新投影面应选择在使几何元素处于有利解题的位置；

（2）新投影面必须垂直于原投影面体系中的一个投影面，并与它组成新投影面体系，

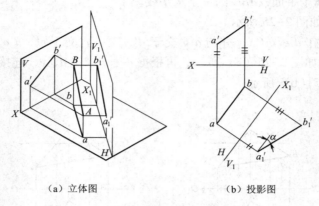

(a) 立体图   (b) 投影图

图 2-26   将一般位置直线变换为投影面平行线

必要时可连续变换。

如图 2-26（b）所示，选定了新投影面 V_1，也就是确定新投影轴 X_1。在新投影面体系 V_1/H 中，$a_1'a \perp X_1$；a_1' 与 X_1 的距离是点 A 与 H 面的距离，也就是在原投影面体系 V/H 中 a' 与 X 的距离。用上述投影特性就可以作出 A 点的新投影 a_1'，同理也可作出 B 点的新投影 b_1'，从而得到直线 AB 的新投影 $a_1'b_1'$。由点的原投影面体系中的投影求它的新投影，是原投影面体系和新投影面体系之间进行投影变换的基本作图法，具体作图步骤如下。

（1）按实际需要确定新投影轴后，由点的原有投影作垂直于新投影轴的投影连线。

（2）在这条投影连线上，从新投影轴向新投影面一侧量取点的被代替的投影与被代替的投影轴之间的距离，就得到该点所求的新投影。

无论替换 V 面或 H 面，都按这两个步骤作图。连续换面时，也是连续地按这两个步骤作图。进行第一次换面后的新投影面、新投影轴、新投影的标记，分别加注脚"1"；第二次换面后则都加注脚"2"；依次类推。这两个步骤同样也可用在 V、W 两投影面体系 V/W 中进行换面。

（二）直线的投影变换

1. 一次换面可将一般位置直线变换为投影面平行线（新投影轴应平行于直线不变的投影）

参见图 2-26（a），为了使 AB 在 V_1/H 中成为 V_1 面平行线，可以用一个既垂直于 H 面、又平行于 AB 的 V_1 面替换 V 面，通过一次换面即可达到目的。按照正平线的投影特性：新投影轴 X_1 在 V_1/H 中应平行于不变投影 ab。作图过程参见图 2-26（b）。

（1）在适当位置作 $X_1 // ab$（设置新投影轴时，应使几何元素在新投影面体系中的两个投影分别位于新投影轴的两侧）。

（2）按投影变换的基本作图法分别求作点 A、B 的新投影 a_1'、b_1'，连线 $a_1'b_1'$ 即为所求。

AB 就成为在 V_1/H 中的正平线，$a_1'b_1'$ 反映实长，$a_1'b_1'$ 与 X_1 的夹角就是 AB 对 H 面的倾角 α。

2. 一次换面可将投影面平行线变换为投影面垂直线（新投影轴应垂直于直线反映实长的投影）

如图 2-27（a）所示，在 V/H 中有正平线 AB。因为垂直于 AB 的平面也垂直于 V 面，

故可用 H_1 面来替换 H 面，使 AB 成为 V/H_1 中的铅垂线。在 V/H_1 中，新投影轴 X_1 应垂直于 $a'b'$。作图过程如图 2-27（b）所示。

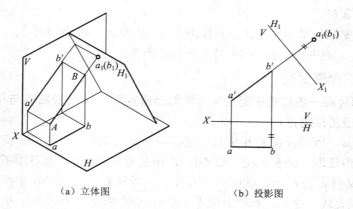

（a）立体图　　　　　　　　　　（b）投影图

图 2-27　将投影面平行线变换为投影面垂直线

（1）作 $X_1 \perp a'_1 b'_1$。

（2）按投影变换的基本作图法求得点 A、B 互相重合的投影 a_1 和 b_1，$a_1 b_1$ 即为 AB 积聚成一点的 H_1 面投影。AB 就成为 V/H_1 中的铅垂线。

3. 两次换面可将一般位置直线变换为投影面垂直线

具体步骤为先将一般位置直线变换为投影面平行线，再将投影面平行线变换为投影面垂直线。

如图 2-28（a）所示，由于与 AB 相垂直的平面是一般位置平面，与 H、V 面都不垂直，所以不能用一次换面达到这个要求。可先将 AB 变换为 V_1/H 中的正平线，再将 V_1/H 中的正平线 AB 变换为 V_1/H_2 中的铅垂线，作图过程如图 2-28（b）所示。

（1）与图 2-26（b）相同，作 $X_1 /\!/ ab$，将 V/H 中的 $a'b'$ 变换为 V_1/H 中的 $a'_1 b'_1$。

（2）再在 V_1/H 中作 $X_2 \perp a'_1 b'_1$，将 V_1/H 中的 ab 变换为 V_1/H_2 中的 $a_2 b_2$，$a_2 b_2$ 即为 AB 积聚成一点的 H_2 面投影。AB 就成为 V_1/H_2 中的 H_2 面垂直线。

【例 2.4】如图 2-29 所示，求直线 AB 的实长及其对 V 面的倾角 β。

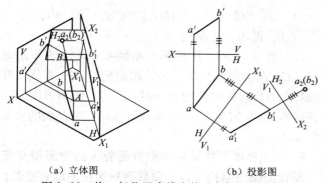

（a）立体图　　　　　　　（b）投影图

图 2-28　将一般位置直线变换为投影面垂直线

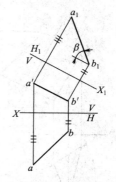

图 2-29　求直线 AB 的实长及其对 V 面的倾角 β

【解】要作出倾角 β，必须将一般位置直线 AB 变换为 V/H_1 中的水平线，这时，X_1 应平行于 $a'b'$。

作图过程如下。

（1）作 $X_1 \parallel a'b'$。

（2）按投影变换的基本作图法分别作出点 A、B 的 H_1 面投影 a_1、b_1。连线 a_1b_1 即为 AB 的实长；a_1b_1 与 X_1 的夹角也就是 AB 对 V 面的倾角 β。

（三）平面的投影变换

1. 一次换面可将一般位置平面变换为投影面垂直面（新投影轴应与平面内平行于原有投影面的直线的投影相垂直）

如图 2-30（a）所示，在 V/H 中有一般位置平面 $\triangle ABC$，要将它变换为 V_1/H 中的正垂面，可在 $\triangle ABC$ 内任取一条水平线，如 AD，再用垂直于 AD 的 V_1 面来替换 V 面。由于 V_1 面垂直于 $\triangle ABC$，又垂直于 H 面，就可将 V/H 中的一般位置平面 $\triangle ABC$ 变换为 V_1/H 中的正垂面，$a_1'b_1'c_1'$ 积聚成直线。这时，新投影轴 X_1 应与 $\triangle ABC$ 内平行于原有的 H 面的直线 AD 的投影 ad 相垂直。作图过程如图 2-30（b）所示。

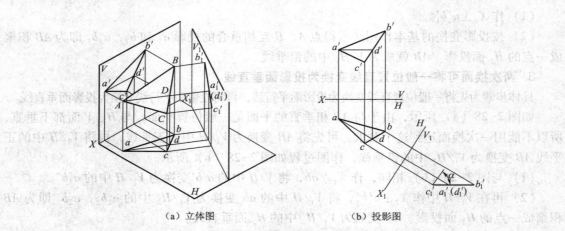

（a）立体图　　　　　　　　　（b）投影图

图 2-30　将一般位置平面变换为投影面垂直面

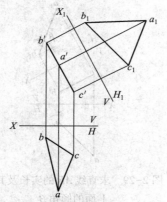

图 2-31　将投影面垂直面变换
为投影面平行面

（1）在 V/H 中作 $\triangle ABC$ 内的水平线 AD，先作 $a'd' \parallel OX$，再由 $a'd'$ 作出 ad。

（2）作 $X_1 \perp ad$，按投影变换的基本作图法作出点 A、B、C 的新投影 a_1'、b_1'、c_1'，将它们连成一直线，即为 $\triangle ABC$ 的具有积聚性的 V_1 面投影。在 V_1/H 中 $\triangle ABC$ 是正垂面，$a_1'b_1'c_1'$ 与 X_1 的夹角就是 $\triangle ABC$ 对 H 面的真实倾角 α。

2. 一次换面可将投影面垂直面变换为投影面平行面（新投影轴应平行于该平面具有积聚性的原有投影）

如图 2-31 所示，在 V/H 中加 H_1 面与正垂面 $\triangle ABC$ 相平行，则 H_1 面也垂直于 V 面，$\triangle ABC$ 就可以从 V/H 中的正垂面变换为 V/H_1 中的水平面。这时，X_1

应与 $a'b'c'$ 相平行。作图过程如下。

（1）作 $X_1 /\!/ a'b'c'$。

（2）按投影变换的基本作图法作出点 A、B、C 的新投影 a_1、b_1、c_1，在 V/H_1 中 $\triangle ABC$ 是水平面，H_1 面投影 $\triangle a_1 b_1 c_1$ 即为 $\triangle ABC$ 的实形。

3. 两次换面可将一般位置平面变换为投影面平行面

具体步骤为先将一般位置平面变换为投影面垂直面，再将投影面垂直面变换为投影面平行面。

如图 2-32 所示，在 V/H 中有一般位置平面 $\triangle ABC$，要求作该面的实形。将 V/H 中的一般位置平面 $\triangle ABC$ 变换为 V_1/H 中的正垂面，再将 V_1/H 中处于正垂面位置的 $\triangle ABC$ 变换为 V_1/H_2 中的水平面，即可获得 $\triangle ABC$ 的实形。具体作图过程如下。

（1）与图 2-30（b）相同，先在 V/H 中作 $\triangle ABC$ 内的水平线 AD 的两面投影 $a'd'$ 和 ad，再作 $X_1 \perp ad$，按投影变换的基本作图法作出点 A、B、C 的 V_1 面投影 a_1'、b_1'、c_1'，将它们连成 $\triangle ABC$ 的积聚为直线的 V_1 面投影 $a_1'b_1'c_1'$。

（2）与图 2-31 相同，作 $X_2 /\!/ a_1'b_1'c_1'$，按投影变换的基本作图法，由 $\triangle abc$ 和 $a_1'b_1'c_1'$ 作出 $\triangle a_2 b_2 c_2$，即为 $\triangle ABC$ 在 V_1/H_2 中的 H_2 面投影，该投影反映 $\triangle ABC$ 的实形。

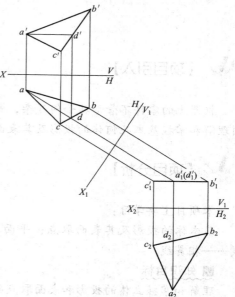

图 2-32　将一般位置平面变换为投影面平行面

【例 2.5】如图 2-33 所示，已知 V/W 中的侧垂面 $\triangle ABC$ 的两面投影，求作其实形。

【解】解题的原理和方法与图 2-29 相同。加 V_1 面 $/\!/ \triangle ABC$，则 $\triangle ABC$ 变换为 V_1/W 中的正平面，它的 V_1 面投影 $\triangle a_1'b_1'c_1'$ 就反映实形。作图过程如下。

（1）作新投影轴 $Z_1 /\!/ a''b''c''$。

（2）按投影变换的基本作图法，由点 A、B、C 的投影 a'、b'、c' 和 a''、b''、c'' 作出新投影 a_1'、b_1'、c_1'。

（3）将 a_1'、b_1'、c_1' 连成 $\triangle a_1'b_1'c_1'$，即为 $\triangle ABC$ 的实形。

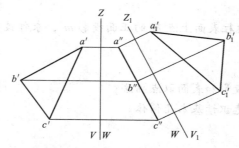

图 2-33　作侧垂面 $\triangle ABC$ 的实形

项目三
立体投影及其表面交线的绘制

【项目引入】

机器上的零件不管形状如何复杂，都可以看成由一些简单的基本几何体组成。因此，必须理解和掌握基本几何体的投影及其表面交线的作图方法。

【项目分析】

本项目主要学习：

基本体的投影及其表面取点；平面与立体表面的交线——截交线；两回转体表面的交线——相贯线。

■ **知识目标**

理解和掌握立体的投影和表面取点画法，以及截交线、相贯线的作图方法。

■ **能力目标**

1. 能根据基本几何体的形体特征，正确绘制三视图；
2. 能根据视图正确快速识读基本几何体；
3. 能正确识读和绘制基本几何体表面交线的三视图。

任务一　基本体投影的绘制

■ **任务引入**

如图 3-1 所示，已知棱柱表面上点 M 的正面投影 m'，求作棱柱的投影及点 M 的其他两投影 m、m''。

■ **任务目标**

1. 理解和掌握立体的投影和表面取点画法；
2. 能根据视图正确快速识读基本几何体。

■ 相关知识

一、平面立体的投影及其表面取点

平面立体由若干多边形所围成。工程上常见的平面立体是棱柱和棱锥。绘制平面立体可归结为绘制它的所有多边形表面的投影。也是绘制这些多边形的边和顶点的投影。注意：当轮廓线的投影为可见时，画粗实线；当轮廓线的投影不可见时，画虚线；当粗实线与虚线重合时，画粗实线。

1. 棱柱

1）棱柱的投影

棱柱是由两个全等的多边形底面、顶面和矩形（直棱柱时）或平行四边形（斜棱柱时）的侧棱面围成的。

由于正六棱柱的顶面和底面为水平面，所以其水平投影重合为反映实形的正六边形，正面投影和侧面投影分别积聚为平行于相应投影轴的水平直线段；前、后两个侧棱面为正平面，其正面投影反映实形且重合，水平投影和侧面投影分别积聚为平行于相应投影轴的水平直线段和铅垂直线段；其余侧棱面都为铅垂面，它们的水平投影分别积聚成斜线段并重合在正六边形的边上，正面投影和侧面投影均为类似形（矩形）。

2）棱柱的表面取点

首先确定点所在的平面，并分析该平面的投影特性，若该平面垂直于某一投影面，则点在该投影面上的投影必定落在这个平面的积聚性投影上。

如图 3-1 所示，已知棱柱表面上点 M 的正面投影 m'，求作点 M 的其他两投影 m、m''。

因为 m' 可见，因此点 M 必定在棱面 $ABCD$ 上。此棱面是铅垂面，其水平投影积聚成直线，点 M 的水平投影 m 必在该直线上，由 m' 和 m 即可求得侧面投影 m''。

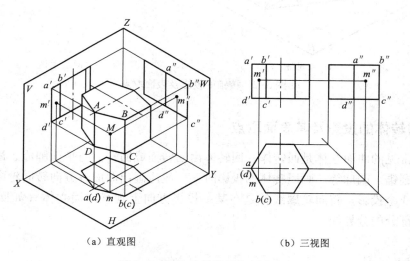

（a）直观图　　　　（b）三视图

图 3-1　棱柱的投影及表面取点

2. 棱锥

1）棱锥的投影

图 3-2 所示为正三棱锥的投影，因为底面 △ABC 为水平面，故其水平投影 △abc 反映实形，正面投影和侧面投影均积聚为水平线段。棱面 △SAB 和 △SBC 为一般位置平面，三面投影均为缩小的类似三角形。因该两棱面左、右对称，故侧面投影重合。棱面 △SAC 为侧垂面，所以侧面投影 s″a″c″ 积聚为斜线段，水平投影和侧面投影为缩小的类似三角形。

作图时先画出底面三角形的各个投影，再作出锥顶 S 的各个投影，然后连接各棱线即得正三棱锥的三面投影。

2）棱锥的表面取点

凡属于棱锥特殊位置表面上的点，可利用表面投影的积聚性直接求得，而属于一般位置表面上的点，可通过在该面上作辅助线求得。如已知棱锥表面上点 M 的正面投影 m′，试求其另两面投影 m 和 m″，如图 3-2 所示。

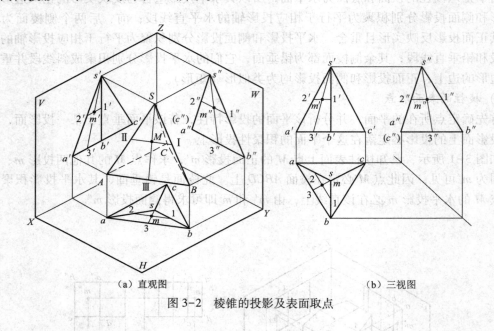

（a）直观图　　　　　　　　　（b）三视图

图 3-2　棱锥的投影及表面取点

二、回转体的投影及其表面取点

工程上常见的曲面立体是回转体。回转体由回转面或回转面与平面围成。最常见的回转体有圆柱、圆锥、圆球等。画回转体的投影时，一般应画出曲面各方向转向轮廓线的投影和回转轴线的 3 个投影。转向轮廓线就是在某一投影方向上观察曲面立体（如回转体）时可见与不可见部分的分界线。

1. 圆柱

1）圆柱的投影

圆柱体表面由圆柱面和上、下两个平面组成。圆柱面由一直线绕与它平行的轴线等距旋转而成。

圆柱的顶圆平面、底圆平面为水平面，其水平投影反映实形且重合，正面投影和侧面投影均积聚为平行于相应投影轴的直线段，且直线段长度等于顶圆和底圆的直径。作图时先画出水平投影的圆，再画出其他两个投影。

2）圆柱的表面取点

如图 3-3 所示，当圆柱轴线处于垂直线位置时，其圆柱面在轴线所垂直的投影面上的投影有积聚性，其顶圆、底圆平面的另两个投影有积聚性。例如，在图 3-3 中，已知点 M 的正面投影 m'，求点 M 的另两面投影。因为点 m' 可见，所以点 M 必在前半个圆柱面上，根据该圆柱面水平投影具有积聚性的特征，m 必定落在前半水平投影面上，由 m'、m 即可求出 m''。

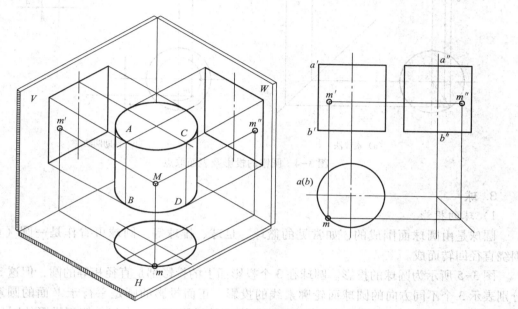

图 3-3　圆柱的投影及表面取点

2. 圆锥

1）圆锥的投影

圆锥是由圆锥面和底圆平面围成的，锥面可看作直线绕与它相交的轴线旋转而成。圆锥的底圆平面为水平面，其水平投影为圆，且反映实形；其正面投影和侧面投影均积聚为直线段，长度等于底圆的直径。

作图时，先画出底面圆的各个投影，再画出锥顶的投影，然后分别画出其外形轮廓素线，即完成圆锥的各个投影。

2）圆锥的表面取点

如图 3-4 所示，已知圆锥表面上点 M 的正面投影 m'，求作点 M 的其他两投影 m、m''。因为 m' 可见，所以点 M 必在前半个圆锥面上，具体作图可采用下列两种方法。

（1）辅助素线法。过锥顶 S 和点 M 作一辅助线 SE，由已知条件可确定正面投影 $s'e'$，求出它的水平投影 se 和侧面投影 $s''e''$，再根据点在直线上的投影性质，由 m' 即可求出 m 和 m''。

（2）辅助圆法。过点 M 作一垂直于回转轴线的水平辅助圆，该圆的正面投影过 m'，且平行于底面圆的正面投影，它的水平投影为一直径等于 $1'2'$ 的圆，m 必在此圆周上，由

m'、m 即可求出 m''。

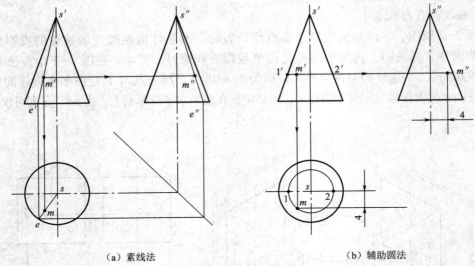

（a）素线法　　　　　　　　　　　　（b）辅助圆法

图 3-4　圆锥的投影及表面取点

3. 球

1）球的投影

圆球是由圆球面围成的，如常见的篮球、足球、排球等。圆球可看作是一圆（母线）围绕直径回转而成。

图 3-5 所示为圆球的投影。圆球在 3 个投影面上的投影都是直径相等的圆，但这 3 个圆分别表示 3 个不同方向的圆球面轮廓素线的投影。正面投影的圆是平行于 V 面的圆素线 A（它是前面可见半球与后面不可见半球的分界线）的投影。与此类似，侧面投影的圆是平行于 W 面的圆素线 C 的投影；水平投影的圆是平行于 H 面的圆素线 B 的投影。这 3 条圆素线的其他两面投影都与相应圆的中心线重合，不应画出。

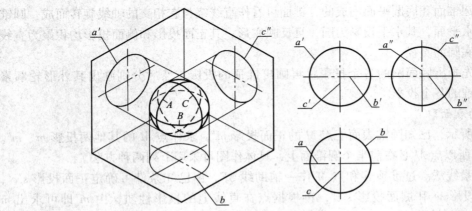

图 3-5　球的投影

2）球的表面取点

方法：辅助圆法。圆球面的投影没有积聚性，求作其表面上点的投影需采用辅助圆法，即过该点在球面上作一个平行于任一投影面的辅助圆。

【例3.1】如图3-6所示，已知球面上点 M 的水平投影，求作其余两个投影。

【解】过点 M 作一平行于正面的辅助圆，它的水平投影为过 m 的直线 ab，正面投影为直径等于 ab 长度的圆。自 m 向上引垂线，在正面投影上与辅助圆相交于两点。又由于 m 可见，故点 M 必在上半个圆周上，据此可确定位置偏上的点即为 m'，再由 m、m' 可求出 m''，如图3-6（b）所示。

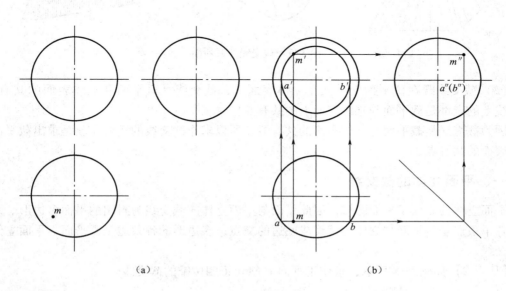

(a)　　　　　　　　　　　　　　　(b)

图3-6　球的表面取点

■ **任务实施**

参见图3-1，绘制棱柱的投影及点 M 的其他两投影 m、m''。

任务二　平面与立体表面的交线（截交线）的绘制

■ **任务引入**

参见图3-8，求作正垂面 P 斜切正四棱锥的截交线。

■ **任务目标**

1. 理解和掌握截交线的作图方法；

2. 能正确识读和绘制截交线的三视图。

■ **相关知识**

平面与立体表面相交，可以认为是立体被平面截切，此平面通常称为截平面，截平面与立体表面的交线称为截交线，如图3-7所示。

截交线的性质如下。

（1）截交线一定是一个封闭的平面图形。

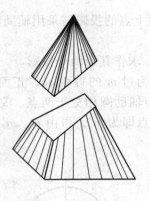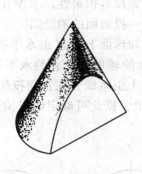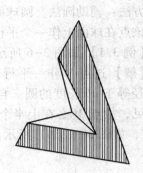

图 3-7　截交线与截断面

（2）截交线既在截平面上，又在立体表面上，截交线是截平面和立体表面的共有线。截交线上的点都是截平面与立体表面上的共有点。

因为截交线是截平面与立体表面的共有线，所以求作截交线的实质，就是求出截平面与立体表面的共有点。

一、平面立体的截交线

平面立体的表面是平面图形，因此平面与平面立体的截交线为封闭的平面多边形。多边形的各个顶点是截平面与立体的棱线或底边的交点，多边形的各条边是截平面与平面立体表面的交线。

【例 3.2】如图 3-8 所示，求作正垂面 P 斜切正四棱锥的截交线。

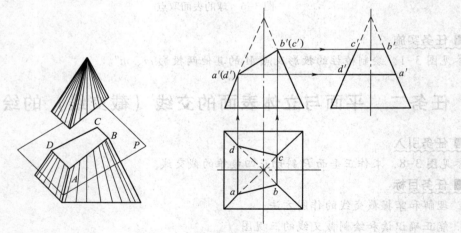

图 3-8　正四棱锥的截交线

【解】截平面与正四棱锥的 4 条棱线相交，可判定截交线是四边形，其 4 个顶点分别是 4 条棱线与截平面的交点。因此，只要求出截交线的 4 个顶点在各投影面上的投影，然后依次连接顶点的同名投影，即得截交线的投影。

【例3.3】如图3-9所示，一带切口的正三棱锥，已知它的正面投影，求其另两面投影。

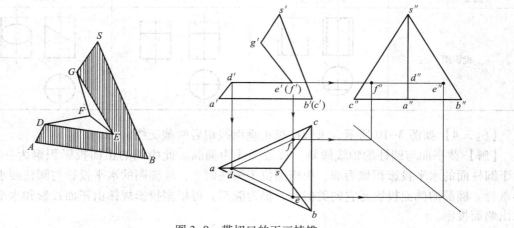

图3-9　带切口的正三棱锥

【解】该正三棱锥的切口是由两个相交的截平面切割而形成的。两个截平面一个是水平面，一个是正垂面，它们都垂直于正面，因此切口的正面投影具有积聚性。水平截面与正三棱锥的底面平行，因此它与棱面△SAB和△SAC的交线DE、DF必分别平行于底边AB和AC，水平截面的侧面投影积聚成一条直线。正垂截面分别与棱面△SAB和△SAC交于直线GE、GF。由于两个截平面都垂直于正面，所以两截平面的交线一定是正垂线，作出以上交线的投影即可得出所求投影。

二、回转体的截交线

截平面与回转体相交时，截交线一般是封闭的平面曲线，有时为曲线与直线围成的平面图形。曲面立体的截交线，就是求截平面与曲面立体表面的共有点的投影，然后把各点的同名投影依次光滑连接起来。

1. 圆柱的截交线

平面截切圆柱时，根据截平面与圆柱轴线的相对位置不同，可得到3种不同位置的截交线，见表3-1。

表3-1　平面与圆柱的截交线

截平面位置	与轴线平行	与轴线垂直	与轴线倾斜
截交线形状	两平行直线	圆	椭圆
轴测图			

截平面位置	与轴线平行	与轴线垂直	与轴线倾斜
截交线形状	两平行直线	圆	椭圆
投影图			

【例 3.4】 如图 3-10 所示，求圆柱被正垂面截切后的截交线。

【解】 截平面与圆柱的轴线倾斜，故截交线为椭圆。此椭圆的正面投影积聚为一直线。由于圆柱面的水平投影积聚为圆，而椭圆位于圆柱面上，故椭圆的水平投影与圆柱面水平投影重合。椭圆的侧面投影是它的类似形，仍为椭圆。可根据投影规律由正面投影和水平投影求出侧面投影。

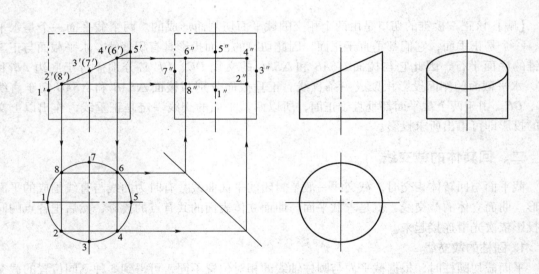

图 3-10　圆柱的截交线

作图步骤如下。

（1）先找出截交线上特殊的点 1′、5′、3′、7′，它们是圆柱最左、最右及最前、最后素线上的点，也是椭圆长、短轴的 4 个端点。作出其水平投影 1、5、3、7，侧面投影 1″、5″、3″、7″。

（2）再作出适当数量的一般点。先在正面投影上选取 2′、4′、6′、8′，根据圆柱的积聚性，找出其水平投影 2、4、6、8，再由点的两面投影作出侧面投影 2″、4″、6″、8″。

（3）将这些点的侧面投影依次光滑地连接起来，就得到截交线的侧面投影。

（4）整理轮廓线。由于侧面投影的转向轮廓线在 3″、7″点以上部分被截切，所以只保留这两点以下的轮廓线。

2. 圆锥的截交线

平面截切圆锥时，根据截平面与圆锥轴线的相对位置不同，其截交线有 5 种不同的情况。对照表 3-2 分析讲解。

表 3-2　圆锥的截交线

截平面位置	截平面过锥顶 $\theta = 90°$	截平面垂直于轴线	截平面倾斜于轴线，且 $\theta > \varphi$	截平面平行于轴线，且 $\theta = \varphi$	截平面倾斜于轴线，且 $\theta < \varphi$
截交线形状	相交两直线	圆	椭圆	抛物线	双曲线
轴测图					
投影图					

【例 3.5】 如图 3-11 所示，求作被正平面截切的圆锥的截交线。

【解】 因截平面为正平面，与轴线平行，故截交线为双曲线。截交线的水平投影和侧面投影都积聚为直线，只需求出正面投影。

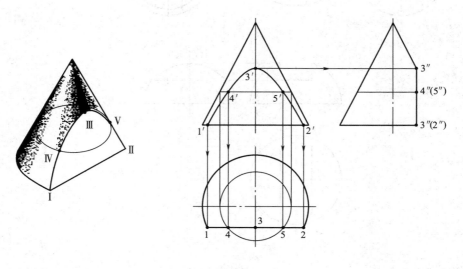

图 3-11　圆锥的截交线

3. 圆球的截交线

平面在任何位置截切圆球的截交线都是圆。当截平面平行于某一投影面时，截交线在该投影面上的投影为圆的实形，在其他两面上的投影都积聚为直线。如图 3-12 所示。

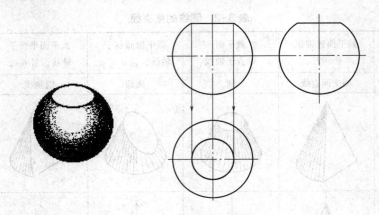

图 3-12　圆球的截交线

【例 3.6】如图 3-13 所示，完成开槽半圆球的截交线。

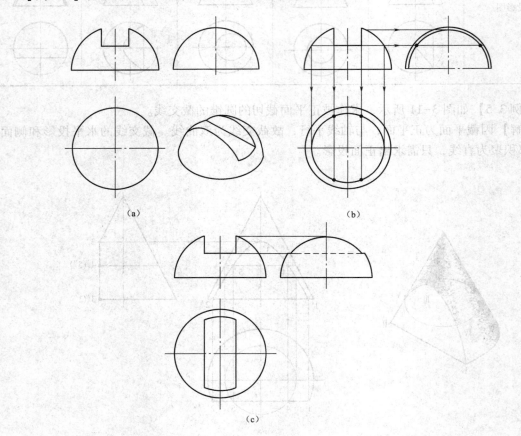

图 3-13　开槽半圆球的截交线

【解】半球表面的凹槽由两个侧平面和一个水平面切割而成，两个侧平面和半球的交线为两段平行于侧面的圆弧，水平面与半球的交线为前、后两段水平圆弧，截平面之间的交线为正垂线。

■ **任务实施**

参见图 3-8，绘制正垂面 P 斜切正四棱锥的截交线。

任务三　两回转体表面的交线（相贯线）的绘制

■ **任务引入**

如图 3-14 所示，求正交两圆柱体的相贯线。

■ **任务目标**

1. 理解和掌握相贯线的作图方法；
2. 能正确识读和绘制相贯线的三视图。

■ **相关知识**

两个基本体相交（或称相贯），表面产生的交线称为相贯线。相贯线的一般性质如下。

（1）相贯线是两个曲面立体表面的共有线，也是两个曲面立体表面的分界线。相贯线上的点是两个曲面立体表面的共有点。

（2）两个曲面立体的相贯线一般为封闭的空间曲线，特殊情况下可能是平面曲线或直线。

求两个曲面立体相贯线的实质就是求它们表面的共有点。作图时，依次求出特殊点和一般点，判别其可见性，然后将各点光滑连接起来，即得相贯线。

一、表面取点法

在两个相交的曲面立体中，如果其中一个是柱面立体（常见的是圆柱体），且其轴线垂直于某投影面时，相贯线在该投影面上的投影一定积聚在柱面投影上，相贯线的其余投影可用表面取点法求出。

【例 3.7】如图 3-14 所示，求正交两圆柱体的相贯线。

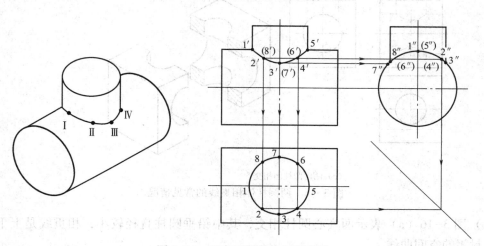

图 3-14　正交两圆柱体的相贯线

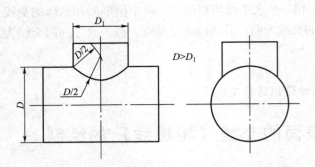

图 3-15　相贯线的近似画法

【解】两圆柱体的轴线正交，且分别垂直于水平面和侧面。相贯线在水平面上的投影积聚在小圆柱水平投影的圆周上，在侧面上的投影积聚在大圆柱侧面投影的圆周上，故只需求作相贯线的正面投影。

相贯线的作图步骤较多，如对相贯线的准确性无特殊要求，当两圆柱垂直正交且直径不同时，可采用圆弧代替相贯线的近似画法。如图 3-15 所示，垂直正交两圆柱的相贯线可用大圆柱的 $D/2$ 为半径作圆弧来代替。

两轴线垂直相交的圆柱，在零件上是最常见的，它们的相贯线一般如图 3-16 所示的 3 种形式。

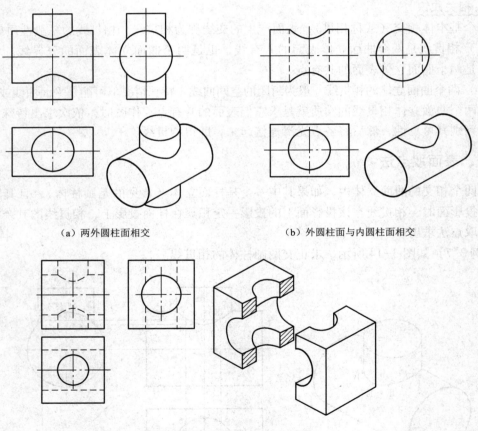

（a）两外圆柱面相交　　　　　　　　（b）外圆柱面与内圆柱面相交

（c）两内圆柱面相交

图 3-16　两圆柱体相贯线的常见情况

（1）图 3-16（a）表示两实心圆柱相交，其中铅垂圆柱直径较小，相贯线是上下对称的两条封闭的空间曲线。

（2）图 3-16（b）表示圆柱孔与实心圆柱相交，相贯线也是上下对称的两条封闭的空间曲线。

（3）图 3-16（c）表示两圆柱孔相交，相贯线同样是上下对称的两条封闭的空间曲线。

二、辅助平面法

求两回转体相贯线比较普遍的方法是辅助平面法。用一辅助平面与两回转体同时相交，辅助平面分别与两回转体相交得两组截交线，这两组截交线的交点为相贯线上的点。

【例 3.8】如图 3-17 所示，求圆柱和圆锥的相贯线。

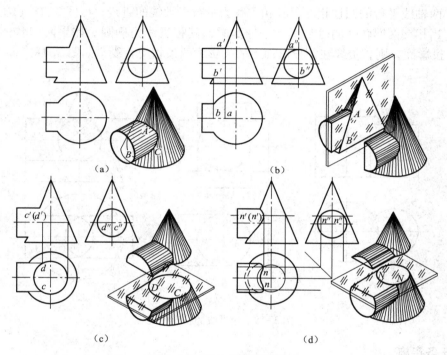

图 3-17　圆柱与圆锥相贯

【解】圆柱和圆锥相贯时，若轴线垂直相交（正交），则相贯线的空间形状关于两相交轴线平面对称，当轴线平面平行于投影面时，相贯线关于轴平面对称的两点在该投影面上的投影重合，相贯线在该投影面上的投影为曲线段。当圆柱的轴线垂直于 W 面，圆锥的轴线垂直于 H 面时，两相交轴线平面平行于 V 面，所以，相贯线的 V 面投影为曲线段。柱面的 W 面投影积聚为圆，相贯线的 W 面投影和柱面的投影重合，也为圆，相贯线的 H 面投影为闭合曲线。

求相贯线上点的投影的基本方法是辅助平面法，其依据是三面共点原理，辅助平面的选择应满足：辅助平面和投影面处于平行位置；辅助平面和两曲面的截交线为圆或直线；两截交线有交点。

作图步骤如下。

（1）先画出圆锥和圆柱 3 个视图上的轮廓线。

（2）辅助平面法相贯线上的特殊点和一般点的投影，先求柱面对 V 面转向轮廓线与锥面的交点 A、B，再求柱面对 H 面转向轮廓线与锥面的交点 C、D，最后求一般点。

（3）光滑连接相贯线上的点，此时要注意判断相贯线的可见性。

（4）整理轮廓线。

三、相贯线的特殊情况

在一般情况下，两曲面立体的相贯线为空间曲线，但在特殊情况下为平面曲线。

（1）两同轴回转体相交，其相贯线为垂直轴线的圆，当回转体轴线平行于某一投影面时，则相贯线在该投影面上的投影为垂直于轴线的直线，如图 3-18（a）所示。

（2）两轴线平行的圆柱相交，其相贯线为平行于轴线的直线，如图 3-18（b）所示。

（3）当相交两回转体同时切一个球面时，其相贯线为椭圆。如果两回转体轴线都平行于某一投影面，则相贯线在该投影面上的投影为两条相交直线，如图 3-18（c）所示。

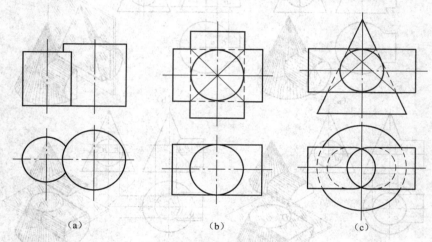

（a）　　　　　　　　　（b）　　　　　　　　　（c）

图 3-18　相贯线的特殊情况

■ 任务实施

参见图 3-14，求正交两圆柱体的相贯线。

项目四
组合体视图的绘制与识读

【项目引入】

任何一个机械零件都可以看成由若干个基本几何体组成，由两个或两个以上的基本体组合而成的形体称为组合体。组合体的组合形式有叠加型、切割型和综合型三种形式。

【项目分析】

本项目主要学习：

组合体的组成方式；组合体视图的画法；组合体视图的尺寸标注；读组合体视图；AutoCAD 绘制组合体视图

■ 知识目标
1. 掌握组合体的表面连接关系及其画法；
2. 掌握绘制组合体视图的基本方法；
3. 掌握组合体视图尺寸标注的方法；
4. 掌握识读组合体视图的方法；
5. 掌握 AutoCAD 绘制组合体视图的方法。

■ 能力目标
1. 能正确绘制组合体视图；
2. 能正确进行组合体视图的尺寸标注；
3. 能正确识读组合体视图；
4. 能应用 AutoCAD 软件正确绘制组合体视图。

任务一　组合体视图的绘制

■ 任务引入
绘制滑挡块的三视图，参见图 4-12。

■ 任务目标
1. 掌握组合体的表面连接关系及其画法；

2. 掌握绘制组合体视图的基本方法，能正确绘制组合体视图。

■ 相关知识

一、组合体的组成方式

（一）组合体的概念

由两个或两个以上的基本体按照一定的方式组合而成的形体称为组合体。从几何的观点看，一切机械零件都可以抽象成组合体，而任何组合体总可以分解为若干个基本几何形体组成，因此，只要掌握分解组合体的方法，组合体的投影图（视图）也就迎刃而解了。

（二）组合体的组成方式

1. 组合体的组合形式

组合体的形状多种多样，千差万别。就其组合形式而言，可分为叠加、切割、综合 3 种类型。

（1）叠加型。将各基本体以平面接触相互堆积、叠加而形成组合体的组合形式，如图 4-1（a）所示的物体可以看成是由一个圆台、一个圆柱、一个长方体和两个 U 形板叠加形成的。

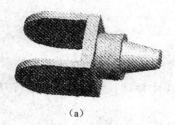  

　　（a）　　　　　　　　　　（b）　　　　　　　　　　（c）

图 4-1　组合体的组成方式

（2）切割型。在基本体上进行切块、开槽、穿孔等切割后形成组合体的组合形式，图 4-1（b）所示的物体可以看成是在一个长方体上穿了一个半圆孔和开了一个方槽。

（3）综合型。既有叠加又有切割形成组合体的组合形式，图 4-1（c）所示的组合体可看成是一个 U 形板和两个长方体先叠加，然后穿一个圆孔和开一个 U 形槽而形成的。在组成过程中，既有叠加，又有切割，是以上两种形式的综合。

2. 组合体的表面连接关系

1）平行

（1）平齐。当两个形体的两表面平齐时，两个表面形成了一个新的面，它们之间不存在分界线，在视图上不应用线隔开，如图 4-2 所示。

（2）不平齐。当两个形体互相叠加且两平面相交或错开时，两平面之间一定存在分界线，在视图中必须画出该分界线，如图 4-3 所示。

2）相交

如果两形体的表面彼此相交，则称其为相交关系。相交处有交线，表面交线是它们的分界线，图形上必须画出，如图 4-4 所示。

3）相切

当两基本体表面相切时，其相切处是圆滑过渡，不应画线，如图 4-5 所示，图中底板

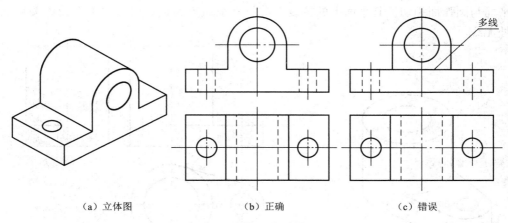

（a）立体图　　　　　　　（b）正确　　　　　　　（c）错误

图 4-2　表面平齐正误对比

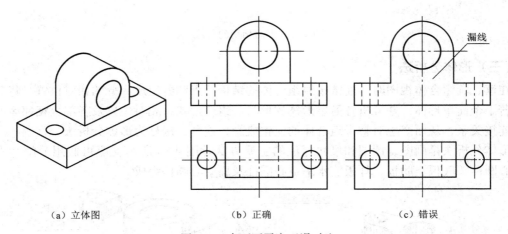

（a）立体图　　　　　　　（b）正确　　　　　　　（c）错误

图 4-3　表面不平齐正误对比

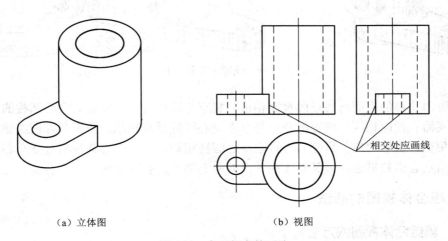

（a）立体图　　　　　　　（b）视图

图 4-4　表面相交的画法

前端平面与圆弧面相切，其平面上的棱线末端应画至切点为止。切点位置由投影关系确定，相切处无线。

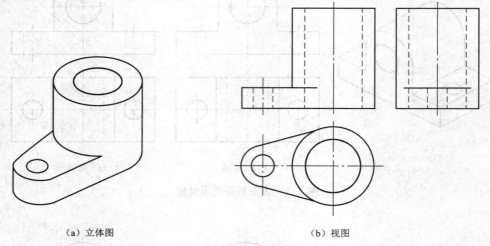

（a）立体图　　　　　　　　　　　（b）视图

图 4-5　表面相切的画法

（三）形体分析法

在读、画组合体视图时，通常按照组合体的结构特点和各组成部分的相对位置，将其划分为若干个简单形体，并分析各简单形体的形状、组合形式、相对位置及各部分相邻表面之间的连接关系，从而产生对整个组合体的完整概念，这种方法称为形体分析法。

形体分析法是画图、读图和尺寸标注的主要方法。图 4-6 所示支座可假想分解为由直立空心圆柱、底板、肋板、耳板、水平空心圆柱及扁空心圆柱组成。

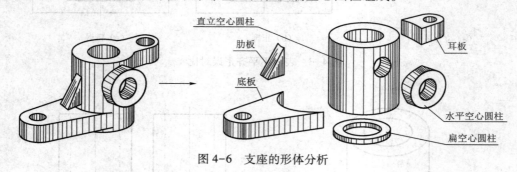

图 4-6　支座的形体分析

可以看出肋板的底面与底板的顶面相接，扁空心圆柱的顶面和直立空心圆柱的底面分别与底板的底面、顶面相接，底板的顶面与直立空心圆柱垂直相截，肋板和耳板的侧面与直立空心圆柱相交，底板的前、后侧面与直立空心圆柱相切，水平空心圆柱与直立空心圆柱垂直相交，且两空心圆柱贯通，但其整体在 3 个方向上都不具有对称面。

二、组合体视图的画法

（一）画组合体视图的方法和步骤

在画组合体的视图时，一般按以下步骤进行。

（1）进行形体分析。

（2）确定组合体的安放位置。

（3）确定视图数量。

（4）画视图。

1. 形体分析

用形体分析法画图时，需先画出各基本形体的三视图，并根据各基本形体的相对位置和组合形式画出表面间的连接关系，即"先分后组合"。图4-7（a）所示的组合体可看成由一个长方体形状的底板，上面放有一个三棱柱及一个由半圆柱和四棱柱形成的U形块几部分叠加而成的，其中U形块位于底板的中间靠后，U形块的中间挖去一圆柱形的通孔，如图4-7（b）所示，在U形块的正前方有一个三棱柱。

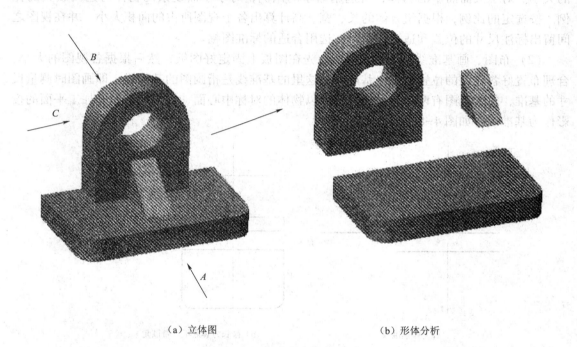

（a）立体图　　　　　　　　　　　　　（b）形体分析

图4-7　组合体的形体分析

2. 确定组合体的安放位置

确定安放位置，就是要考虑组合体对3个投影面处于怎样的位置。在位置确定之后，它在3个投影面上的投影就确定了。由于主视图是3个视图中最主要的投影，因此在确定主视图时，要以反映物体形状特征最多的方向作为正面投影的投射方向，为了读图和作图方便，在放置物体时，应使物体放置成正常位置，且使它的主要面与投影面平行或垂直。具体来讲，确定安放位置时有以下几项要求：① 必须使物体处于正常位置；② 使物体的主要面平行或垂直于投影面；③ 使主视图能反映物体的较多特征；④ 应尽可能减少各视图中的不可见轮廓线并能合理利用图纸。现以图4-7所示的组合体为例，说明如何确定安放位置。要正常放置，则使其底板在下，水平放置，再考虑以哪个方向作为主视图的投射方向反映物体的特征最多，并能使其他视图的虚线较少和能合理利用图纸，图示B方向从物体的背后投影，不能反映物体的形状特征，不可选；图示 C 方向只能反映物体一部分特征，也不可选；图示 A 方向可反映物体的大部分特征。因此，应以 A 方向作为正面投影的投射方向。这样安放位置就确定了。

3. 确定视图数量

确定视图的数量，就是确定要画几个视图就可把物体各部分特征反映清楚。对于不同的物体，投影的数量是不同的，简单物体，注明厚度后用一个视图就能表达清楚。对于复杂的物体可能需多个视图来表达，图 4-7 所示的组合体就需 3 个投影视图才能反映清楚。

4. 画视图

（1）选比例、定图幅。画图时，应尽可能选用 1：1 的比例，以便能更直观地看出物体的大小。对于大而简单的物体，可选用缩小的比例；对于小而复杂的物体可选用放大的比例。按选定的比例，根据组合体的长、宽、高计算出各个视图所占的面积大小，并在视图之间留出标注尺寸的位置和适当的间距，选用合适的标准图幅。

（2）布图、画基准线。选好图幅后，先在图板上固定好图纸，然后根据各视图的大小，合理布置好各视图的位置，画出基准线。这里的基准线是指画图的基准线，即画图时测量尺寸的基准，每个视图有两个基准线，一般以物体的对称中心面、轴线、较大的加工平面的投影作为基准线，如图 4-8（a）所示。

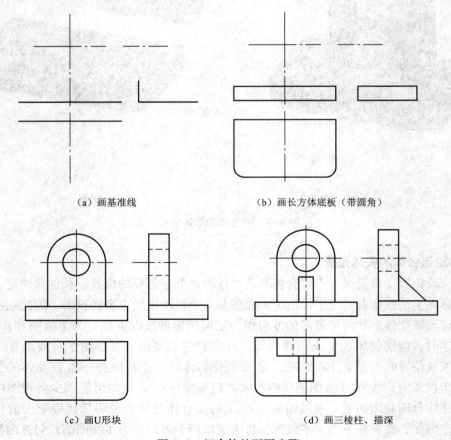

（a）画基准线   （b）画长方体底板（带圆角）

（c）画U形块   （d）画三棱柱、描深

图 4-8　组合体的画图步骤

（3）逐个画出各基本体的投影，完成底稿。对于各基本体，一般先从能反映实形的投影开始画。顺序为先大（大形体）后小（小形体）；先实（实形体）后空（挖去的形体）；先轮廓后细节，3个投影联系起来画，如图4-8（b）和图4-8（c）所示。

（4）检查、描深。底稿画好后，逐个基本体检查，按标准图线描深，如图4-8（d）所示。

（5）标注尺寸。图样上必须标注尺寸，具体标注方法将在后面的章节中介绍。

（6）全面检查。最后再进行一次全面检查。

（二）画图举例

【例4.1】画轴承座的三视图，如图4-9所示。

【解】（1）分析形体。如图4-9所示，轴承座可分解为底板、圆筒、支撑板、肋板和凸台5部分。底板上有直径相等的两个圆孔和两个圆角，圆筒、支撑板和肋板由上而下依次叠加在底板上面。支撑板与底板的后面平齐，圆筒与支撑板的后面不平齐，支撑板的左、右侧面与圆筒的外表面相切，肋板位于圆筒的正下方并与支撑板垂直相交，其左右侧面、前面与圆筒的外表面相交，凸台在圆筒上方，并与圆筒内外圆柱面相贯。

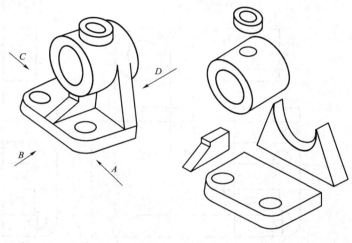

图4-9 轴承座形体分析

（2）确定轴承座的安放位置及主视图。先将图4-9所示的综合式组合体按自然位置（底板朝下）放置好，并将其主要平面或轴线与投影面保持平行或垂直的关系，再从A、B、C、D 4个方向进行投射比较，显然，若以D向为主视图，虚线较多；若以C向为主视图，其左视图虚线较多；A向和B向都能较好地反映出该组合体的形体特征及各部分的相对位置关系。这里选择A向作为主视图的投射方向，如图4-10所示。

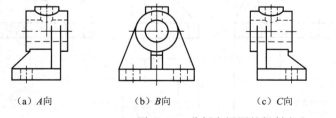

（a）A向　　　　（b）B向　　　　（c）C向　　　　（d）D向

图4-10 分析主视图的投射方向

（3）选比例、定图幅。

（4）布置视图、画基准线。

（5）逐个画出其投影图，如图4-11所示。

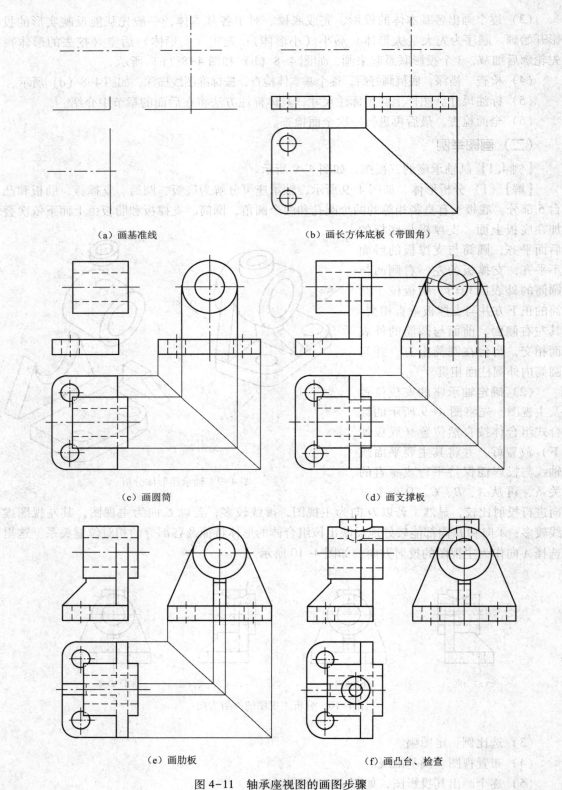

(a) 画基准线　　　　　　　　　　(b) 画长方体底板（带圆角）

(c) 画圆筒　　　　　　　　　　　(d) 画支撑板

(e) 画肋板　　　　　　　　　　　(f) 画凸台、检查

图 4-11　轴承座视图的画图步骤

【例4.2】画滑挡块的三视图,如图4-12所示。

【解】(1)分析形体。如图4-12所示,滑挡块可看成是长方体左边上部中间切去一U形块,左边下部中间切去一圆柱体,并与U形块同心,右边的上部中间切去一半圆柱体,下部中间切去一U形块。

(2)确定滑挡块的安放位置。如图4-12所示,通过比较,确定滑挡块的安放位置为使长方体的底面平行于水平面,因K方向能反映滑挡块各组成部分的主要形状特征和较多的位置特征,故以K方向作为主视图的投射方向。

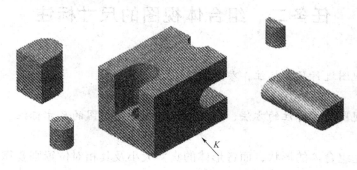

图4-12 滑挡块形体分析

(3)选比例、定图幅。

(4)布置视图、画基准线。

(5)分步作图,逐一切割,画出其投影图,如图4-13所示。

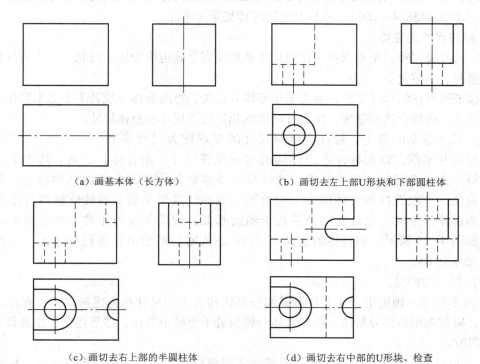

(a)画基本体(长方体)　　　　　(b)画切去左上部U形块和下部圆柱体

(c)画切去右上部的半圆柱体　　　　(d)画切去右中部的U形块、检查

图4-13 滑挡块三视图的画图步骤

注意：画图时对每一部分应先画出反映形状特征的视图，再画其他视图，3 个视图应配合画出，各部分之间注意保持"长对正、高平齐、宽相等"三等关系；在作图过程中，注意每增加一个组成部分，就要分析该部分与其他部分之间的相对位置关系和表面连接关系，同时注意被遮挡部分应随手改为虚线，以避免画图时出错。

■ **任务实施**

按【例 4.2】步骤，完成滑挡块的三视图的绘制。

任务二　组合体视图的尺寸标注

■ **任务引入**

对支座的三视图进行尺寸标注，参见图 4-22。

■ **任务目标**

掌握组合体视图尺寸标注的方法，能正确进行组合体视图的尺寸标注。

■ **相关知识**

视图只能表达组合体的形状，而各形体的真实大小及其相对位置则要靠尺寸来确定。因此，标注尺寸是表达形体的重要手段，掌握好组合体尺寸标注的方法，可为今后学习零件图的尺寸标注打下良好的基础。

标注组合体尺寸必须做到正确、完整、清晰。

1. 标注尺寸要正确

所谓正确，就是所注的尺寸数值要正确无误，注法要符合国家标准《机械制图　尺寸注法》（GB/T 4458.4—2003）的基本规定（详见第 1 单元）。

2. 标注尺寸要完整

标注尺寸要完整，是要求所标注的尺寸必须能完全确定组合体的形状、大小及其相对位置，不遗漏、不重复。

要保证所标注的尺寸完整，通常采用形体分析法，将组合体分成若干个基本形体，标出其定形尺寸，选择合适的基准，标出各形体的相互位置尺寸和总体尺寸。

（1）尺寸基准的确定。标注或测量尺寸的起点称为尺寸基准。标注组合体尺寸时，应先选择尺寸基准，以便标注各形体间的相对位置尺寸。组合体长、宽、高 3 个方向的尺寸，每个方向上都要有尺寸基准。选择尺寸基准必须体现组合体的结构特点，并使尺寸度量方便。一般选择组合体的中心对称面、底面、重要端面、回转体轴线等作为主要基准。当形体复杂时，允许有一个或几个辅助基准，辅助基准与主要基准之间要有尺寸联系。如图 4-14 所示，圆柱体的定位尺寸 17 是从辅助基准出发进行标注的，它们之间的联系尺寸是 85。

（2）尺寸的种类。

① 定形尺寸：确定组合体上各组成部分形状和大小的尺寸称为定形尺寸。在标注定形尺寸时，应首先用形体分析法，将组合体分解为若干个简单形体，然后逐个注出各简单形体的定形尺寸。

② 定位尺寸：确定组合体上各组成部分之间相对位置的尺寸称为定位尺寸。标注定位尺寸时，应首先选择好尺寸基准。基本体的定位尺寸最多有 3 个，若基本体在某个方向上处

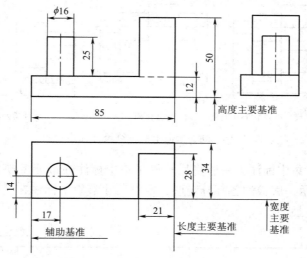

图 4-14　组合体尺寸基准

于叠加、平齐、对称、同轴之一时，应省略该方向上的一个定位尺寸。如图 4-14 中，底板上面长方体的长度和宽度方向的定位尺寸均省略。

③ 总体尺寸：确定形体总长、总宽、总高的尺寸称为总体尺寸。当标注了总体尺寸后，为了避免产生多余尺寸，有时要对已标注的定形、定位尺寸作调整。

当组合体的一端为回转体时，通常总体尺寸只注到回转体的中心，而不直接注出总体尺寸。总体尺寸注法示例如图 4-15 所示。

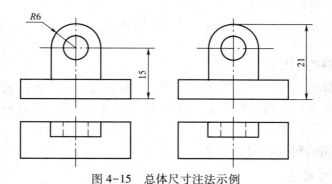

图 4-15　总体尺寸注法示例

3. 标注尺寸要清晰

为了便于读图和查找相关尺寸，在标注尺寸时，除了完整之外，还要使所标的尺寸清晰，排列整齐。为此，除了在标注方法上必须遵守国标中的有关规定外，在标注尺寸时还应注意以下几点。

（1）遵守标准，布局整齐。一般应将尺寸注写在图形轮廓线之外，若所引尺寸界线太长或多次与图线交叉，可注在图形之内适当的空白处；互相平行的尺寸应小尺寸在内，大尺寸在外，以免尺寸线与尺寸界线相交，各尺寸线之间的间隔应大致相等。同一方向上连续尺寸标注如图 4-16 所示。

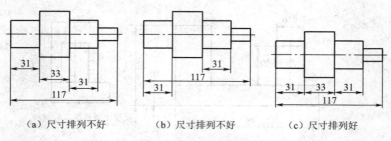

（a）尺寸排列不好　　（b）尺寸排列不好　　（c）尺寸排列好

图 4-16　同一方向上的连续尺寸标注示例

（2）突出特征，集中标注。一般将尺寸尽量集中标注在最能反映各部分形状特征的视图上，如图 4-17 所示，底板的各部分定形、定位尺寸都集中标注在反映该部分形状特征的特征视图——俯视图上。

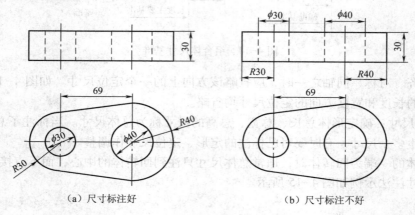

（a）尺寸标注好　　　　　　　　（b）尺寸标注不好

图 4-17　尺寸标注比较示例

（一）基本形体的尺寸标注

标注平面基本体的尺寸，一般要注出它的长、宽、高 3 个方向的尺寸，对于回转体来说，通常只要注出径向尺寸和轴向尺寸。图 4-18 与图 4-19 所示是几种常见平面基本体和曲面基本体的尺寸注法示例。

（二）切割体和相贯体的尺寸标注

1. 切割体的尺寸标注

基本体被切割后得到的切割体在标注尺寸时，除应注出定形尺寸外，还应注出确定截平面位置的尺寸。由于截平面在形体上的相对位置确定后，截交线即被唯一确定，因此对截交线不应再注尺寸，如图 4-20 所示。

2. 相贯体的尺寸标注

与切割体的尺寸注法一样，相贯体除了应注出两相贯体的定形尺寸外，还应注出确定两相贯基本体的相对位置的定位尺寸。当定形和定位尺寸注全后，两相贯体的交线（相贯线）即被唯一确定，因此对相贯线也不需再注尺寸。也就是说，标注相贯部分的尺寸时，只需标注参与相贯的各基本形体的定形尺寸及其相互位置的定位尺寸。如图 4-21 所示，列出了常见相贯立体的尺寸注法。

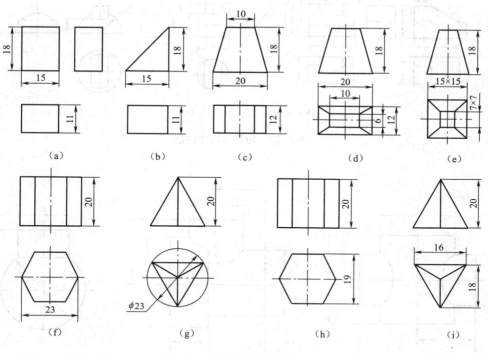

图 4-18　平面基本体尺寸注法

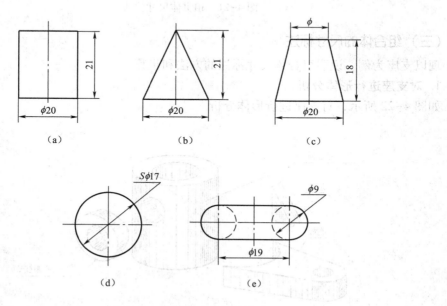

图 4-19　曲面基本体尺寸注法

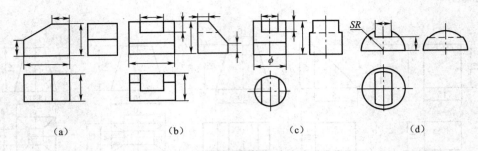

(a)　　　　　(b)　　　　　(c)　　　　　(d)

图 4-20　切割体尺寸注法

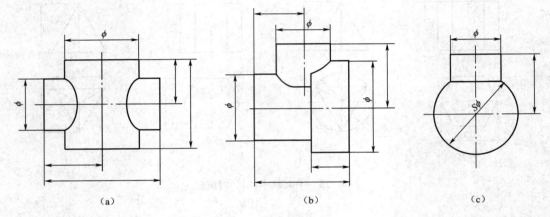

（a）　　　　　　　　（b）　　　　　　　　（c）

图 4-21　相贯体尺寸注法

（三）组合体的尺寸标注

现以支座为例，说明组合体尺寸标注的方法和步骤。

1. 对支座进行形体分析

如图 4-22 所示，对支座进行形体分析。

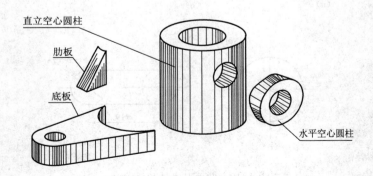

直立空心圆柱

肋板

底板

水平空心圆柱

图 4-22　支座的形体分析

支座可假想分解为由直立空心圆柱、底板、肋板和水平空心圆柱组成。

2. 选定尺寸基准

按组合体的长、宽、高 3 个方向依次选定主要基准。支座底平面为高度方向尺寸的主要基准，圆柱筒与底面的前后对称面为宽度方向尺寸的主要基准，过圆柱筒轴线的侧平面为长度方向尺寸的主要基准，如图 4-23 所示。

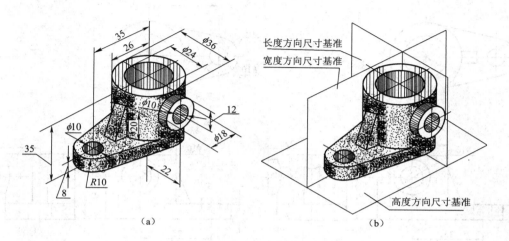

（a）　　　　　　　　　　　　（b）

图 4-23　三个方向的尺寸基准

3. 标注各形体的定形尺寸和定位尺寸

（1）标注直立圆柱筒的定形尺寸 $\phi36$、$\phi24$ 及 35，如图 4-24（a）所示。

（2）标注底板的定形尺寸 8、$R10$、$\phi10$ 及定位尺寸 35，如图 4-24（b）所示。

（3）标注水平圆柱筒的定形尺寸 $\phi18$、$\phi10$ 及定位尺寸 12、22，如图 4-24（c）所示。

（4）标注肋板的定形尺寸 20、7 及定位尺寸 26，如图 4-24（d）所示。

4. 标注总体尺寸

由于定形尺寸、定位尺寸和总体尺寸有兼顾情况，应避免重复标注，因此，要标注总体尺寸时，必须进行检查、调整。

如直立圆柱筒的高度 35 同时还是组合体的总体高度尺寸，不能重复标注总体尺寸，组合体的总长度为（35+10+18），因其两端是回转体，要优先标注回转体的半径 $R10$ 和直径 $\phi36$ 及中心距 35，总体尺寸由这 3 个尺寸而定，就不能再标注总体尺寸了。同理，总体宽度尺寸由竖直圆柱筒的直径 $\phi36$ 和水平圆柱筒的定位尺寸 22 确定，也不能再重复标注。

■ 任务实施

按图 4-24 所示，完成支座三视图的尺寸标注。

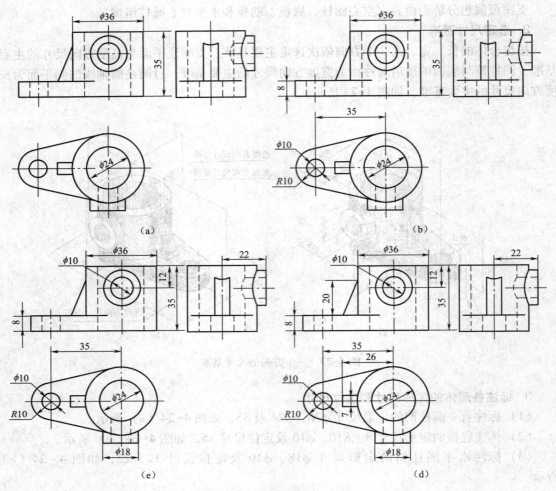

图 4-24 支座尺寸标注示例

任务三　组合体视图的识读

■ 任务引入

参见图 4-31（a），补全图中所缺线条。

■ 任务目标

掌握识读组合体视图的方法，能正确识读组合体视图。

■ 相关知识

根据视图想象出组合体空间形状的全过程称为读图。绘图是由"物"到"图"，而读图是由"图"到"物"，这两方面的训练都是为了培养和提高制图的空间想象能力和构思能力，并且它们是相辅相成、相互提高的两个过程。要做到迅速、准确地读懂图样，需要在掌握读图基本方法的基础上，多进行读图训练，不断提高读图能力。

一、读图的基本知识

1. 明确视图中的线条、线框的含义

读图时根据正投影法原理，正确分析视图中图线和线框的含义，这里的线框指的是投影图中由图线围成的封闭图形。

（1）投影图中的点，可能是一个点的投影，也可能是一条直线的投影。

（2）投影图中的线（包括直线和曲线），可能是一条线的投影，也可能是一个具有积聚性投影面的投影。图4-25（a）中的1表示的是半圆柱面的积聚性投影，3表示的是半圆柱面和四边形平面的交线，4表示的是平面。

（3）投影中的封闭线框，可能是一个平面或是一个曲面的投影，也可能是一个平面和一个曲面构成的光滑过渡面。图4-25（a）中的2表示的是半圆孔回转曲面。图4-25（b）中5表示的是一个四边形平面，6表示的是圆柱面和四边形构成的光滑过渡面。

（4）封闭线框中的封闭线框，可能是凸出来或凹进去的一个面或是穿了一个通孔，要区分清楚它们之间的前后、高低或相交等的相互位置关系。

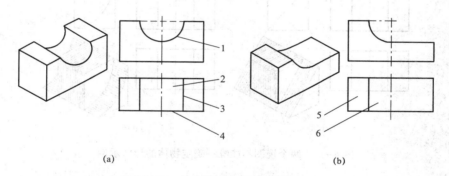

(a)　　　　　　　　　　　(b)

图4-25　组合体中的图线和线框示例

2. 几个视图联系起来对应着看

通常一个视图或两个视图不能唯一确定较复杂的物体形状，因此在读图时，要根据几个视图，运用投影规律，想象出空间物体的形状。图4-26所示4组视图，其形状各异，它们

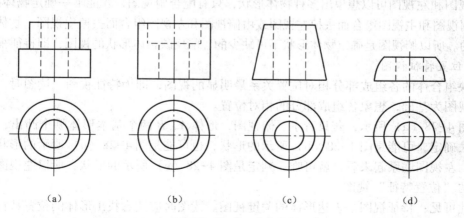

(a)　　　　　　(b)　　　　　　(c)　　　　　　(d)

图4-26　一个视图不能唯一确定物体的形状示例

的俯视图均相同；如图 4-27（a）与图 4-27（b）所示，主视图和左视图相同，但它们的俯视图不同，所以表达的物体形状也不同；如图 4-27（c）与图 4-27（d）所示，主视图和俯视图相同，左视图不同，则表达的物体形状也不一样。由此可见，读图时必须将几个视图联系起来分析、构思，才能想象出物体的完整形状。

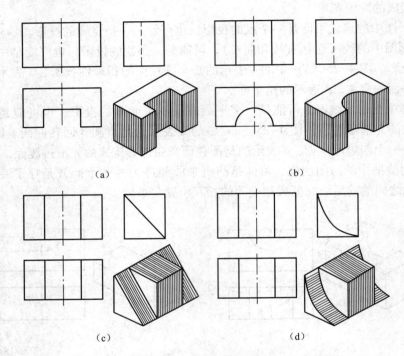

图 4-27　两个视图不能唯一确定物体的形状示例

3. 抓特征视图

抓特征视图，就是抓住物体的形状特征视图和位置特征视图。

1）形状特征视图

所谓形状特征，就是最能表达物体形状的那个视图。参见图 4-27（a）与图 4-27（b），由其主视图和左视图可以想象出多种物体形状，只有配合俯视图，才能唯一确定物体的形状。如果由俯视图和主视图组合而去掉左视图或由俯视图和左视图组合而去掉主视图，物体形状都是确定的。所以俯视图是确定物体形状不可缺少的、能反映物体形状的视图，即特征视图。

2）位置特征视图

反映组合体的各组成部分相对位置关系最明显的视图，即为特征视图。读图时，应以位置特征视图为基础，想象各组成部分的相对位置。

如图 4-28（a）所示，若只看主、俯视图，形体 A、B 两个基本形体哪个凸出，哪个凹进，无法确定，可能是图 4-28（b）所示的形状，也可能是图 4-28（c）所示的形状。但如果将主、左视图联系起来看，就可唯一判定是图 4-28（c）所示的形状，所以左视图就是该组合体的"位置特征"视图。

由此可见：特征视图是表达形体的关键视图。读图时应注意找出形体的位置特征视图和形状特征视图，再联系其他视图，就能很容易地读懂视图，想象出形体的形状。

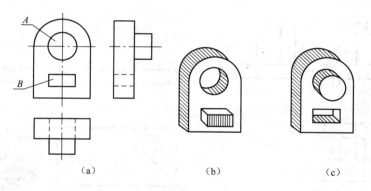

图 4-28 位置特征视图确定物体的形状示例

二、读图的基本方法

1. 形体分析法

画图时运用形体分析法把组合体的投影画出来，读图时也要应用形体分析法，按照投影规律，从图上逐个识别出构成组合体的每一部分，通常从最能反映形体特征的主视图入手，分析物体的组成及组合方式、相对位置，综合起来想象出整体形状。

下面以图 4-29（a）所示组合体支座为例，说明运用形体分析法读图的具体步骤。

（1）认识视图、抓特征。根据给出的视图，分析清楚每个视图的投射方向，找出反映形体特征最多的视图，从主视图看起，一般情况下，主视图就为特征投影。在图 4-29（a）中，主视图反映形体的形状和相互位置比较多，主视图为特征视图。

（2）分出线框、对投影。利用形体分析法，从主视图开始看起，将形体按线框分解成几个部分，把每一部分的其他投影根据"长对正、高平齐、宽相等"的投影规律，借助直尺、三角尺与分规等绘图工具把各部分的投影分离出来。在图 4-29 中，按线框分成 3 个部分，每部分所对应的投影如图 4-29（b）、图 4-29（c）及图 4-29（d）所示。

（3）认识形体、定位置。根据分离出的每一部分的投影，初步想象各部分的形状、大小及它们之间的相互位置。第一部分为带有两个孔的长方体，如图 4-29（b）所示；第二部分为带有一个半圆孔的长方体，如图 4-29（c）所示；第三部分、第四部分均为三棱柱，如图 4-29（d）所示。

（4）综合起来想象整体。由以上几步，每一部分的形状、大小及相互位置都清楚了，按照它们之间的相互位置，再把它们组合起来，最终想象出整个形体，如图 4-29（e）所示。

（5）检查校对、确定整体。把想象出的形体与已给的视图进行反复对照、校对，验证给定的每个视图与想象中组合体的视图是否一致，当发现二者不一致时，则要进行分析调整，直至各个视图都相符为止。这一步是保证读图准确无误的一个重要环节，是读图时不可忽略的步骤。

2. 线面分析法

对于一些比较复杂的形体，尤其是切割型的物体，在形体分析的基础上，还要借助线、面的投影特点进行投影分析，如分析组合体的表面形状、表面交线及它们之间的相对位置，最后确定组合体的具体形状，这种方法称为线面分析法。

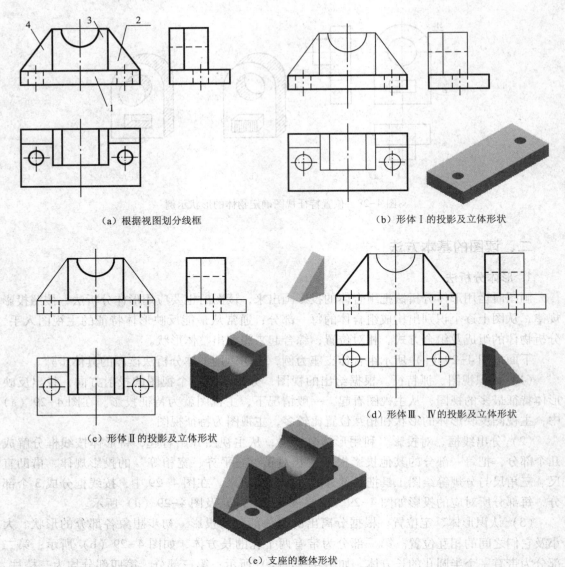

（a）根据视图划分线框

（b）形体 I 的投影及立体形状

（c）形体 II 的投影及立体形状

（d）形体 III、IV 的投影及立体形状

（e）支座的整体形状

图 4-29　用形体分析法读图示例

　　线面分析时要善于利用线面的真实性、积聚性、类似性的投影特性读图。一个线框一般情况下表示一个面，如果它表示一个平面，那么在其他投影中就能找到该平面的类似形投影，若找不着，则它一定是积聚成一线段了。

　　对不规则形体或形体上由于切割而产生的截断面及截交线的投影，难以用形体分析法划分想象形状时，可用线面分析法。

　　下面以图 4-30（a）所示组合体楔块为例，说明运用线面分析法读图的具体步骤。

　　读该三视图时，可应用线面分析法把视图中的每个封闭线框所表述形体表面的空间形状和位置确定下来，然后把这些面按相对位置进行组装想象，就能综合出整体形状。读图方法和步骤如下。

　　（1）分线框，对投影，想象面的形状和位置。将视图中的每一个封闭线框，按投影规律找到其在另两个投影面上的投影，并想象其空间形状及位置。如图 4-30（b）所示，主视图中的封闭线框 a'，按对正关系在俯视图中与其对应的是线段 a，在左视图上与其对应的是类似线框 a''，根据面的投影图特征可知，该面在空间为四边形、铅垂面。

同理，可继续找出主视图上封闭线框 b' 在俯、左视图上的对应投影位置 b、b''，在空间是五边形、正平面，如图 4-30（c）所示；俯视图上的封闭线框 c 在主、左视图上的对应投影位置 c'、c''，在空间是六边形、正垂面，如图 4-30（d）所示；俯视图上的封闭线框 d 在主、左视图上的对应投影位置 d'、d''，在空间是四边形、侧垂面，如图 4-30（e）所示。

（2）根据各面的形状和相对位置进行组合，综合想象出整体形状。通过对各面进行组合和想象，就不难确定出该形体是由长方体通过铅垂面 A、正垂面 C 和侧垂面 D 切割而成的，如图 4-30（f）所示。

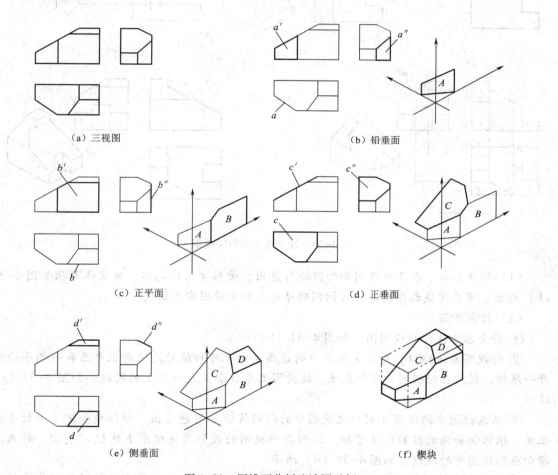

（a）三视图　　　　　　　　　　　（b）铅垂面

（c）正平面　　　　　　　　　　　（d）正垂面

（e）侧垂面　　　　　　　　　　　（f）楔块

图 4-30　用线面分析法读图示例

上面的示例采用的是线面分析法，先看懂各面的形状和位置，然后按照各面在空间的相对位置进行"组合"，综合想象而得出形体的整体形状。

对于切割类形体，还可以通过"先整后切"的思维方式进行读图。即先想象出基本体未切前的完整形状，然后应用线面分析法，通过分析切割面（截断面）的投影，确定各截切面的位置，按形体的切割顺序，逐步想象出形体的整体形状。

3. 读图举例

■ **任务实施**

如图 4-31（a）所示，补全图中所缺线条。

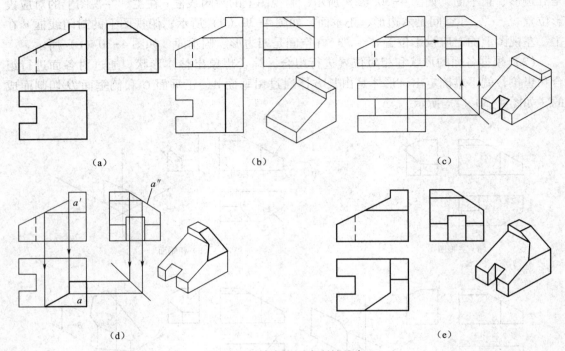

图 4-31　补全视图中所缺线条

（1）形体分析。由 3 个视图的外围轮廓看出，该形体为切割体，其主体形状如图 4-31（b）所示。可应用线面分析法，按切割顺序逐步补全视图中的缺线。

（2）作图步骤。

① 补全基本主体的投影图，如图 4-31（b）所示。

② 俯视图左边缺口，对应主视图中的虚线，由此可知该处是用两正平面和一侧平面切开一通槽，该槽在俯视图中有积聚性。按投影关系补全其左视图上的图线，如图 4-31（c）所示。

③ 从左视图中的线段 a'' 对应主视图中的封闭线框 a' 可想象出，形体被一侧垂面切去前上角。根据侧垂面的投影特性可知，该面在俯视图的投影与主视图上线框 a' 类似。补画该断面在俯视图中的缺线，如图 4-31（d）所示。

④ 根据想象出的整体形状，对所补画的图线进行检查，使补画完的视图与想象出的整体形状相对应，如图 4-31（e）所示。

补图、补缺线，是读、画视图的结合，也是训练工程技术人员综合识图能力的方法之一。补图、补线时，应注意分析已知条件，根据已知视图应用形体分析法和线面分析法，经过不断试补、调整，验证、想象，最后补画出与正确形体相对应的视图。

补图的过程是反复与已知视图对照、修正想象中的三维实体的思维过程。

任务四　AutoCAD 绘制组合体视图

■ 任务引入

按 1 : 1 的比例，抄绘图 4-32 所示三视图，要求三视图符合投影关系，不标注尺寸。

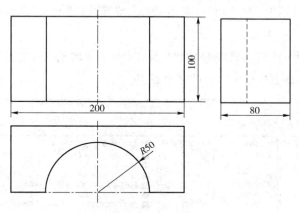

图 4-32　简单形体三视图

■ 任务目标

1. 进一步练习各种绘图及图形编辑命令的应用。

2. 熟悉图层、线型、颜色、线宽、图形界限的设置方法。

3. 掌握应用 AutoCAD 软件绘制简单三视图的方法及步骤。

■ 相关知识

三视图的绘制，是在利用常用绘图和编辑命令绘制平面图形的基础上，按照"长对正、高平齐、宽相等"的投影关系绘制的。

利用 AutoCAD 绘制三视图和手工绘制三视图的要求相同，绘图方法也基本相同。在绘制三视图时，需熟练运用构造线搭建三视图之间"长对正、高平齐、宽相等"的三等关系，进一步熟悉 AutoCAD 的绘图功能和编辑功能，能够灵活地运用对象捕捉、对象追踪等辅助工具，提高作图速度。

■ 任务实施

1. 看懂三视图

绘图前，首先要看懂并分析所绘图形，以便确定绘图步骤。

上述三视图表示的是一个长度为 200 mm，宽度为 80 mm，高度为 100 mm 的长方体，并在长方体的正前方挖去一个半径为 50 mm 的半圆柱。

2. 设置绘图环境

1）新建图形文件

单击文件管理工具栏中的"新建"图标▣（或单击控制图标▉，并选择"文件"I"新建"命令），新建一个图形文件。在文件名右侧的"打开"对话框中，选择"公制"形式。

2）设置图形界限

在命令行中输入 limits 命令，命令行提示如下。

命令：limits↙

重新设置模型空间界限：

指定左下角点或［开(ON)/关(OFF)］<0.0000,0.0000>:0,0↙（设置图形界限左下角点）

指定右上角点 <210.0000,297.0000>:210,297↙（设置图形界限右上角点）。

3）设置图层

单击图层工具栏中的"图层特性管理器"图标 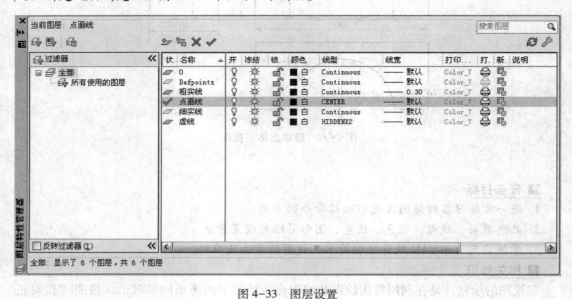，系统将打开"图层特性管理器"对话框，单击"新建"按钮，建立如图 4-33 所示的 4 个图层。

图 4-33　图层设置

3. 保存图形

用 QSAVE 命令保存图，图名为"组合体三视图（一）"。

4. 绘制图形

1）绘制图形的水平对称线

将"点画线"层设为当前层，利用绘制直线命令绘制水平对称线。命令行提示如下。

命令：_line 指定第一点：（在绘图区适当的位置单击，确定水平对称线的起点）

指定下一点或［放弃(U)］:210↙（画铅垂线，长度210。该直线为主、俯视图在长度方向的基准线）

指定下一点或［放弃(U)］:（回车结束）

完成水平对称线的绘制，如图 4-34 所示。

2）绘制长方体的三视图

（1）将"粗实线"层设为当前层，利用"构造线"命令及其中的"偏移"选项，完成水平线的绘制。命令行提示如下。

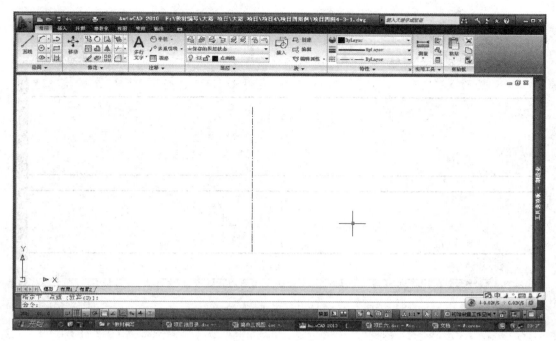

图 4-34　绘制水平对称线

命令：_xline 指定点或 ［水平(H)/垂直(V)/角度(A)/二等分(B)/偏移(O)］：h↙（绘制水平线）

指定通过点：（在适当的位置单击。为提高绘图速度，暂不考虑构造线距中心线端部的距离，待图形绘制完后，调整中心线长度即可。）

指定通过点：（右键结束命令）

命令：xline 指定点或 ［水平(H)/垂直(V)/角度(A)/二等分(B)/偏移(O)］：o↙（偏移构造线）

指定偏移距离或 ［通过(T)］<通过>：100↙（输入偏移距离）

选择直线对象：（拾取刚才绘制的构造线）

指定向哪侧偏移：（在刚才绘制的构造线下方单击）

选择直线对象：（右键结束命令）

命令：XLINE 指定点或 ［水平(H)/垂直(V)/角度(A)/二等分(B)/偏移(O)］：o↙（偏移构造线）

指定偏移距离或 ［通过(T)］<100.0000>：20↙（主、俯视图之间的距离，数值根据需要自定即可）

选择直线对象：（拾取刚才偏移之后的构造线）

指定向哪侧偏移：（向下偏移）

选择直线对象：（右键结束命令）

命令：xline 指定点或 ［水平(H)/垂直(V)/角度(A)/二等分(B)/偏移(O)］：o↙（偏移构造线）

指定偏移距离或 ［通过(T)］<20.0000>：80↙

选择直线对象：（拾取刚才偏移之后的构造线）

指定向哪侧偏移：（向下偏移）

选择直线对象：（右键结束命令）

所绘水平构造线如图 4-35 所示。

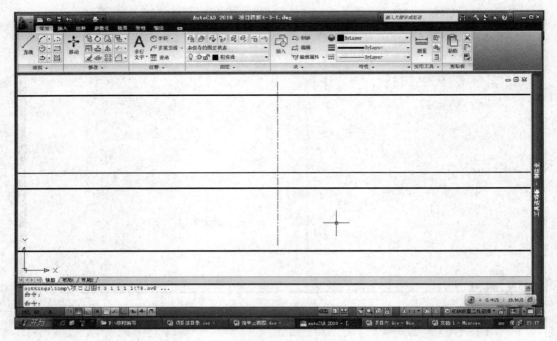

图 4-35　绘制水平构造线

　　(2) 继续利用"构造线"命令及其中的"偏移"选项，完成铅垂线的绘制。命令行提示如下。

　　命令：_xline 指定点或 [水平(H)/垂直(V)/角度(A)/二等分(B)/偏移(O)]：o↙(偏移构造线)

　　指定偏移距离或 [通过(T)] <80>：100↙

　　选择直线对象：(拾取长度基准线)

　　指定向哪侧偏移：(单击基准线左侧任意一点,向长度基准线左侧偏移。)

　　选择直线对象：(拾取长度基准线)

　　指定向哪侧偏移：(单击基准线右侧任意一点,向长度基准线右侧偏移。)

　　选择直线对象：(右键结束命令)

　　命令：_xline 指定点或 [水平(H)/垂直(V)/角度(A)/二等分(B)/偏移(O)]：o↙(偏移构造线)

　　指定偏移距离或 [通过(T)] <100>：20↙(主、左视图之间的距离,数值根据需要自定即可)

　　选择直线对象：(拾取最右侧的构造线)

　　指定向哪侧偏移：(单击构造线右侧任意一点,向右侧偏移。)

　　选择直线对象：(右键结束命令)

　　命令：XLINE 指定点或 [水平(H)/垂直(V)/角度(A)/二等分(B)/偏移(O)]：o↙(偏移构造线)

　　指定偏移距离或 [通过(T)] <20>：80↙

　　选择直线对象：(拾取最右侧的构造线)

　　指定向哪侧偏移：(向右侧偏移)

　　选择直线对象：(右键结束命令)

　　所绘铅垂构造线如图 4-36 所示。

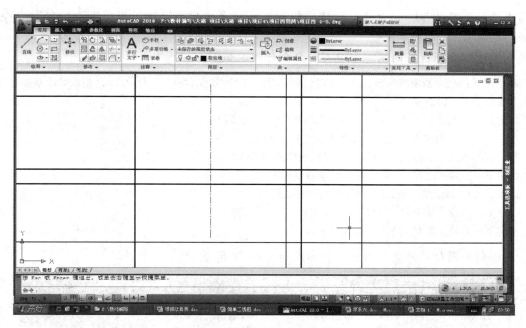

图 4-36 绘制铅垂构造线

（3）整理视图。用"修剪"和"删除"命令整理图形，形成长方体的三视图，如图 4-37 所示。

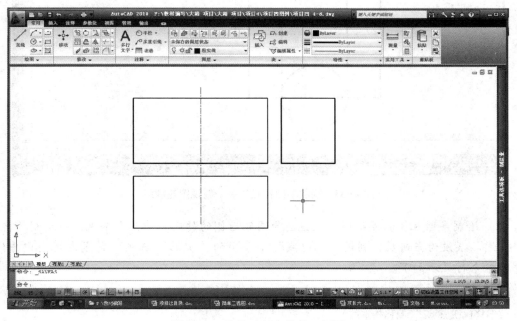

图 4-37 修剪后长方体的三视图

3）绘制半圆柱孔的三视图

在绘制半圆柱孔之前，先利用延伸、修剪或移动命令调整中心线至合适位置，然后在俯视图上绘制半径为 50 mm 的圆。过圆与轮廓线的交点绘制铅垂线，并利用"修剪"命令进行必要的修剪。

（1）绘制半圆柱孔的主、俯视图。命令行提示如下。

命令：_circle 指定圆的圆心或［三点(3P)/两点(2P)/切点、切点、半径(T)］:（拾取长度基准线与前侧轮廓线的交点为圆心）

指定圆的半径或［直径(D)］:50✓（绘制半径为 50 的圆）

命令：_line 指定第一点:（拾取圆与前轮廓线的交点）

指定下一点或［放弃(U)］:（绘制高于主视图的铅垂线）

指定下一点或［放弃(U)］:（右键结束命令）

命令:LINE 指定第一点:（拾取圆与前轮廓线的另一交点）

指定下一点或［放弃(U)］:（绘制高于主视图的铅垂线）

指定下一点或［放弃(U)］:（右键结束命令）

所绘制半圆柱孔的主、俯视图轮廓线如图 4-38 所示。

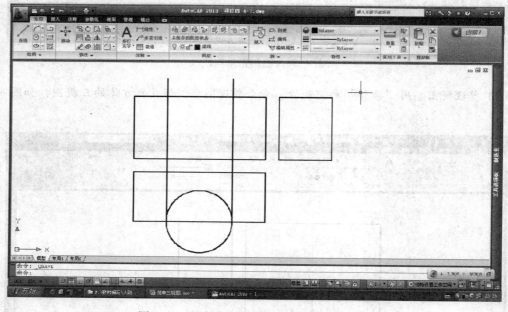

图 4-38　绘制半圆柱孔的主、俯视图轮廓线

（2）绘制半圆柱孔的左视图。左视图为圆孔后侧的转向轮廓，看不见，应绘制为虚线。将"虚线"层设为当前层，利用"构造线"命令中的"偏移"选项，完成左视图中虚线的绘制。命令行提示如下。

命令：_xline 指定下一点或［放弃(U)］:命令:XLINE 指定点或［水平(H)/垂直(V)/角度(A)/二等分(B)/偏移(O)］: o✓（偏移构造线）

指定偏移距离或［通过(T)］<80>:50✓

选择直线对象:（拾取左视图上右侧的轮廓线）

指定向哪侧偏移:（向左侧偏移）

选择直线对象:（右键结束命令）

所绘制半圆柱孔的左视图轮廓线如图4-39所示。

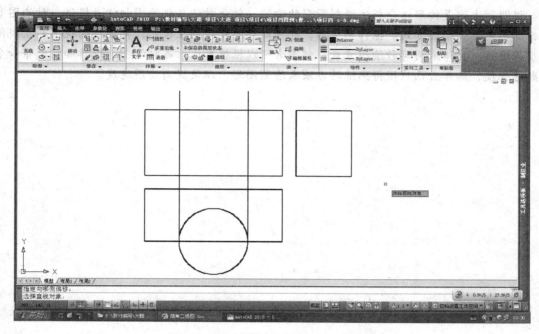

图4-39 绘制半圆柱孔的左视图轮廓线

（3）用"修剪"命令整理图形，并添加俯视图上所缺的圆的中心线，所绘图形如图4-40所示。

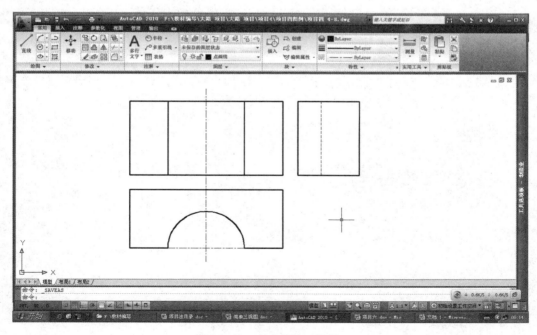

图4-40 完成后的三视图

（4）检查修改，存盘。

说明：上述是按形体分析法绘制图形的步骤，仅是对计算机绘图初学者提供一种绘图参考，并不是唯一绘图方式。操作熟练后，也可以按照先绘制主视图，再绘制俯视图和左视图的步骤进行。具体采用哪种绘图方式，制图者可以根据自己对各种绘图、编辑和控制等命令的熟练程度，选择自己应用得熟练的方法来绘制图形，以便提高绘图速度。

项目五

轴测投影图的绘制

【项目引入】

三视图是工程上常用的图样表达形式，但这种图样缺乏立体感，必须有一定的读图能力才能看懂。为了帮助看图，工程上还采用一种富有立体感的轴测投影图（简称"轴测图"）来表达物体的形状，用来做辅助图样、构思设计、产品说明等工作。

【项目分析】

本项目主要学习：

轴测图的基本知识；正等轴测图的画法；斜二等轴测图的画法；轴测剖视图的画法；轴测草图的画法。

■ 知识目标

1. 理解轴测图的形成及有关概念；
2. 掌握绘制正等轴测图的基本方法；
3. 掌握绘制斜二等轴测图的基本方法。

■ 能力目标

1. 能正确绘制正等轴测图；
2. 能正确绘制斜二等轴测图；
3. 能正确识读正等轴测图和斜二等轴测图。

任务一　正等轴测图的绘制

■ 任务引入

已知正六棱柱的两个视图，作出其正等轴测图，参见图5-7（a）。

■ 任务目标

1. 理解轴测图的形成及有关概念；
2. 掌握绘制正等轴测图的基本方法，能正确绘制和识读正等轴测图。

■ 相关知识

一、轴测图的基本知识

（一）轴测图的形成

将物体连同其直角坐标系沿不平行于任一坐标面的方向，用平行投影法将其投射在单一投影面上所得的具有立体感的图形，称为轴测投影或轴测图。如图 5-1 所示，该投影面（P）称为轴测投影面。由于轴测图能同时反映出物体长、宽、高 3 个方向的形状，所以具有较强的立体感。

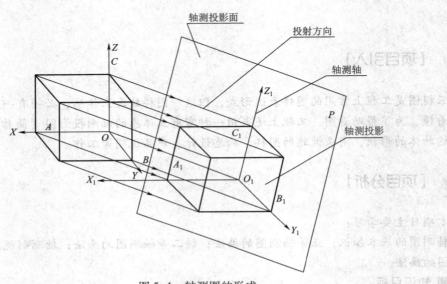

图 5-1　轴测图的形成

（二）轴间角和轴向伸缩系数

1. 轴间角

在轴测投影面 P 上，各轴测轴 O_1X_1、O_1Y_1、O_1Z_1 之间的夹角 $\angle X_1O_1Y_1$、$\angle Y_1O_1Z_1$、$\angle Z_1O_1X_1$ 称为轴间角。用轴间角来控制物体轴测投影的形状变化。

2. 轴向伸缩系数

由于坐标轴与轴测投影面成一定的角度，所以在坐标轴上的线段投影后长度会发生变化。轴测轴方向线段的长度与该线段的实际长度之比，称为轴向伸缩系数。用 p、q、r 表示 X、Y、Z 轴的轴向伸缩系数。

$$p = O_1X_1/OX, \quad q = O_1Y_1/OY, \quad r = O_1Z_1/OZ$$

用轴向伸缩系数来控制物体轴测投影的大小变化。

（三）轴测图的种类

根据投射方向与轴测投影面的关系，可以把轴测投影分为正轴测投影和斜轴测投影两类。

1. 正轴测投影

投射方向垂直于轴测投影面时，称为正轴测投影。根据轴向伸缩系数的不同，正轴测投影又可分为以下 3 类。

① 正等轴测投影。轴向伸缩系数 $p=q=r$。

② 正二等轴测投影。轴向伸缩系数 $p=q\neq r$。

③ 正三等轴测投影。轴向伸缩系数 $p\neq q\neq r$。

2. 斜轴测投影

投射方向倾斜于轴测投影面时，称为斜轴测投影。根据轴向伸缩系数的不同，斜轴测投影又可分为以下 3 类。

① 斜等轴测投影。轴向伸缩系数 $p=q=r$。

② 斜二等轴测投影。轴向伸缩系数 $p=q\neq r$。

③ 斜三等轴测投影。轴向伸缩系数 $p\neq q\neq r$。

在实际工作中，正等轴测投影、斜二等轴测投影应用得比较多，后边将分别介绍。正三等轴测投影、斜三等轴测投影由于作图麻烦，很少采用。

（四）轴测图的基本性质

由于轴测图采用的仍然是平行投影法，因此具有以下基本性质。

① 平行性。物体上互相平行的线段，在轴测图仍然互相平行。

② 定比性。物体上两平行线段或同一直线上的两线段长度之比，在轴测图上保持不变。

③ 实形性。物体上平行轴测投影面的线段和平面，在轴测图反映实长和实形。

二、正等轴测图

（一）正等轴测图的形成及参数

1. 正等轴测图的形成

将形体放置成使它的 3 个坐标轴与轴测投影面具有相同的夹角，然后用正投影的方法向轴测投影面投影，就可得到该形体的正等轴测投影，简称正等测图。

如图 5-2 所示的正方体，若取其右后角上的 3 根棱线为其所在的直角坐标轴，然后绕 Z

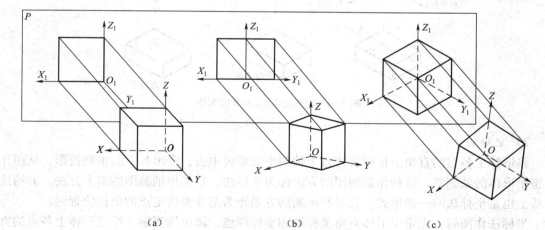

(a)　　　　　　(b)　　　　　　(c)

图 5-2　正等轴测图的形成

轴旋转 45°，即为图 5-2（b）所示的位置；再向前倾斜直到正方体的对角线垂直于投影面 P，即为图 5-2（c）所示的位置。在此位置上正方体的 3 个坐标轴与轴测投影面有相同的夹角，然后向轴测投影面 P 进行正投影，所得轴测图即为此正方体的正等测图。

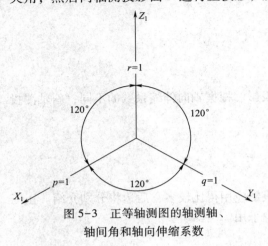

图 5-3　正等轴测图的轴测轴、
轴间角和轴向伸缩系数

2. 正等轴测图的轴测轴、轴间角和轴向伸缩系数

在正等轴测投影中，当把空间 3 个坐标轴放置成与轴测投影面成相等倾角时，通过几何计算，可以得到各轴的轴向伸缩系数均为 0.82，即 $p=q=r=0.82$，这时得到的投影就为正等轴测投影。正等轴测投影的 3 个轴间角相等，都等于 120°，为了作图方便，常将轴向伸缩系数进行简化，取 $p=q=r=1$，称为轴向简化系数，如图 5-3 所示。采用简化系数画出的图，叫正等测图。在轴向尺寸上，正等测图较物体原来的真实轴测投影放大 1.22 倍，但不影响物体的形状。

（二）正等轴测图的画法

1. 平面立体正等轴测图的画法

1）方箱法

假设将形体装在一个辅助立方体里来画轴测图的方法，称为方箱法。具体作图时，可以设定轴测轴与方箱一个角上的 3 条棱线重合，然后沿轴向按所画形体的长、宽、高 3 个外轮廓总尺寸裁取各边的长度，作轴线的平行线，就可画出辅助方箱的正等测图，如图 5-4 所示。再以此为基本轮廓，从实物、模型或视图中量取所需的轴向尺寸，逐步进行切割或叠加，就可作出形体的轴测图，如图 5-5 与图 5-6 所示。

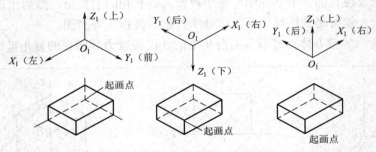

图 5-4　辅助方箱的正等轴测图

2）坐标法

将形体上各点的直角坐标位置移置于轴测坐标系统中去，定出各点的轴测投影，从而作出整个形体的轴测图，这种作轴测图的方法称为坐标法，它是作轴测图的基本方法。方箱法实质上也是坐标法的一种形式，它是利用辅助方箱作为基准来确定点的坐标位置的。

坐标法作图时，先定出形体直角坐标轴和坐标原点，画出轴测轴，按照形体上各点的直角坐标，定出各点的轴测投影，然后连接相关投影点，得到轴测图。

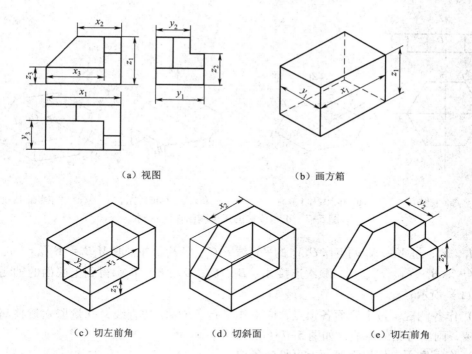

（a）视图　　　　　　　　　　　（b）画方箱

（c）切左前角　　　　（d）切斜面　　　　（e）切右前角

图 5-5　切割体的正等轴测图作法示例

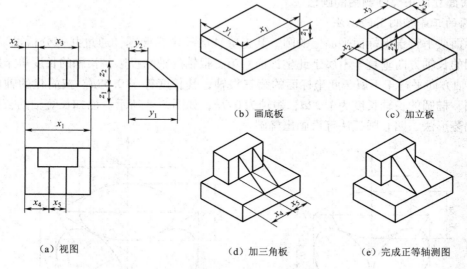

（b）画底板　　　　　（c）加立板

（a）视图　　　　　　（d）加三角板　　　　（e）完成正等轴测图

图 5-6　叠加体的正等轴测图作法示例

【例 5.1】 已知正六棱柱的两个视图，作出其正等轴测图，如图 5-7（a）所示。

【解】 具体作图步骤如下。

（1）在视图中选定坐标轴 OX、OY、OZ'，如图 5-7（a）所示。

（2）作轴测轴 O_1X_1、O_1Y_1、O_1Z_1。

（3）作上底面，在 O_1X_1 上量取 $O_1A_1 = O_1D_1 = Oa$ 得 A_1、D_1，在 O_1Y_1 上量取 $O_1M_1 = O_1N_1 =$

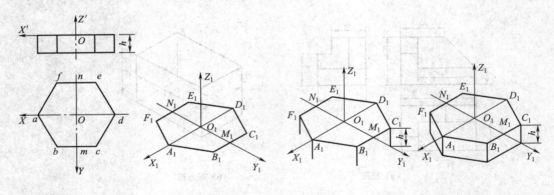

（a）视图   （b）作六棱柱上底面   （c）作六棱柱的可见侧棱   （d）作下底面并完成全图

图 5-7   正六棱柱的正等测图作法示例

Om 得 M_1、N_1，过 M_1、N_1 两点作 O_1X_1 的平行线 B_1C_1、E_1F_1，并量取 $M_1B_1 = M_1C_1 = bm$、$N_1E_1 = N_1F_1 = nf$，得 B_1、C_1、E_1、F_1，顺次连接 A_1、B_1、C_1、D_1、E_1、F_1，得到上底面的轴测图，如图 5-7（b）所示。

（4）作各侧棱，过上底面各顶点，向下作平行于 O_1Z_1 的直线，并量取六棱柱高 h，得到各侧棱，画出可见的侧棱，如图 5-7（c）所示。

（5）作下底面，作出下底面上可见的各边。

（6）检查、描深，完成全图，如图 5-7（d）所示。

2. 曲面立体正等轴测图的画法

1）圆的正等轴测图的画法

坐标面或平行于坐标面平面上的圆，其正等轴测投影为椭圆，通过几何分析可以证明：投影椭圆的长轴方向垂直于不属于此坐标面的第三根轴的轴测投影，长轴的长度等于圆的直径 d，短轴方向平行于不属于此坐标面的第三根轴，其长度等于 $0.58d$。按简化的轴向伸缩系数作图，椭圆的长轴长度为 $1.22d$，短轴为 $0.7d$，如图 5-8 所示。已知长短轴的长度和方向，采用菱形法、四心圆弧法等可画出椭圆。

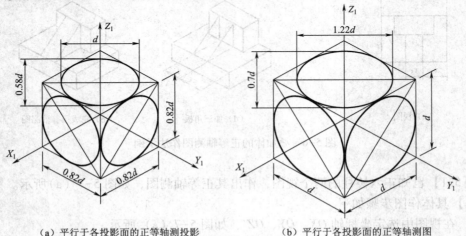

（a）平行于各投影面的正等轴测投影   （b）平行于各投影面的正等轴测图

图 5-8   平行于各投影面的正等轴测投影和正等轴测图

下面以菱形法为例介绍水平圆的正等轴测图的画法，如图 5-9 所示。

作图过程如下。

（1）过圆心 O 作坐标轴 OX、OY，交圆于 a、b、c、d 点。

（2）以 a、b、c、d 为切点，作圆的外切正方形，如图 5-9（a）所示。

（3）画轴测轴 O_1X_1、O_1Y_1，并画切点及外切正方形的轴测图——菱形，如图 5-9（b）所示。

（4）过切点分别作菱形各边的垂线，得到 4 个交点 M_1、M_2、M_3、M_4，如图 5-9（c）所示。

（5）分别以交点 M_1、M_2 为圆心，作圆弧 $\overset{\frown}{C_1D_1}$、$\overset{\frown}{A_1B_1}$，以交点 M_3、M_4 为圆心，作圆弧 $\overset{\frown}{B_1C_1}$、$\overset{\frown}{A_1D_1}$，如图 5-9（d）所示。

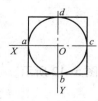 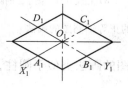 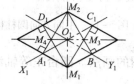 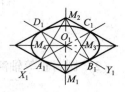

（a）作圆的外切正方形　（b）作外切正方形的轴测图　（c）求4个圆心　（d）作4段圆弧

图 5-9　菱形法画圆的正等轴测图作法示例

同理可作出正平圆和侧平圆的正等轴测图。

2）回转体的正等轴测图的画法

（1）圆柱体正等轴测图的画法。已知圆柱体的轴线垂直于水平面，作其正等轴测图。作图过程如下。

① 用菱形法作上底面的正等轴测图。

② 根据圆柱的高度 h，向下平移 4 个圆心和 4 个切点，作出 4 段圆弧，即得下底面的轴测图，如图 5-10（a）所示。

③ 作两椭圆的外公切线，即为圆柱轴测图的转向轮廓线，擦去多余的线，加深、完成全图，如图 5-10（b）所示。

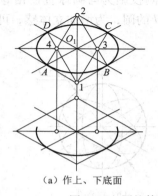 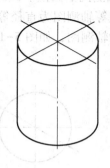

（a）作上、下底面　　　　　　　（b）完成全图

图 5-10　圆柱体正等轴测图的画法

同理可作出圆柱轴线垂直于正平面和侧平面时圆柱的正等轴测图，如图 5-11 所示。

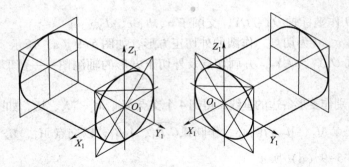

（a）轴线垂直于正平面的圆柱　　　　　（b）轴线垂直于侧平面的圆柱

图 5-11　不同方向圆柱体的正等轴测图的画法

（2）圆台正等轴测图的画法。圆台正等轴测图的画法类似于圆柱，如图 5-12 所示。

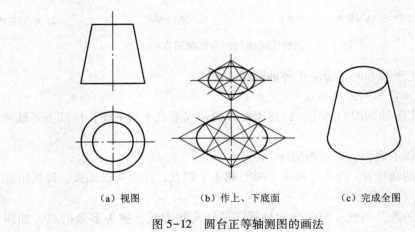

（a）视图　　　　　（b）作上、下底面　　　　　（c）完成全图

图 5-12　圆台正等轴测图的画法

（3）圆球正等轴测图的画法。圆球的正等测投影为与圆球直径相等的圆。采用简化系数，画出的圆球的正等轴测图为直径等于 $1.22d$ 的圆，为增加立体感，可画出过球心的平行于 3 个坐标面的圆的轴测图，如图 5-13 所示。

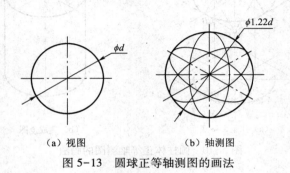

（a）视图　　　　　（b）轴测图

图 5-13　圆球正等轴测图的画法

（4）平板上圆角正等轴测图的画法。平行于坐标面的圆角是圆的一部分，如图 5-14（a）所示为常见的 1/4 圆周的圆角，其正等测图恰好是近似椭圆的 4 段圆弧中的一段。

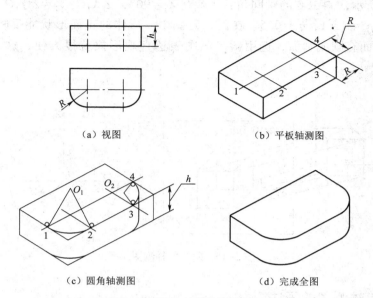

（a）视图　　　　　　　　　　　（b）平板轴测图

（c）圆角轴测图　　　　　　　　（d）完成全图

图 5-14　圆角正等轴测图的画法

平板上圆角的正等轴测图的画图步骤如下。

① 作出平板的轴测图，并根据半径 R，在平板上底面相应的棱线上作出切点 1、2、3、4。

② 过切点 1、2 分别作相应棱线的垂线，得交点 O_1，过切点 3、4 作相应棱线的垂线，得交点 O_2。以 O_1 为圆心，$O_1 1$ 为半径作圆弧 $\widehat{12}$；以 O_2 为圆心，$O_2 3$ 为半径作圆弧 $\widehat{34}$，得平板上底面两圆角的轴测图。将圆心 O_1、O_2，切点 1、2、3、4 向下平移板厚度 h，以半径为 R 分别作两圆弧，即得平板下底面圆角的轴测图。

③ 在平板右端作上、下两小圆弧的公切线，描深可见部分的轮廓线，即得完整轴测图。

■ 任务实施
按【例 5.1】步骤，绘制正六棱柱的正等轴测图。

任务二　斜二等轴测图的绘制

■ 任务引入
已知滑块的两个视图，作出其斜二等轴测图，参见图 5-17（a）。

■ 任务目标
掌握绘制斜二等轴测图的基本方法，能正确绘制和识读斜二等轴测图。

■ 相关知识

一、斜二等轴测图的形成及参数

在斜轴测投影中，投射方向倾斜于轴测投影面。若将物体的一个坐标面 XOZ 放置成与轴测投影面平行，按一定的投射方向进行投影，则所得的图形称为斜二等轴测图，简称斜二测图。

如图 5-15 所示，斜二测的轴间角：$\angle X_1 O_1 Z_1 = 90°$，$\angle X_1 O_1 Y_1 = \angle Y_1 O_1 Z_1 = 135°$。轴向伸缩系数为：$p_1 = r_1 = 1$，$q_1 = 0.5$。在斜二测图中，形体的正面形状能反映实形，因此，如果形体仅在正面有圆或圆弧，选用斜二测图表达直观形象就很方便，这是斜二测图的一大优点。

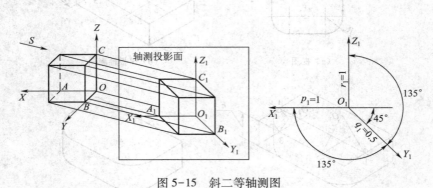

图 5-15　斜二等轴测图

二、斜二等轴测图的画法

正等测的作图方法，对斜二测同样适用，只是轴间角和轴向伸缩系数不同而已。

1. 平面立体斜二等轴测图的画法

【例 5.2】 如图 5-16（a）所示，已知带孔正六棱柱的两个视图，作出其斜二测图。

【解】 作图步骤如下。

（1）在三面投影图上作出物体的坐标轴，然后作轴测轴。

（2）作带孔正六棱柱反映实形的前面的斜二测图，如图 5-16（b）所示。

（3）根据宽度，作后面可见部分的斜二测图。

（4）连接可见棱边，如图 5-16（c）所示。

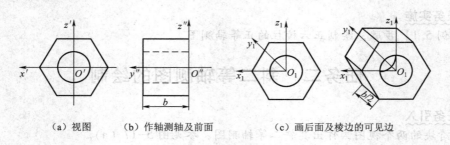

（a）视图　　　（b）作轴测轴及前面　　　（c）画后面及棱边的可见边

图 5-16　六棱柱斜二测图的画法

2. 曲面立体斜二等轴测图的画法

【例 5.3】 如图 5-17（a）所示，已知滑块的两个视图，作出其斜二测图。

【解】 作图步骤如下。

（1）画出其前面形状，如图 5-17（b）所示。

（2）在平行于 OY 轴的方向上，量取 1/2 的厚度尺寸，画出其后面可见部分的斜二测图，如图 5-17（c）所示。

（3）连接可见棱边，擦去多余的图线，完成全图，如图 5-17（d）所示。

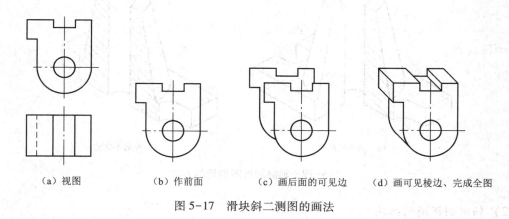

（a）视图　　　　　（b）作前面　　　　　（c）画后面的可见边　　（d）画可见棱边、完成全图

图 5-17　滑块斜二测图的画法

■ **任务实施**

按［例 5.3］步骤，绘制滑块斜二测图。

【知识扩展】

一、轴测剖视图的画法

在轴测图中，为了表达物体的内部结构形状，通常可以用假想的剖切平面将物体切去一部分，画成轴测剖视图，如图 5-18（a）所示。

1. 轴测剖视图的画法

1）选择剖切面

一般情况下，选择平行于坐标面的平面，并尽量使其通过被剖切部分的轴线或对称面，如图 5-18（b）所示。

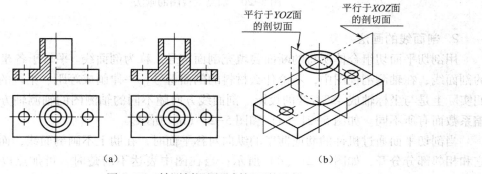

平行于 YOZ 面的剖切面　　　平行于 XOZ 面的剖切面

（a）　　　　　　　　　　　（b）

图 5-18　轴测剖视图及剖切面的选择

为使组合体的内外形状表达清楚，通常采用两个平行于坐标面的相交平面剖切组合体的

1/4。一般不采用切去一半的形式，以免破坏组合体的完整性。如图 5-19 所示。

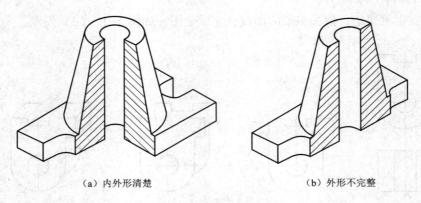

（a）内外形清楚 　　　　　　　　　　　　（b）外形不完整

图 5-19　轴测剖视图剖切的方法

2）轴测剖视图的画法

绘制轴测剖视图一般有两种方法：① 先画出物体完整的轴测图，然后取剖视，去掉切去的轮廓线，如图 5-20（a）所示；② 先画出断面的轴测图，再画出外形和内部的可见轮廓线，如图 5-20（b）所示。

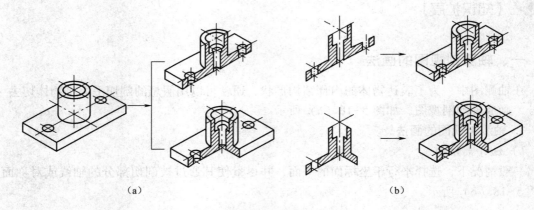

（a）　　　　　　　　　　　　　　　　　　（b）

图 5-20　轴测剖视图的画法

2. 剖面线的画法

用剖切平面切组合体所得的断面要填充剖面符号，称为剖面线。平行于各坐标面平面中的剖面线，在轴测剖视图中，不论什么材料的剖面符号，一律画成等距、平行的细实线，它们实际上是与坐标轴成 45°直线的投影。剖面线方向随不同的轴测图的轴测轴方向和轴向伸缩系数而有所不同。如图 5-21（a）和图 5-21（b）所示。

当剖切平面通过机件的肋或薄壁的纵向对称平面时，在肋上不画剖面线，而用粗实线把它和相邻部分分开，如图 5-21（d）所示；当在图中表达不清楚时，可加点以示区别，如图 5-21（c）所示。在轴测装配图中，于相邻零件的剖面区域中，剖面线方向或间隔应有明显的区别，如图 5-21（e）所示。

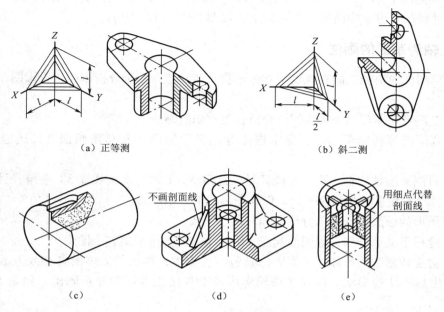

（a）正等测　　　　　　　　（b）斜二测

不画剖面线

用细点代替
剖面线

（c）　　　　　　　　（d）　　　　　　　　（e）

图 5-21　轴测剖视图剖面线的画法

3. 轴测剖视图的尺寸标注

当轴测图上需要标注尺寸时，应遵照以下规定，如图 5-22 所示。

（1）轴测图上线性尺寸的尺寸线，必须与所注的线段平行。尺寸界限一般应平行于某一轴测轴。

（2）尺寸数字写在尺寸线上方或中断处。当在图形中出现字头向下时应引出标注，此数字按水平位置注写。

（3）标注平行于坐标面圆的直径时，尺寸线和尺寸界限应分别平行于该圆所在平面的轴测轴，如图 5-22（a）中的 $\phi18$、$\phi8$ 和 $\phi6$ 的标注。

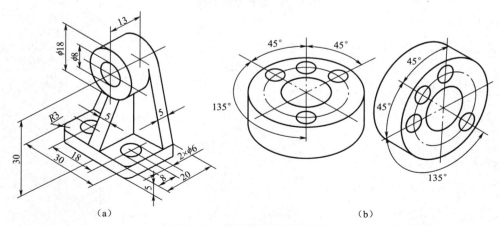

（a）　　　　　　　　　　　　　　　　　　（b）

图 5-22　轴测图上的尺寸标注

（4）轴测图上角度尺寸的尺寸线应画成与该坐标平面相对应的椭圆弧，角度数字应水平写在尺寸线的上方或中断处，字头向上，如图 5-22（b）所示。

二、轴测草图的画法

轴测草图作图快捷，能直观反映立体形状，非常适合用于分析多面正投影图，表达构思结构。

下面以正等轴测草图画法为例，介绍轴测草图的画法。

画组合体正等轴测草图时，除掌握正等轴测图的画法和草图画法外，还应注意下面几点。

（1）目测画准轴测轴夹角，先画 *Z* 轴，注意 *X*、*Y* 轴与水平线成 30°夹角。目测画准线段的长度，尽量使平行线相互平行，保证图形比例基本准确。

（2）图形的缩放可借助等分线段和对角线完成。

（3）选择可见部分作为画图的起点，沿一个方向连续画出整个图形。

（4）对于较复杂的形体，可先画出其包容长方体，再从长方体的各棱线上截取适当的坐标点画出具体结构形状。圆和椭圆轮廓可借助外接正方形和菱形画出，如图 5-23（b）所示。

（5）也可利用轴测网格纸，更快、更好地画出正等测草图，如图 5-23（c）所示。

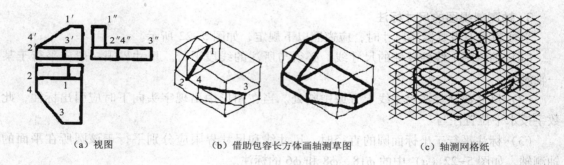

（a）视图　　　　　　　（b）借助包容长方体画轴测草图　　　　　　　（c）轴测网格纸

图 5-23　轴测草图的画法

项目六

机件表达方法的应用

【项目引入】

三视图是工程上常用的图样表达形式，但在生产实践中，机件（包括零件、部件、机器）的结构和形状是多种多样的，对于复杂机件，仅用三视图不一定能将其完整、清晰地表示出来，而有些形状简单的机件又没必要用三个视图表达，所以机件表达方案的选择确定非常重要。

【项目分析】

本项目主要学习：

视图；剖视图；断面图；局部放大图；简化画法；第三角投影法。

■ 知识目标

1. 掌握基本视图、向视图、局部视图和斜视图的画法及标注方法；
2. 掌握剖视图的概念、种类，全剖视图、半剖视图、局部剖视图的画法及标注方法；
3. 掌握断面图的概念、种类、画法及标注方法；
4. 掌握局部放大图的概念，局部放大图和图形的简化画法。

■ 能力目标

1. 能正确绘制和识读机件的视图、剖视图、断面图、局部放大图及掌握简化画图法；
2. 能针对不同机件选择适当的表达方法。

任务一　视图的选择与绘制

■ 任务引入

分析图 6-1（a）所示机件的结构，选用适当的视图，将该件的结构表达清楚。

■ 任务目标

1. 掌握基本视图、向视图、局部视图和斜视图的画法及标注方法，能正确绘制和识读机件的视图；
2. 能针对不同机件选择适当的视图表达方法。

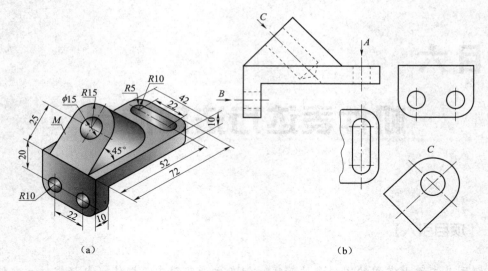

(a)   (b)

图 6-1 机件的视图表达方法

■ **相关知识**

视图是物体向投影面投射所得的图形，主要用来表达机件的外部结构形状，一般只画物体的可见部分轮廓，必要时才画出其不可见部分轮廓。视图通常有基本视图、向视图、局部视图和斜视图 4 种。

一、基本视图

当机件的外部结构和形状比较复杂时，为了将其上、下、左、右、前、后各方向的结构和形状表示清楚，国家标准规定，在原来的 3 个投影面基础上对应增加 3 个投影面，组成六面体，六面体的 6 个面称为 6 个基本投影面，将机件放在六面体当中，如图 6-2 所示，分别

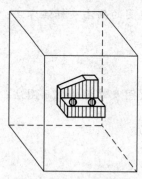

图 6-2 6 个基本投影面

向 6 个基本投影面投射，得到 6 个视图，称为基本视图，其名称除了前面学过的主、俯、左三视图外还有右视图（由右向左投射得到的视图），仰视图（由下向上投射得到的视图），后视图（由后向前投射得到的视图）。将 6 个投影面展开，使 6 个基本视图展平到一个平面上，正面不动，其余各投影面按图 6-3 所示箭头所指的方向旋转，使其与正面共面，如图 6-4 所示。

投影面展开之后，各投影图遵循以下规律：
- 主视图、俯视图、仰视图、后视图等长；
- 主视图、左视图、右视图、后视图等高；
- 俯视图、仰视图、左视图、右视图等宽。

各视图之间的方位对应关系除后视图之外，俯、左、右、仰视图的里边（靠近主视图的一边），均表示机件的后面，各视图的外边（远离主视图的一边），均表示机件的前面，即"里后外前"。

各视图在同一张图纸内按图 6-4 所示配置，不需标注视图的名称。

实际绘图时，并不是每一个机件都要画 6 个基本视图，而是根据机件的复杂程度，选用

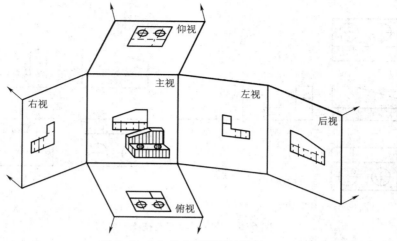

图6-3　6个基本投影面的展开

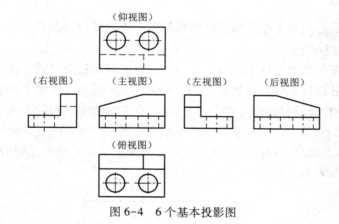

图6-4　6个基本投影图

适当的基本视图。

二、向视图

向视图是可以自由配置的视图。在实际绘图时，由于图纸幅面及图面布局等原因，允许将视图配置在适当位置，不能按图6-5（a）配置时，可按向视图自由配置视图，如图6-5（b）是按向视图配置的，按向视图配置需要标注。

向视图的标注方法如下。

（1）按向视图配置时，要在向视图上方标注出视图的名称"×"（其中"×"为大写拉丁字母，如 A、B、C 等），且在相应的视图附近用箭头指明投射方向，并注上相同的字母。字母书写的方向应与正常的读图方向一致（与标题栏文字方向一致）。

（2）向视图是基本视图的另一种配置形式。按有关国标规定，表示投射方向的箭头尽可能配置在主视图上。在绘制以向视图方式配置的后视图时，应将表示投射方向的箭头配置在左视图或右视图上，使所绘制的视图与基本视图一致。

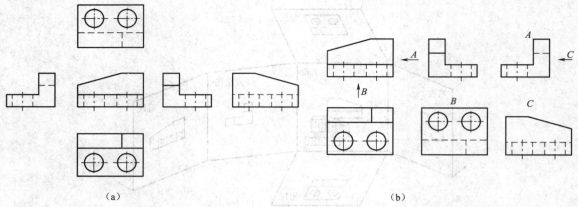

图 6-5　基本视图与向视图的配置

三、局部视图

将机件的某一部分向基本投影面投射所得的视图称为局部视图。

1. 局部视图的适用范围

局部视图是不完整的基本视图。当采用一定数量的基本视图之后，机件的主要形状已经表达清楚，只有局部结构未表达清楚时，为了简便，不必再画一个完整的视图，而只画出未表达清楚的局部结构。画局部视图的主要目的是减少基本视图的数量，使表达简洁，重点突出。如图 6-6 所示的物体，主、俯视图已将底板和底板正中央的空心圆柱的形状表示清楚，如图 6-6（a）所示，而左、右两凸台的形状尚不清楚，又不必画出完整的左视图和右视图，即可以采用局部视图表示，如图 6-6（b）所示。

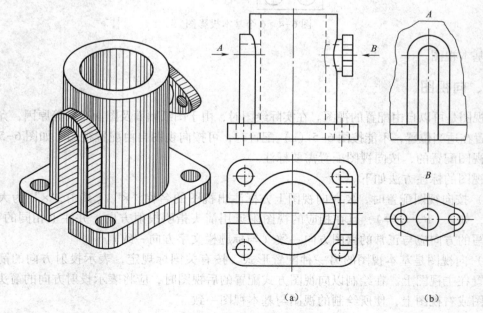

图 6-6　局部视图的画法

2. 局部视图的画法

画局部视图时，一般在局部视图的上方标注视图的名称，并在相应的视图附近用箭头指明投射方向，标注出相同的字母，字母一律水平书写。

当局部视图按投影关系配置，中间又没有其他视图隔开时，可省略标注。局部视图按向视图配置时应按向视图的标注方法进行标注。

局部视图的断裂边界线用波浪线表示。当所表达的局部结构是完整的，且外轮廓线又为封闭时，波浪线可省略不画。画局部视图时注意，局部视图中波浪线或双折线表示断裂边界，因此波浪线不应超出机件的轮廓线，不应画在机件的空洞之处。如图 6-7 所示的空心圆板，图 6-7（a）正确，图 6-7（b）错误。

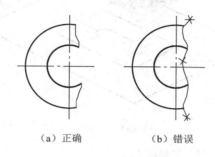

（a）正确　　　　　　　　（b）错误

图 6-7　波浪线画法

四、斜视图

将机件向不平行于任何基本投影面的投影面进行投影所得到的视图称为斜视图。

机件的某一部分结构形状是倾斜的，在基本投影面上的投影不反映实形，这样绘图、读图、标注尺寸都不方便，为了得到该部分的实形，可用斜视图。如图 6-8（a）所示，设一个与该倾斜部分平行，且垂直于 V 面的新的投影面 Q，将倾斜部分结构形状向新的投影面投射，得到的斜视图反映该倾斜结构的实形。

斜视图上与投射方向一致的尺寸是该倾斜结构的宽度，应与俯视图等宽；与投射方向垂直的方向上的尺寸，应与倾斜结构的主视图对应相等，如图 6-8（b）所示。

斜视图是为了表示机件上倾斜结构的真实形状，所以画出了倾斜结构的投影之后，就应用波浪线或双折线将图形断开，不再画出其他部分的投影。

斜视图的标注方法与局部视图相似，并且应尽可能配置在与基本视图直接保持投影联系的位置，也可以平移到图纸内的适当地方。为了画图方便，也可以旋转。斜视图一般按向视图配置，如图 6-8（b）中（Ⅰ）所示，也可以配置在其他位置，如图 6-8（b）中的（Ⅱ）所示；为了便于画图，在不致引起误解时，允许将图形转正（将图形的主要轮廓线放成水平或垂直），通常转角应小于 90°（向与水平或垂直夹角小的方向转），如图 6-8（b）中（Ⅲ）所示。斜视图必须在视图上方用大写拉丁字母表示视图的名称，在相应的视图附近用箭头指明投射方向，并注上相同的字母，字母一律水平方向书写。斜视图旋转后要加注旋转符号。旋转符号表示图形的旋转方向，因此其旋转方向要与图形旋转方向一致，且字母要写在箭头的一侧，并与看图的方向相一致，如图 6-8（b）中（Ⅲ）所示。旋转符号为半圆形，

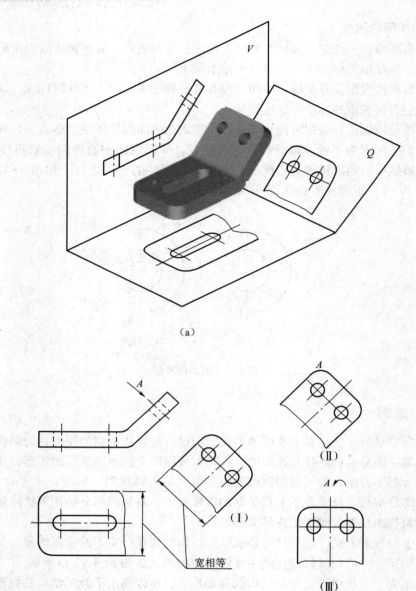

（a）

（b）

图 6-8　斜视图

h＝字体高度

h＝R 符号笔画宽度＝$\frac{1}{10}h$ 或 $\frac{1}{14}h$

图 6-9　旋转符号

其半径为字体高，线宽为字高的 1/10 或 1/14。字母标在箭头一端，并可将旋转角度写在字母之后。旋转符号的画法如图 6-9 所示。

■ 任务实施

　　该机件由底板、竖板和倾斜结构叠加组合而成。先采用一个主视图表示主体外形；对于倾斜结构，可采用 C 向斜视图以反映 M 面的实形；箭头 A 所指部位的投影是指底板在水平投影面上的部分投影（局部视图）；箭头 B 所指部位的投影是指竖板在侧平投影面上的部分投影（局部视图）；两个局部视图都按投影关系配置，可以不标注尺寸。参见图6-1（b）。

任务二　剖视图的选择与绘制

■ 任务引入

分析图6-10（a）所示机件的结构，选用适当的表达方法，将该机件的结构表达清楚。

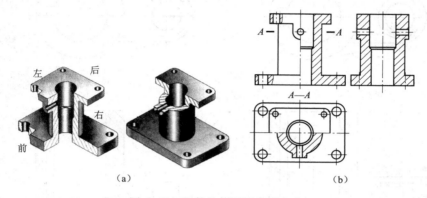

（a）　　　　　　　　　　　　　　（b）

图6-10　机件的剖视图表达方法

■ 任务目标

1. 掌握剖视图的概念、种类，全剖视图、半剖视图、局部剖视图的画法及标注方法，能正确绘制和识读机件的剖视图；

2. 掌握全剖视图、半剖视图、局部剖视图的适用场合，能针对不同机件选择适当的剖视表达方法。

■ 相关知识

视图主要用来表示机件的外部结构和形状，而其内部结构和形状要用虚线画出，当机件的内部结构和形状比较复杂时，图形上的虚线较多，这样不利于读图和标注尺寸，如图6-11（a）所示。因此有关标准规定，机件的内部结构和形状可采用剖视图表示。

一、剖视图的概念

为表达机件的内部结构，假想用剖切面剖开物体，将处在观察者与剖切面之间的部分移去，而将其余部分向投影面投射所得的图形称为剖视图。

剖视图主要用来表达机件的内部结构形状。剖切方法包括：单一剖切面（平面或柱面）剖切、几个相交的剖切平面剖切、几个平行的剖切平面剖切、组合的剖切平面剖切。剖视图分为全剖视图、半剖视图和局部剖视图3种。

1. 画剖视图的方法

1）剖视图的基本方法

【例6.1】图6-11所示的支架剖视图画法。

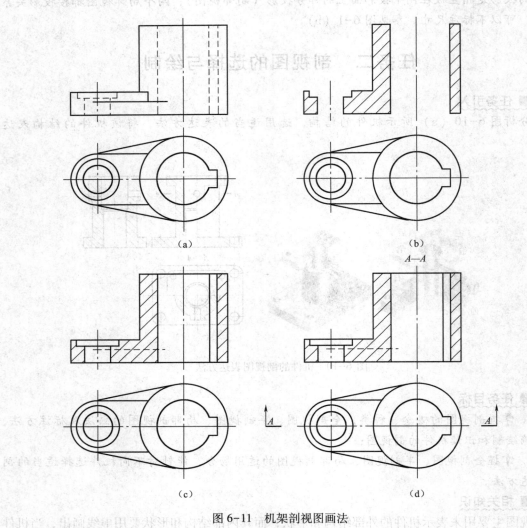

图 6-11　机架剖视图画法

（1）画出机件的主、俯视图，如图 6-11（a）所示。

（2）首先确定哪个视图取剖视，然后确定剖切面的位置。画剖视图时，首先要选择适当的剖切位置，使剖切平面尽量通过较多的内部结构（孔、槽等）的轴线或对称平面，并平行于选定的投影面。这里用通过两孔的轴线且平行于 V 面的剖切面剖切机件，画出剖面区域，并在剖面区域内画上剖面符号，如图 6-11（b）所示。

（3）画出剖切面后边的可见部分的投影，如图 6-11（c）所示。机件剖开后，处在剖切平面之后的所有可见轮廓线都应画齐，不得遗漏。

（4）根据国标规定的标注方法对剖视图进行标注，如图 6-11（d）所示。

2）阶梯孔的剖视图画法

【例 6.2】图 6-12 所示阶梯孔的剖视图画法。

【分析】内孔为阶梯孔时，在剖视图上，阶梯孔台阶面的投影是连续的，初学制图的同

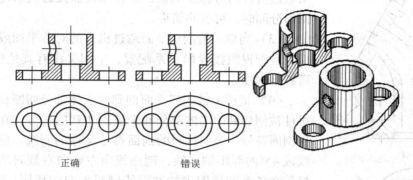

图 6-12 阶梯孔的剖视图画法

学，经常把阶梯孔处画成断开的，这是一个非常容易犯的错误，希望引起足够的重视。从立体图上看，剖开后虽然剖面处是断开的，但后面还有半个环形平面。

3）肋板的剖视图画法

【例 6.3】图 6-13 所示三棱柱肋板的剖视图画法。

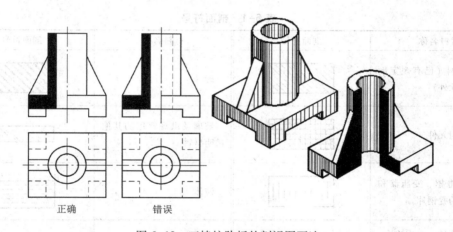

图 6-13 三棱柱肋板的剖视图画法

【分析】机件上的三棱柱肋板起加强机件强度和刚度的作用，在主视图中，剖切平面平行于肋板，根据国标规定，在剖视图上肋板的投影不画剖面线，并用粗实线将肋板与其相邻部分分开。需要注意的是，剖开部分的肋板轮廓线为圆柱体的转向轮廓线，半剖视图中若内部形体结构已表达清楚，则外形部分不画虚线。

2. 剖视图的标注

（1）画剖视图时，一般应在剖视图的上方用大写的拉丁字母标注出视图的名称"×—×"，在相应的视图上用剖切符号标注剖切位置，剖切符号是线宽（1~1.5)d、长 5~10 mm 的粗实线。剖切符号不得与图形的轮廓线相交，在剖切符号的附近标注出相同的大写字母，字母一律水平书写。在剖切符号的外侧画出与其垂直的细实线和箭头表示投射方向，参见图 6-11 （d）。注意剖切符号不要和图形的轮廓线相交，箭头的方向应与看图的方向相一致。

（2）当剖视图按投影关系配置，中间又无其他图形隔开时，可省略箭头。若剖切平面

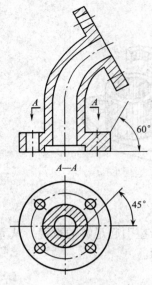

图 6-14　特殊剖面线画法

未通过机件的对称面剖切，剖视图按照投影关系配置，中间无图形分隔时，可省略箭头。

（3）当单一的剖切平面通过机件的对称平面或基本对称平面，且剖视图按投影关系配置，中间又没有其他图形隔开时，可省略标注。

（4）机件上被剖切平面剖到的实体部分叫断面。为了区分机件被剖切到的实体部分和未被剖切到的部分，在断面上要画出剖面符号。金属材料的剖面符号又称剖面线，应画成与水平线成45°的等距细实线，剖面线向左或向右倾斜均可，但同一机件在各个剖视图中的剖面线倾斜方向应相同，间距应相等，但是如果图形的主要轮廓线与水平方向成45°或接近45°，该图剖面线应画成与水平方向成30°或60°角，其倾斜方向仍应与其他视图的剖面线一致，如图 6-14 所示。

为了区别被剖到的机件的材料，国家标准规定了各种材料剖面符号的画法，见表 6-1。

表 6-1　剖面符号

材料名称	剖面符号	材料名称	剖面符号
金属材料（已有规定剖面符号者除外）		砖	
线圈绕组元件		玻璃及供观察用的其他透明材料	
转子、电枢、变压器和电抗器等的叠钢片		液体	
型砂、填砂、粉末冶金、砂轮、陶瓷刀片、硬质合金刀片等		非金属材料（已有规定剖面符号者除外）	

注：① 剖面符号仅表示材料的类别，材料的名称和代号必须另行注明。

② 叠钢片的剖面线方向应与束装中叠钢片的方向一致。

③ 液面用细实线绘制。

3. 画剖视图注意事项

（1）为了表达机件内部的真实形状，剖切平面应通过孔、槽的对称平面或轴线，并平行于某一投影面。

（2）剖视图中剖开机件是假想的，因此当一个视图取剖视之后，其他视图仍按完整的物体画出，也可取剖视，如图 6-14 所示。主视图取剖视后，俯视图仍按完整机件画出。

（3）剖视图上已表达清楚的结构，其他视图上此部分结构投影为虚线时，一律省略不画，如图 6-15 所示，俯、左视图的虚线均不画。对未表达清楚的部分，虚线必须画出，如

图 6-16 所示。主视图中的虚线表示底板的高度，如果省略了该虚线，底板的高度就不能表达清楚，这类虚线应画出。

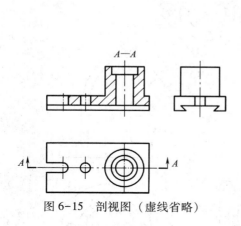

图 6-15 剖视图（虚线省略）

图 6-16 剖视图（虚线不可省略）

（4）机件剖开后，凡是看得见的轮廓线都应画出，不能遗漏。要仔细分析剖切平面后面的结构形状，分析有关视图的投影特点，以免画错。

（5）同一机件各个剖面区域和断面图上的剖面线倾斜方向应相同，间距应相等。

二、剖切面的种类

剖切面分为单一剖切面、几个平行的剖切面、几个相交的剖切面（交线垂直于某一投影面）与组合的剖切平面。

1. 单一剖切面

（1）平行于某一基本投影面的单一剖切平面。单一剖切面用得最多的是投影面的平行面，图 6-14、图 6-15 与图 6-16 都是用平行于某一基本投影面的单一平面剖切机件得到的剖视图。

（2）不平行于任何基本投影面的单一剖切面（投影面垂直面）。单一剖切面还可以用垂直于基本投影面的平面，当机件上有倾斜部分的内部结构需要表达时，可和画斜视图一样，选择一个垂直于基本投影面且与所需表达部分平行的投影面，然后再用一个平行于这个投影面的剖切平面剖开机件，向这个投影面投影，这样得到的剖视图称为斜剖视图。如图 6-17 中 $B—B$ 所示为斜剖的全剖视图。

采用不平行于任何基本投影面的单一剖切面剖切机件时，其剖视图除了剖面区域要画剖面线之外，其画法和图形的配置与斜视图基本相同，即斜剖视图最好配置在与基本视图的相应部分保持直接投影关系的地方，如图 6-17（b）中（Ⅰ）所示。必要时可以配置在其他适当的位置，如图 6-17（b）中（Ⅱ）所示。

为了画图方便，在不致引起误解时允许将图形转正画出，但在剖视图上方标注"×—× ⌒"或"×—× ⌒"如图 6-17（b）中（Ⅲ）所示。

用斜剖画出的剖视图上方必须用大写的拉丁字母"×—×"表示剖视图的名称，用剖切符号表示剖切面的位置和投射方向，并写上相同的字母。注意：字母一律水平书写，如图 6-17（b）所示。

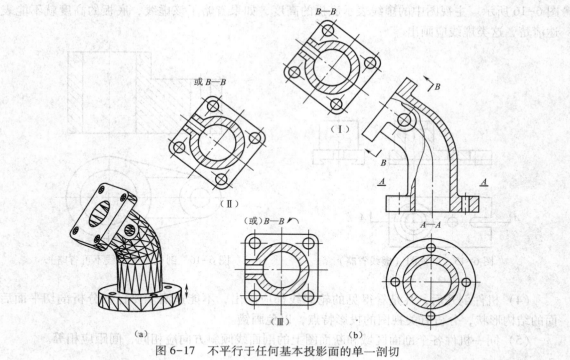

图 6-17　不平行于任何基本投影面的单一剖切

2. 几个相交的剖切平面

当机件的内部结构形状用一个剖切平面不能表达完全，且这个机件在整体上又具有回转轴时，可用两个相交的剖切平面剖开，这种剖切方法称为旋转剖。旋转剖用于孔、槽轴线不在一个平面上，用一个剖切面剖切不能表示完全，并且机件具有回转轴的情形。图 6-18 所示是用两相交平面剖开机件，两剖切面交线与孔的轴线重合，首先将倾斜平面剖到的结构及其相关部分绕轴线旋转到与选定的投影面平行后再投射，得到旋转剖的全剖视图。

标注方法：用几个相交平面剖切机件，画剖视图必须加标注，用剖切符号表示剖切面的起讫和转折位置，箭头表示投射方向，用字母表示名称，在得到的剖视图上方标注相同的字母 "×—×"，当视图按投影关系配置，中间无图形隔开时可省略箭头，如图 6-18 所示。

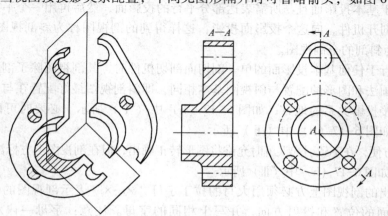

图 6-18　几个相交的剖切面剖切（一）

用几个相交剖切平面剖开机件时要注意以下几点。

（1）剖切面的交线应与机件的主要轴线重合。

（2）倾斜剖切面后边的其他结构一般按原来位置投影画出，如图6-19所示的加油孔。

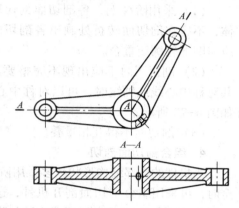

图6-19　几个相交的剖切面剖切（二）

（3）当剖切后产生不完整要素时应将该部分按不剖画出，如图6-20所示。

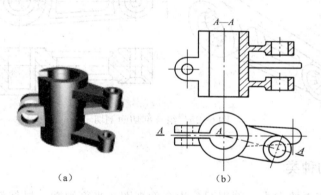

（a）　　　　　　　（b）

图6-20　剖切后产生不完整要素按不剖画出

3. 几个平行的剖切平面

当机件上有较多的内部结构形状，而它们的轴线不在同一平面内时，可用几个互相平行的剖切平面剖切，这种剖切方法称为阶梯剖。例如，图6-21（a）所示的机件，内部结构

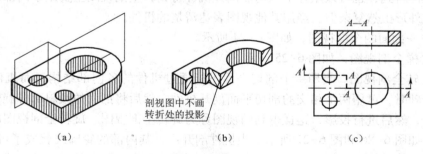

剖视图中不画
转折处的投影

（a）　　　　　　（b）　　　　　　（c）

图6-21　几个平行的剖切面剖切

（小孔）的中心位于两个平行的平面内，不能用单一剖切平面剖开，而是采用两个互相平行的剖切平面将其剖开，如图 6-21（c）所示。

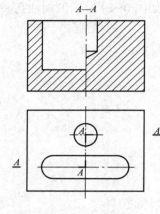

图 6-22　平行剖切面剖切

画阶梯剖时应注意以下几点。

（1）采用阶梯剖，各剖切面剖切后得到的剖视图是一个整体，不应在剖切面转折处画出各剖切面的界线，并且转折处不应与图形轮廓线重合。

（2）剖视图内不应出现不完整要素，仅当两个要素具有公共对称中心线或轴线时，可以对称中心线或轴线为界各画一半，如图 6-22 所示。

（3）剖切面不得互相重叠。

4. 组合剖切面剖切

当机件的内部结构形状较多，用阶梯剖或旋转剖不能表示完全时，可采用组合剖切面剖开机件，这种剖切方法称为组合剖，如图 6-23 所示。组合剖的标注方法与阶梯剖、旋转剖相同。

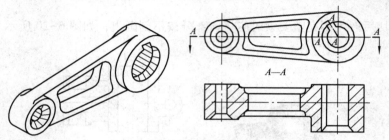

图 6-23　组合剖切面剖切

三、剖视图的种类

根据剖开机件范围的大小，剖视图分为全剖视图、半剖视图、局部剖视图 3 种。下面介绍 3 种剖视图的适用范围、画法及标注方法。

1. 全剖视图

假想用剖切面将机件全部剖切开，得到的剖视图称为全剖视图。全剖视图可以用一个剖切面剖开机件得到，也可以用几个剖切面剖开机件得到，全剖视图主要用于内部形状复杂而外形简单或外形虽然复杂但已经用其他视图表达清楚的机件。

（1）单一剖面的全剖视图，如图 6-24 所示。

（2）阶梯全剖视图，如图 6-25 所示。

（3）旋转全剖视图。当用一个剖切平面不能通过机件的各内部结构，而机件在整体上又具有回转轴时，可用两个相交的剖切平面剖开机件，然后将剖面的倾斜部分旋转到与基本投影面平行，然后进行投影，这样得到的视图称为旋转全剖视图。旋转全剖视图的剖切标记不能省略，如图 6-26 和图 6-27 所示。当机件剖开后，其内部的轮廓线就成了可见轮廓线，原来的虚线就应画成粗实线。要注意这些轮廓线的画法与在视图中的可见轮廓线的画法是一致的。

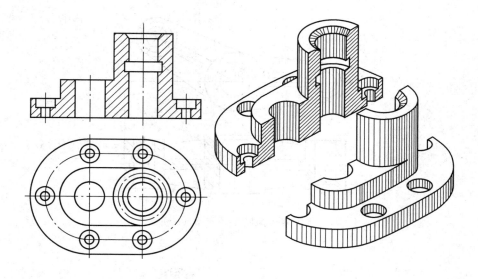

图 6-24　单一剖面的全剖视图

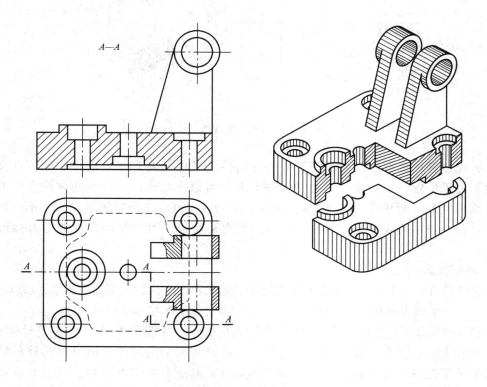

图 6-25　阶梯全剖视图

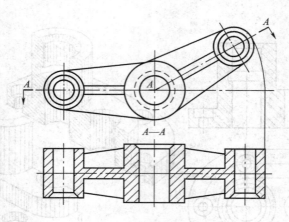

图 6-26 旋转全剖视图（一）

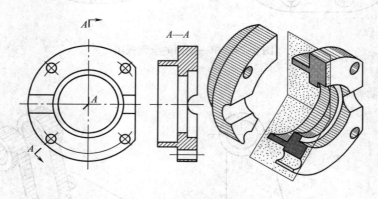

图 6-27 旋转全剖视图（二）

（4）全剖视图的标注。当剖切平面通过机件的对称（或基本对称）平面，且全剖视图按投影关系配置，中间又无其他视图隔开时，可以省略标注，否则必须按规定方法标注。在剖切位置画断开线（断开的粗实线），断开线应画在图形轮廓线之外，不与轮廓线相交，且在两段粗实线的旁边写上两个相同的大写字母，然后在剖视图的上方标出同样的字母。

2. 半剖视图

当机件具有对称平面时，在垂直于对称平面的投影面上投影所得到的图形，可以对称中心线为界，一半画成剖视，一半画成视图，这种组合的图形称为半剖视图。

半剖视图既能表达机件的外部形状，又能表达机件的内部结构。因为机件是对称的，根据一半的形状就能想象出另一半的结构形状。如果采用全剖视图，则机件的外形被剖掉了。如果采用视图，则不能表达机件的内部形状。对这种对称的机件，可以对称中心线为界，将其画成半剖视图。这样，在同一个视图上就可以把该机件的内外形状都表达清楚，如图 6-28 所示。

（1）半剖视图的适用范围。半剖视图主要用于内、外形状都需表达的对称机件。如

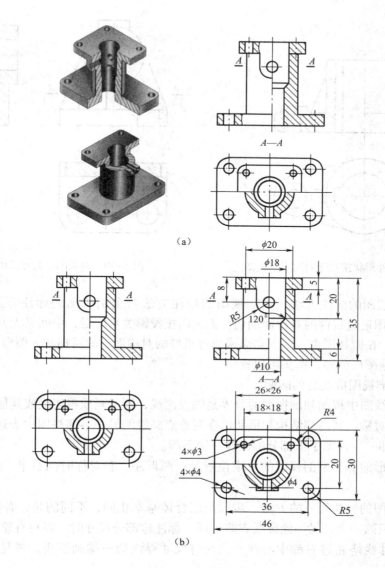

图 6-28　半剖视图

图 6-28（a）所示的机件内部有不同直径的孔，外部有凸台，内、外结构都比较复杂，而且前、后，左、右结构对称。为了清楚地表达前面的凸台形状和内部孔的情况，主视图采用半剖；为了表达顶板的形状和顶板上小孔的位置及前面正垂小圆柱孔和中间铅垂圆柱孔的情况，俯视图用了半剖视图。

　　如果机件形状接近于对称，而不对称部分已有图形表达清楚，也可以画成半剖视图，如图 6-29 所示，图形结构基本对称，只是圆柱右侧四棱柱槽与左边不对称，但俯视图已表达清楚，所以主视图采用半剖视图。注意，图 6-29 中的两侧肋板按国标规定，机件上的肋，纵向剖切不画剖面符号，而用粗实线将其与相邻部分分开。如图 6-29 和图 6-30 主视图所示；非纵向剖切，则要画剖面线，如图 6-30 中的俯视图所示。

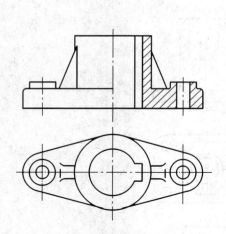

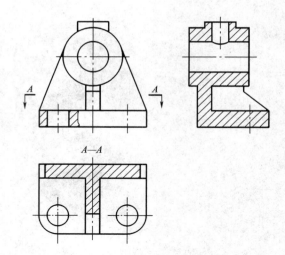

图 6-29　机件形状接近于对称半剖视图　　　　图 6-30　剖视图中肋板的画法

（2）半剖视图的标注方法。半剖视图的标注方法与全剖视图的标注方法相同。参见图 6-28，主视图通过机件的对称面剖切，剖视图按投影关系配置，中间又无其他图形隔开，所以省略标注。在俯视图中，因剖切面未通过机件的对称面，故需标注，图形按投影关系配置，中间无其他图形分隔，箭头可以省略。

（3）画半剖视图应注意的问题。

① 在半剖视图中视图和剖视图的分界是细点画线，不能画成粗实线或其他类型图线。

② 因机件对称，其内部结构和形状已在对称点画线的另一半剖视图中表达清楚，所以，在表达外形的那一半视图中该部分的虚线一律不画。

③ 表达内形的那一半剖视图的习惯位置是：图形左、右对称时剖右半；前、后对称时剖前半。

④ 半剖视图的标注尺寸的方法、步骤与组合体基本相同，不同的是，有些结构由于半剖，其轮廓线只画一半，另一侧虚线省略不画。标注这部分尺寸时，要在有轮廓线的一端画尺寸界线，尺寸线略超过对称中心线，只在有尺寸界线的一端画箭头，参见图 6-28（b）中 $\phi18$、$\phi10$ 等。

3. 局部剖视图

当机件尚有部分内部结构形状未表达清楚，但又没有必要作全剖视或不适合作半剖视时，用剖切平面剖开机件的局部，假想将一部分折断，然后向投影面投影，所得视图称为局部剖视图。局部剖视是一种较灵活的表达方法，剖切范围根据实际需要决定。既可以表达物体上局部孔槽的结构，又可以保留需要表达的外形，所以应用非常广泛。但使用时要考虑到看图方便，剖切不要过于零碎。

局部剖视图一般用波浪线将未剖开的视图部分与局部剖部分分开。波浪线可以看作是机件断裂处的轮廓线，如图 6-31 所示，波浪线的画法应注意以下几点。

（1）波浪线不能超出图形轮廓线。

（2）波浪线不能穿孔而过，如遇到孔、槽等结构时，波浪线必须断开。

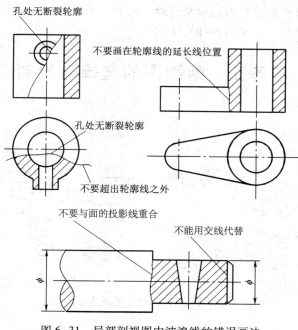

图 6-31　局部剖视图中波浪线的错误画法

（3）波浪线不能与图形中任何图线重合，也不能用其他线代替或画在其他线的延长线上。

（4）当被剖切部位的局部结构为回转体时，允许将该结构的中心线作为局部剖视图与视图的分界线。

（5）剖切位置明显的局部剖视图可以省略标注。

（6）若中心线与粗实线重合，不宜采用半剖，宜采用局部剖，如图 6-32 所示的机件，虽然对称，但由于机件的分界处有轮廓线，因此不宜采用半剖视而采用了局部剖视，而且局部剖视范围的大小，视机件的具体结构形状而定，可大可小。

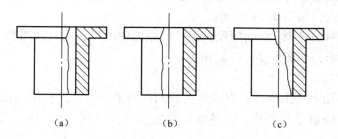

（a）　　　　　　　（b）　　　　　　　（c）

图 6-32　不宜采用半剖视而采用局部剖视的机件

■ 任务实施

主视图采用半剖视，剖切面为形体的前后对称面，左侧视图部分反映机件前面的凸台外形；俯视图也采用半剖视，剖切面 A—A（通过凸台小孔的轴线），这样前侧剖视部分反映内部的阶梯孔，后侧视图部分反映顶板的形状；左视图采用全剖视，剖切面为形体的左右对称面，主要反映机件前后凸台外形的对称结构；此外，为表示顶板和底板上的 8 个孔，在主视图上采用了两处局部剖，参见图 6-10（b）。

任务三　断面图的选择与绘制

■ 任务引入
分析图 6-33（a）所示轴的结构，选用适当的表达方法，将轴的结构表达清楚。

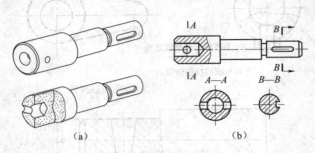

图 6-33　形体的断面图表达方法

■ 任务目标
1. 掌握断面图的概念、种类、画法及标注方法，能正确绘制和识读机件的断面图；
2. 掌握断面图的适用场合，能针对不同机件选择适当的断面表达方法。

■ 相关知识
断面图主要用来表达机件某部分断面的结构形状。

一、断面图的概念和种类

假想用剖切平面将机件在某处切断，只画出切断面形状的投影并画上规定的剖面符号的图形，称为断面图，简称为断面。断面可分为移出断面和重合断面。断面图一般用来表示机件某处的断面形状或轴、杆上的孔、槽等结构，为了得到断面的实形，剖切面应垂直于机件的主要轮廓线或轴线，如图 6-34 所示。

断面图与剖视图的区别：断面图仅画出机件断面的图形，而剖视图则要画出剖切平面以后的所有部分的投影，如图 6-34（c）所示。

注意：

（1）当剖切平面通过由回转面形成的孔或凹坑的轴线时，这些结构按剖视图绘制。

（2）当剖切平面通过非圆孔，会导致出现完全分离的两个断面时，这些结构也应按剖视图绘制。

（3）剖切平面一般应与被剖切部分的主要轮廓线垂直。

二、断面图的画法

1. 移出断面图
画在视图范围以外的断面称为移出断面，如图 6-35 所示。

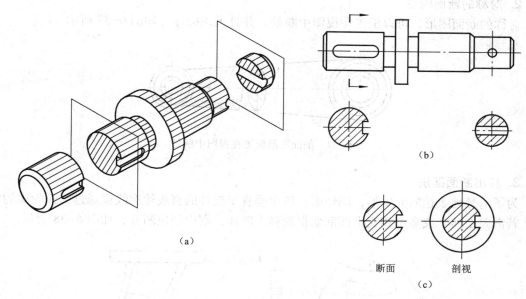

（a）

（b）

断面　　　剖视

（c）

图 6-34　断面图的画法

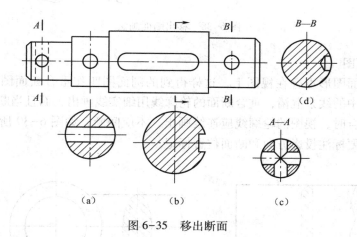

（a）　　　　（b）　　　　（c）

（d）

图 6-35　移出断面

　　移出断面的轮廓线用粗实线绘制，剖面线方向和间隔应与原视图保持一致。移出断面应尽量配置在剖切符号的延长线上，必要时，也可布置在其他位置，如图 6-36 所示。

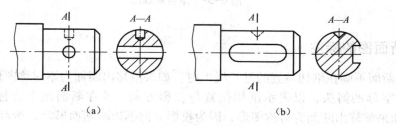

（a）　　　　　　　　　　（b）

图 6-36　移出断面图的画法

2. 对称的断面图形

对称的断面图形，可以配置在视图中断处，并且无须标注，如图 6-37 所示。

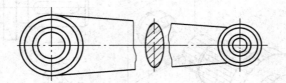

图 6-37　剖面图形配置在视图中断处

3. 移出断面画法

为了清楚地表达断面实形，剖切面一般应垂直于机件的直线轮廓线或通过圆弧轮廓的中心，若需要由两个或多个相交平面剖切得到移出断面，则中间应断开，如图 6-38 所示。

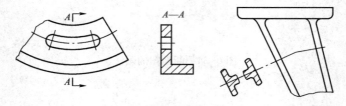

图 6-38　移出断面画法

4. 重合断面图

剖切后将断面图形重叠在视图上，这样得到的剖面图叫作重合断面图。为了使图形清晰，避免与视图中的线条混淆，重合断面的轮廓线用细实线画出，而且当断面图的轮廓线和视图的轮廓线重合时，视图的轮廓线应连续画出，不应间断，如图 6-39 所示。当重合断面图形不对称时，要标注投影方向和断面位置标记。

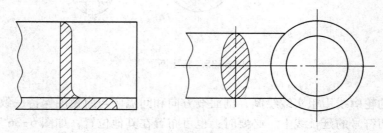

图 6-39　重合断面图

三、断面图的标注

当移出断面不画在剖切位置的延长线上时，如果该移出断面为不对称图形，必须标注剖切符号与带字母的箭头，以表示剖切位置与投影方向，并在断面图上方标出相应的名称"×—×"；如果该移出断面为对称图形，因为投影方向不影响断面形状，所以可以省略箭头。

当移出断面按照投影关系配置时，不管该移出断面为对称图形或不对称图形，因为投影方向明显，所以可以省略箭头。

当移出断面画在剖切位置的延长线上时，如果该移出断面为对称图形，只需用细点画线标明剖切位置，可以不标注剖切符号、箭头和字母；如果该移出断面为不对称图形，则必须标注剖切位置和箭头，但可以省略字母。

当重合断面为不对称图形时，需标注其剖切位置和投影方向，当重合断面为对称图形时，一般不必标注。

■ 任务实施

采用三个图形，上面为主视图，下面是两个移出的断面图。主视图采用局部剖视。$A—A$ 断面图的剖切平面通过两个小孔的中心线，表示轴上与大孔相交的两个小孔。$B—B$ 断面图的剖切平面通过键槽，它清晰地表示了键槽的深度，参见图 6-33（b）。

任务四　机件表达方法的综合应用

■ 任务引入

参见图 6-52 所示阀体的表达方案，识读该图，想象出阀体的形状。

■ 任务目标

1. 掌握局部放大图的概念和局部放大图的画法，能正确绘制和识读机件的局部放大图；
2. 掌握图形的简化画法，能用简化画法绘制图形；
3. 能针对不同机件选择适当的表达方法，能正确绘制和识读机件图形。

■ 相关知识

一、局部放大图

当机件上一些细小的结构在视图中表达不够清晰，又不便标注尺寸时，可用大于原图形所采用的比例单独画出这些结构，这种图形称为局部放大图。

局部放大图可画成视图、剖视图、断面图，它与被放大部分的表达方式无关。局部放大图应尽量配置在被放大部位的附近。在画局部放大图时，除螺纹、齿轮、链轮的齿形外应用细实线圈出被放大部位，当同一视图上有几个被放大部位时，要用罗马数字依次标明被放大部位，并在局部放大图的上方标注出相应的罗马数字和采用的比例，如图 6-40 所示。

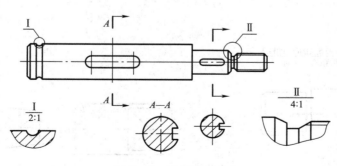

图 6-40　局部放大图

二、简化画图

（1）当机件具有若干相同结构（齿、槽等），并按一定规律分布时，只需要画出几个完整的结构，其余用细实线连接，在零件图中则必须注明该结构的总数，如图 6-41 所示。

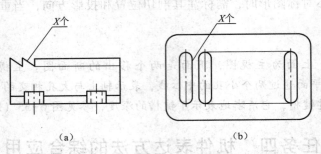

（a）　　　　　　　　　　（b）

图 6-41　成规律分布的若干相同结构的简化画法

（2）若干直径相同且成规律分布的孔，可以只画出几个，表示清楚其分布规律，其余只需用点画线表示其中心位置，并注明孔的总数，如图 6-42 所示。

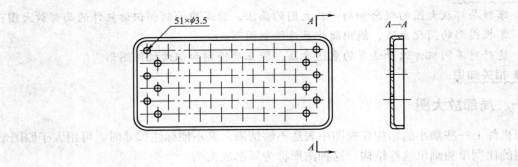

图 6-42　成规律分布的相同孔的简化画法

（3）对于网状物、编织物或机件上的滚花部分，应用粗实线完全或部分表示出来，并在图上或技术要求中注明这些结构的具体要求，如图 6-43 所示。

（4）当视图不能充分表达平面时，可在图形上用相交的两条细实线表示平面，如图 6-44 所示。

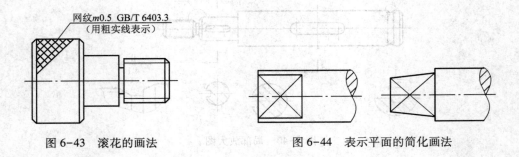

图 6-43　滚花的画法　　　　　　　图 6-44　表示平面的简化画法

（5）在不致引起误解时，零件图中的小圆角或小倒角允许省略不画，但必须注明尺寸或在技术要求中加以说明，如图6-45所示。

（6）机件上的一些较小结构，如在一个图形中已表达清楚时，其他图形可简化或省略，如图6-46所示。

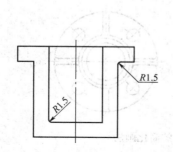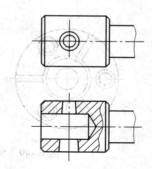

图6-45　小圆角或小倒角的简化画法　　图6-46　机件较小结构的简化画法

（7）机件上对称结构的局部视图，如键槽、方孔，可按图6-47所示方法表示。在不致引起误解时，图形中的过渡线、相贯线允许简化。

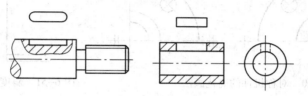

图6-47　对称结构局部视图的简化画法

（8）轴、杆类、型材等较长的机件，沿长度方向的形状相同或按一定规律变化时，可断开后缩短绘制，但长度尺寸必须按实际尺寸注出，如图6-48所示。

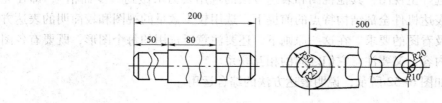

图6-48　较长机件的简化画法

（9）当回转体机件上均匀分布的肋板、轮辐及孔等结构不处于剖切平面上时，可将这些结构旋转到剖切平面上画出而不加任何标注；对于机件中的肋板、轮辐或薄壁等结构，如按纵向剖切，这些结构不画剖面符号，而是用粗实线将它和与其邻接的部分区分开，如图6-49所示。

（10）在不致引起误解时，对于对称机件的视图也可只画出一半或1/4，此时必须在对称中心线的两端画出两条与其垂直的平行细实线，如图6-50所示。

（11）机件上斜度不大的结构，如在一个图形中已表达清楚，其他图形可按小端画出，如图6-51所示。

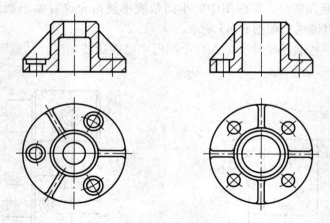

图 6-49　回转体机件的简化画法

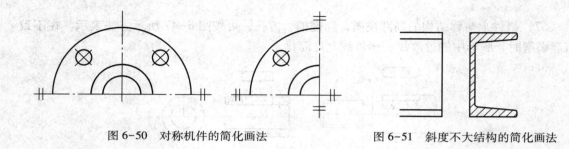

图 6-50　对称机件的简化画法　　　　　　　图 6-51　斜度不大结构的简化画法

三、机件表达方法的应用原则

在选择确定一个机件的表达方案时，首先应该认真对机件作形体及结构分析，根据其形体特征和结构特点选好主视图，其他视图和表达方法的选用要力求做到"少而精"，即在完整、正确、清晰地表达机件全部结构特点的前提下，选用较少数量的视图和较简明的表达方法，达到方便作图及看图的要求。在这一原则下，还要注意所选用的每个图形，既要有各图形自身明确的表达内容，又要注意它们之间的相互联系。

以阀体为例，如图 6-52 所示，说明表达方法的综合运用。

1. 图形分析

阀体的表达方案共有 5 个图形，如图 6-53 所示。两个基本视图（全剖主视图"B—B"、全剖俯视图"A—A"）、一个局部视图（"D"向）、一个局部剖视图（"C—C"）和一个斜剖的全剖视图（"E—E"旋转）。

主视图"B—B"是采用旋转剖画出的全剖视图，表达阀体的内部结构形状；俯视图"A—A"是采用阶梯剖画出的全剖视图，着重表达左、右管道的相对位置，还表达了下连接板的外形及 4×φ5 小孔的位置；"C—C"局部剖视图表达左端管连接板的外形及其上 4×φ4 孔的大小和相对位置；"D"向局部视图相当于俯视图的补充，表达了上连接板的外形及其上 4×φ6 孔的大小和位置。因右端管与正投影面倾斜 45°，所以采用斜剖画出"E—E"全剖视图以表达右连接板的形状。

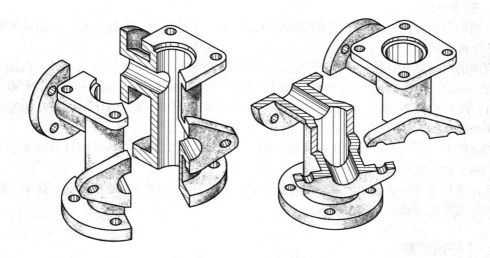

图 6-52　阀体

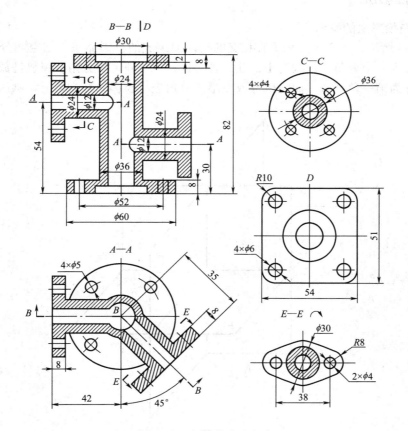

图 6-53　阀体的表达方案

2. 形体分析

由图形分析可见，阀体的构成大体可分为管体、上连接板、下连接板、左连接板及右连接板 5 个部分。

管体的内外形状通过主、俯视图已表达清楚，它是由中间一个外径为 $\phi36$、内径为 $\phi24$ 的竖管，左边一个距底面 54、外径为 $\phi24$、内径为 $\phi12$ 的横管，右边一个距底面 30、外径为 $\phi24$、内径为 $\phi12$、向前方倾斜 45° 的横管 3 部分组合而成。3 段管子的内径互相连通，形成有 4 个通口的管件。

阀体的上、下、左、右 4 块连接板形状大小各异，可以分别由主视图以外的 4 个图形看清它们的轮廓，它们的厚度为 8。

通过分析形体，想象出各部分的空间形状，再按它们之间的相对位置组合起来，便可想象出阀体的整体形状。

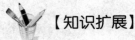【知识扩展】

第三角投影法

1. 第三角投影法的概念

如图 6-54 所示，由 3 个互相垂直相交的投影面组成的投影体系，把空间分成了 8 个部分，每一部分为一个分角，依次为 Ⅰ，Ⅱ，Ⅲ，Ⅳ，…，Ⅶ，Ⅷ分角。将机件放在第一分角进行投影，称为第一角画法。而将机件放在第三分角进行投影，称为第三角画法。

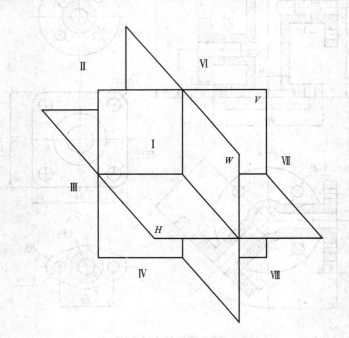

图 6-54　第三角投影法

2. 第三角画法与第一角画法的区别

第三角画法与第一角画法的区别在于人（观察者）、物（机件）、图（投影面）的位置关系不同。采用第一角画法时，是把投影面放在观察者与物体之后，从投影方向看，是"人、图、物"的关系。

采用第三角画法时，是把物体放在观察者与投影面之间，从投影方向看是"人、物、图"的关系，如图6-55所示。投影时就好像隔着"玻璃"看物体，将物体的轮廓形状印在"玻璃"（投影面）上。

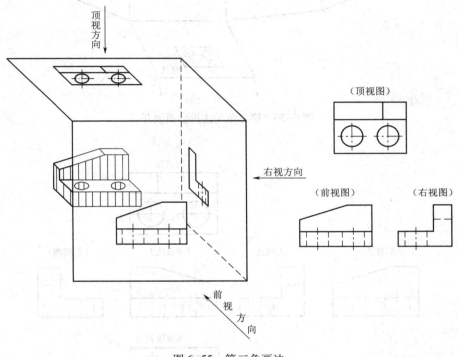

图6-55 第三角画法

3. 第三角投影图的形成

采用第三角画法时，从前面观察物体在 V 面上得到的视图称为前视图；从上面观察物体在 H 面上得到的视图称为顶视图；从右面观察物体在 W 面上得到的视图称为右视图。各投影面的展开方法是：V 面不动，H 面向上旋转 90°，W 面向右旋转 90°，使三投影面处于同一平面内。

采用第三角画法时也可以将物体放在正六面体中，分别从物体的 6 个方向向各投影面进行投影，得到 6 个基本视图，即在三视图的基础上增加了后视图（从后往前看）、左视图（从左往右看）、底视图（从下往上看）。第三角画法投影面展开如图6-56所示。

第三角画法视图的配置如图6-57所示。

4. 第一角和第三角画法的识别符号

在国际标准中规定，可以采用第一角画法，也可以采用第三角画法。为了区别这两种画法，规定在标题栏中专设的格内用规定的识别符号表示，如图6-58所示。

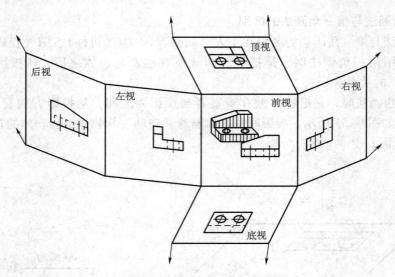

图 6-56　第三角画法投影面展开

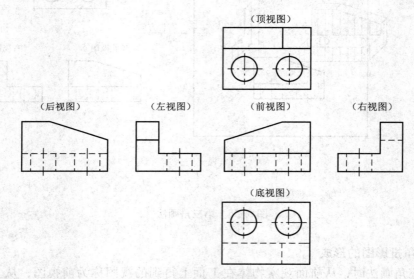

图 6-57　第三角画法视图的配置

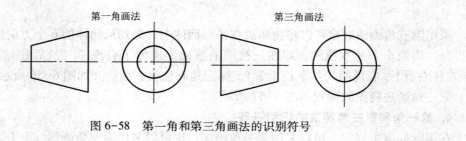

图 6-58　第一角和第三角画法的识别符号

项目七
标准件和常用件的绘制

【项目引入】

机器上的标准件和常用件很多，有螺栓、螺柱、螺母、垫圈、键、销、齿轮、弹簧、滚动轴承等。为利于设计、制造和使用，国家标准对这些零（组）件的结构、尺寸或某些结构的参数、技术要求及画法和标注方法等作了统一规定。绘制标准件和常用件是绘图的关键。

【项目分析】

本项目主要学习：

螺纹及螺纹紧固件的画法；齿轮的画法；键连接及销连接的画法；滚动轴承的画法；弹簧的画法。

■ 知识目标

1. 掌握螺纹的规定画法和标注方法；
2. 掌握常用螺纹紧固件的规定标记，以及它们的连接画法；
3. 掌握键连接和销连接的画法和键、销的规定标记；
4. 掌握齿轮的基本知识、圆柱齿轮基本参数的计算方法及齿轮的规定画法；
5. 掌握滚动轴承的简化画法和规定标记，以及弹簧的规定画法。

■ 能力目标

1. 能正确绘制和识读螺纹及螺纹紧固件、齿轮、键连接及销连接、滚动轴承、弹簧的图形。
2. 能按标准件的规定查阅其有关标准。

任务一　螺纹及螺纹紧固件的绘制

■ 任务引入

图 7-1 所示为螺柱连接示意图，完成双头螺柱连接图形的绘制。

图 7-1　螺柱连接示意图

■ **任务目标**

1. 掌握螺纹的规定画法、标注方法和常用螺纹紧固件的规定标记及连接画法，能正确绘制和识读螺纹及螺纹紧固件图形；

2. 能按螺纹及螺纹紧固件的规定查阅有关标准。

■ **相关知识**

一、螺纹的基本知识

螺纹是指在圆柱或圆锥表面上，沿螺旋线形成的具有相同断面的连续凸起和沟槽。在圆柱或圆锥外表面上形成的螺纹，称为外螺纹；在圆柱或圆锥内表面上形成的螺纹，称为内螺纹。内外螺纹成对使用，可用于各种机械连接、传递运动和动力。

1. 螺纹的形成

螺纹是根据螺旋线原理加工而成的。加工的方法很多，如用车床车削螺纹、用丝锥攻螺纹、用板牙套螺纹、用搓丝机加工螺纹等。图 7-2 显示了加工螺纹的各种方法。

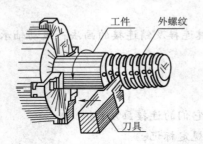

（a）用车床车削外螺纹

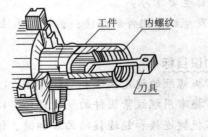

（b）用车床车削内螺纹

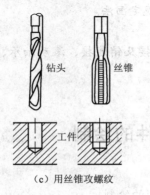

（c）用丝锥攻螺纹

（d）用板牙套螺纹

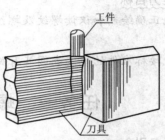

（e）用搓丝机加工螺纹

图 7-2　螺纹加工方法

2. 螺纹的基本要素

螺纹有 5 大要素：牙型、直径、线数、螺距、导程和旋向。内、外螺纹必须成对配合使用，且这 5 个要素必须完全相同，内、外螺纹才能相互旋合，如图 7-3 所示。

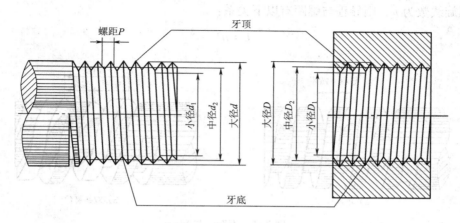

图 7-3　螺纹的基本要素

1）牙型

在通过螺纹轴线的剖面区域，螺纹的轮廓形状称为螺纹的牙型。常用的牙型有三角形、梯形、锯齿形、矩形等，如图 7-4 所示。不同牙型的螺纹有不同的用途。螺纹凸起部分顶端称为牙顶，螺纹沟槽的底部称为牙底。

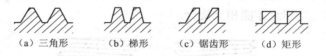

（a）三角形　　（b）梯形　　（c）锯齿形　　（d）矩形

图 7-4　螺纹的牙型

2）直径

根据螺纹的结构特点，将螺纹的直径分为以下几种。

（1）大径。螺纹的最大直径，又称公称直径，即与外螺纹的牙顶或内螺纹的牙底相重合的假想圆柱面的直径。外螺纹的大径用 "d" 表示，内螺纹的大径用 "D" 表示。

（2）小径。螺纹的最小直径，即与外螺纹的牙底或内螺纹的牙顶相重合的假想圆柱面的直径。外螺纹的小径用 "d_1" 表示，内螺纹的小径用 "D_1" 表示。

（3）中径。在大径和小径之间的一假想圆柱面直径，该圆柱的母线通过牙型上沟槽和凸起宽度相等的地方，此假想圆柱面的直径称为中径，外螺纹中径用 "d_2" 表示，内螺纹中径用 "D_2" 表示。

3）线数（俗称头数）n

螺纹有单线螺纹和多线螺纹，沿一条螺旋线形成的螺纹为单线螺纹，沿两条或两条以上按轴向等距分布的螺旋线形成的螺纹为多线螺纹。最常用的是单线螺纹，如图 7-5 所示。

4）螺距 P 和导程 L

相邻两牙在中径线上对应两点间的轴向距离，称为螺距，用"P"表示。在同一螺旋线上的相邻两牙在中径线上对应两点间的轴向距离，称为导程，用"L"表示，如图 7-5 所示。若螺旋线数为 n，则导程与螺距有以下关系：

$$L = nP$$

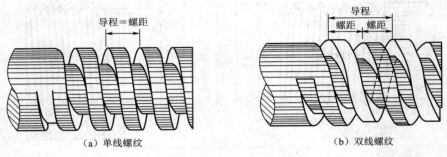

（a）单线螺纹　　　　　　　　　（b）双线螺纹

图 7-5　螺距与导程

5）旋向

螺纹分左旋和右旋两种，顺时针旋转时旋入的螺纹，称为右旋螺纹；逆时针旋转时旋入的螺纹，称为左旋螺纹，如图 7-6 所示。常用右手定则判断：将手伸直，手心面向自己，四指并拢并与螺纹轴线重合，若螺旋线方向与大拇指方向相同即为右旋螺纹，反之为左旋螺纹。内、外螺纹必须成对配合使用，且螺纹的牙型、大径、螺距、线数和旋向，这 5 个要素必须完全相同，内、外螺纹才能相互旋合。

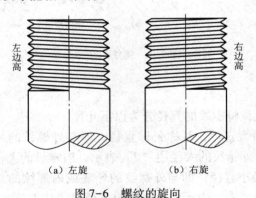

（a）左旋　　　　　　　　（b）右旋

图 7-6　螺纹的旋向

二、螺纹的规定画法

根据国家标准规定，在图样上绘制螺纹按规定画法作图，而不必画出螺纹的真实投影。《机械制图　螺纹及螺纹紧固件表示法》（GB/T 4459.1—1995）规定了螺纹的画法。

1. 外螺纹的规定画法

（1）平行于螺纹轴线的视图，螺纹的大径（牙顶圆直径）用粗实线绘制，小径（牙底圆直径）用细实线绘制，并应画入倒角区。通常小径按大径的 0.85 倍绘制，但当大径较大或画细牙螺纹时，小径数值应查国家标准；螺纹终止线用粗实线绘制，如图 7-7（a）所示。

（2）垂直于螺纹轴线的视图，螺纹的大径用粗实线画整圆，小径用细实线画约 3/4 圆，轴端的倒角圆省略不画，如图 7-7（a）所示。

（3）当需要表示螺纹收尾时，螺尾处用与轴线成 30° 角的细实线绘制，如图 7-7（b）所示。在水管、油管、煤气管等管道中，常使用管螺纹连接，管螺纹的画法如图 7-7（b）所示。

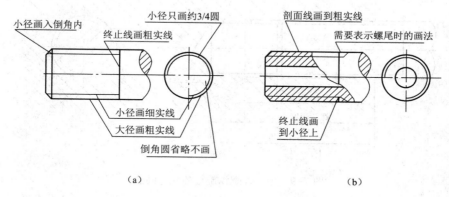

（a）　　　　　　　　　　　　　（b）

图 7-7　外螺纹的规定画法

2. 内螺纹的规定画法

（1）平行于螺纹轴线的视图，一般画成全剖视图，螺纹的大径（牙底圆直径）用细实线绘制，小径（牙顶圆直径）用粗实线绘制，且不画入倒角区，小径尺寸计算同外螺纹。在绘制不通孔时，应画出螺纹终止线和钻孔深度线。钻孔深度＝螺孔深度+0.5×螺纹大径；钻孔直径＝螺纹小径；钻孔顶角＝120°；剖面线画到粗实线处。

（2）垂直于螺纹轴线的视图，螺纹的小径用粗实线画整圆，大径用细实线画约 3/4 圆。倒角圆省略不画，如图 7-8（a）所示。

（3）当螺纹不可见时，除螺纹轴线、圆中心线外，所有的图线均用细虚线绘制，如图 7-8（b）所示。

（4）当内螺纹为通孔时，其画法如图 7-8（c）所示。

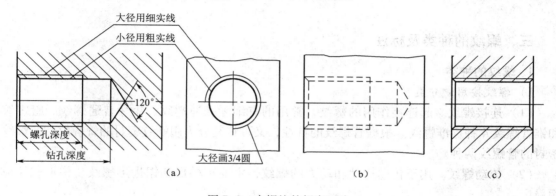

（a）　　　　　　　　　（b）　　　　　　　（c）

图 7-8　内螺纹的规定画法

3. 内、外螺纹旋合的规定画法

内、外螺纹连接时，常采用全剖视图画出，其旋合部分按外螺纹绘制，即大径画成粗实线，小径画成细实线，其余部分按各自的规定画法绘制。标准规定，当沿外螺纹的轴线剖开时，螺杆作为实心零件按不剖绘制。表示螺纹大、小径的粗、细实线应分别对齐。当垂直于螺纹轴线剖开时，螺杆处应画剖面线，剖面线均应画到粗实线，如图7-9所示。

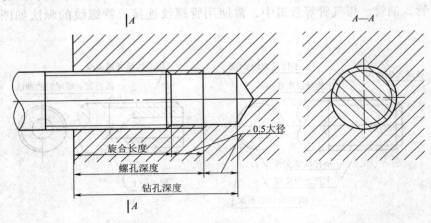

图 7-9　内、外螺纹旋合的规定画法

4. 螺纹牙型的规定画法

当需要表示牙型时，可采用局部剖视或局部放大图画出几个牙型的结构形式，如图7-10 所示。

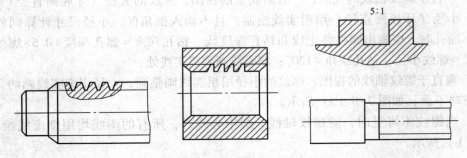

图 7-10　螺纹牙型的表示方法

三、螺纹的种类及标注

1. 螺纹的种类

1）螺纹按用途分类

（1）连接螺纹。起连接作用的螺纹，常用的有细牙普通螺纹、粗牙普通螺纹、管螺纹和锥管螺纹4种标准螺纹。根据管螺纹的特性，又可将其分为用螺纹密封的管螺纹和非螺纹密封的管螺纹两种。

（2）传动螺纹。用于传递运动和动力的螺纹，主要有梯形和锯齿形螺纹。梯形螺纹应用最广。

2）根据螺纹的牙型、大径和螺距三要素是否符合标准分类

（1）标准螺纹。牙型、大径和螺距三要素均符合标准的螺纹。

（2）特殊螺纹。牙型符合标准，大径和螺距不符合标准的螺纹。

（3）非标准螺纹。牙型不符合标准的螺纹。

2．螺纹的标记

由于各种不同螺纹的画法都是相同的，无法表示出螺纹的种类和要素，因此在绘制螺纹图样时，必须通过标注予以说明。

1）普通螺纹

普通螺纹的完整标记由螺纹代号、螺纹公差带代号和螺纹旋合长度代号3部分组成，其格式示例如下：

螺纹特征代号 公称直径×螺距 旋向-中径公差带和顶径公差带代号-螺纹旋合长度代号-旋向代号

普通螺纹代号是由螺纹特征代号M、螺纹公称直径和螺距及螺纹的旋向组成。粗牙普通螺纹的螺距可省略不注。当螺纹为左旋螺纹时，标注LH字样，右旋不标注旋向。

公差带代号由中径公差带代号和顶径公差带代号组成。大写字母代表内螺纹，小写字母代表外螺纹，若两组公差带相同，则只写一组。在下列情况下，中等公差精度螺纹不标注其公差带代号。

内螺纹：5H，公称直径小于和等于1.4 mm时；6H，公称直径大于和等于1.6 mm时。

外螺纹：6h，公称直径小于和等于1.4 mm时；6g，公称直径大于和等于1.6 mm时。

旋合长度分为短（S）、中（N）、长（L）3种，中等旋合长度最为常用。当采用中等旋合长度时，可省略不注。当特殊需要时，可标注出旋合长度的具体数字。

【例7.1】 M20×1.5LH-5g6g-L

表示公称直径为20 mm，螺距为1.5 mm，中径公差带代号为5g，顶径公差带代号为6g，长旋合长度的普通细牙外螺纹。

【例7.2】 M30-6H

表示公称直径为30 mm，中径和顶径公差带代号为6H，中等旋合长度、右旋的普通粗牙内螺纹。

2）梯形螺纹

梯形螺纹的完整标记与普通螺纹基本一致，梯形螺纹的特征代号用Tr表示，其牙型角为30°，不分粗细牙，单线螺纹用"公称直径×螺距"表示，多线螺纹用"公称直径×导程（P 螺距）"表示。当螺纹为左旋时，标注"LH"，右旋时不标注。其公差带代号只标注中径的，旋合长度只分中旋合长度和长旋合长度两种（为了传动的平稳性，不宜太短），当为中等旋合长度时可省略不标。

梯形螺纹的标记示例如下。

【例7.3】 Tr50×16（P8）LH-7e-L

表示梯形外螺纹，公称直径为50 mm，导程为16 mm，螺距为8 mm双线，左旋，中径公差带代号7e，长旋合长度。

【例7.4】 Tr40×7-7H

表示梯形内螺纹，公称直径为40 mm，右旋，单线，螺距为7 mm，中径公差带代号7H，中等旋合长度。

3）锯齿形螺纹

锯齿形螺纹的标注形式基本与梯形螺纹一致。锯齿形螺纹的牙型角为 30°，牙型代号为"B"，它的标注示例如下。

【例 7.5】 B40×7-7c

表示公称直径为 40 mm，螺距为 7 mm，中径公差带代号为 7c，中等旋合长度的单线、右旋的锯齿形螺纹。

内外螺纹旋合时，其公差带代号用斜线分开，左方表示内螺纹公差带代号，右方表示外螺纹公差带代号，标记示例如下：

M16×1.5-6H/6g

Tr24×5-7H/7e

4）管螺纹

管螺纹的种类很多，这里只介绍两种。

（1）55°非螺纹密封的管螺纹。非螺纹密封的管螺纹标记由螺纹特征代号、尺寸代号和公差等级代号组成。其特征代号为"G"；尺寸代号系列为 1/8、1/4、3/8、1/2、5/8、3/4、7/8、1 等，其单位为英寸；公差等级代号只标注外螺纹，分 A、B 两级，内螺纹的公差等级只有一种，所以省略不标；当螺纹为左旋时，标注"LH"。

非螺纹密封的管螺纹标记示例如下：

G1/2 表示公称直径为 1/2 英寸的内螺纹管螺纹；

G1/2A 表示公称直径为 1/2 英寸的 A 级外螺纹管螺纹；

G1/2B 表示公称直径为 1/2 英寸的 B 级外螺纹管螺纹；

G1/2LH 表示公称直径为 1/2 英寸的左旋内螺纹管螺纹；

G1/2G1/2A 表示公称直径为 1/2 英寸的内螺纹与 A 级外螺纹管螺纹连接。

（2）55°螺纹密封的管螺纹。用螺纹密封的管螺纹的标记由螺纹特征代号和尺寸代号组成。公差带只有一种，所以省略标注。

螺纹特征代号如下：

Rc——圆锥内螺纹；

Rp——圆柱内螺纹；

R1——与圆柱内螺纹相配合的圆锥外螺纹；

R2——与圆锥内螺纹相配合的圆锥外螺纹。

尺寸代号系列为：1/8、1/4、3/8、1/2、3/4、1 等。

螺纹密封的管螺纹标记如下：

Rc1/2——公称直径为 1/2 英寸的圆锥内螺纹；

Rp1/2——公称直径为 1/2 英寸的圆柱内螺纹；

R11/2——与圆柱内螺纹相配合的圆锥外螺纹，公称直径为 1/2；

R21/2-LH——与圆锥内螺纹相配合的圆锥外螺纹，公称直径为 1/2。

3. 螺纹的标注

对标准螺纹，应注出相应标准所规定的螺纹标记，普通螺纹、梯形螺纹和锯齿形螺纹，其标记应直接注在大径的尺寸线上或其指引线上，如图 7-11（a）、（b）、（c）所示。

管螺纹的标记一律注在指引线上，指引线应由大径引出或由中心对称处引出，如图 7-11（d）、（e）、（f）所示。

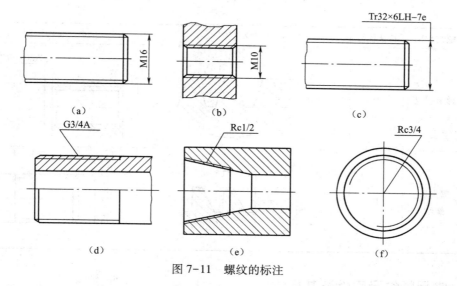

图 7-11　螺纹的标注

对非标准螺纹，应画出螺纹的牙型，并注出所需的尺寸及有关要求。

表 7-1 为常见标准螺纹的类别、牙型、特征代号及标注示例。

表 7-1　常见标准螺纹的类别、牙型、特征代号及标注示例

螺纹类别		特征代号	牙型示意图	标注示例
连接螺纹	普通螺纹	M		M20×2-5g6g-S-LH M20 M20×2-LH
	55°非密封管螺纹	G		G1/2A
	55°密封管螺纹	R		Rp 1/2

续表

	螺纹类别	特征代号	牙型示意图	标注示例
传动螺纹	梯形螺纹	Tr		Tr20×14(P7)—7H
	锯齿形螺纹	B		B32×6LH—7e

四、常用螺纹紧固件及其标注

常用的螺纹紧固件有螺栓、螺柱、螺钉、螺母及垫圈等,如图 7-12 所示。它们的种类很多,在结构形状和尺寸方面都已标准化,并由专门工厂进行批量生产,根据规定标记就可在国家标准中查到有关的形状和尺寸。无特殊情况,无须画出它们的零件图单独加工制造。

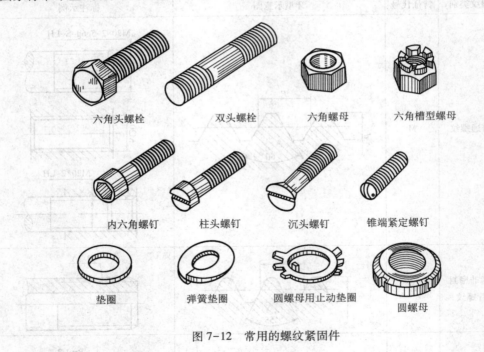

六角头螺栓	双头螺栓	六角螺母	六角槽型螺母
内六角螺钉	柱头螺钉	沉头螺钉	锥端紧定螺钉
垫圈	弹簧垫圈	圆螺母用止动垫圈	圆螺母

图 7-12 常用的螺纹紧固件

1. 螺纹紧固件的标记

(1)螺栓由头部和杆身组成,常用的为六角头螺栓,如图 7-13 所示。螺栓的规格尺寸是螺纹大径(d)和螺栓公称长度(l),其规定标记为:

名称 标准代号 螺纹代号×长度

如：螺栓 GB/T 5782—2016 M24×100

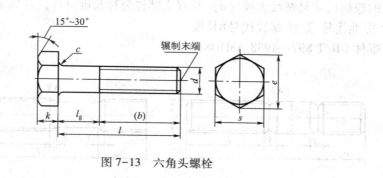

图 7-13　六角头螺栓

螺栓各部位尺寸可查表。

（2）螺母有六角螺母、方螺母和圆螺母等，常用的为六角螺母，如图 7-14 所示。螺母的规格尺寸是螺纹大径（D），其规定标记为：

名称 标准代号 螺纹代号

如：螺母 GB/T 6170—2015 M12

螺母各部位尺寸可查表。

（3）垫圈一般置于螺母与被连接件之间。常用的有平垫圈和弹簧垫圈。平垫圈有 A 级和 C 级标准系列。在 A 级标准系列平垫圈中，分带倒角和不带倒角两类结构，如图 7-15 所示。垫圈的规格尺寸为螺栓直径 d，其规定标记为：

名称 标准代号 公称尺寸

如：垫圈 GB/T 97.2—2016 24

垫圈各部位尺寸可查表。

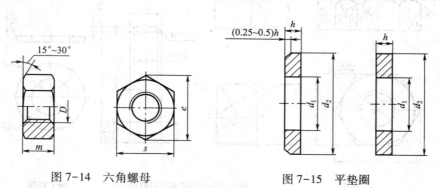

图 7-14　六角螺母　　　　　　　图 7-15　平垫圈

（4）双头螺柱两端均制有螺纹，旋入螺孔的一端称旋入端（b_{m}），另一端称紧固端（b）。b_{m} 的长度与被旋入零件的材料有关：

$b_{\mathrm{m}} = 1d$　　（用于钢和青铜）　　　　GB 897—1988

$b_{\mathrm{m}} = 1.25d$　（用于铸铁）　　　　　　GB 898—1988

$b_{\mathrm{m}} = 1.5d$　（用于铸铁）　　　　　　GB 899—1988

$b_m = 2d$ （用于铝合金） GB 900—1988

双头螺柱的结构型式有 A 型、B 型两种，如图 7-16 所示。A 型是车制，B 型是辗制。双头螺柱的规格尺寸是螺纹大径（d）和双头螺柱公称长度（l），其规定标记为：

名称 标准代号 类型 螺纹代号×长度

如：螺柱 GB/T 897—1988 AM10×50

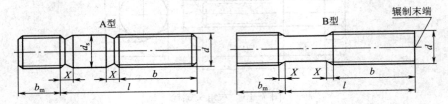

图 7-16 双头螺柱

（5）螺钉按其作用可分为连接螺钉和紧定螺钉。常用的连接螺钉有开槽圆柱头螺钉、盘头螺钉、沉头螺钉及半沉头螺钉等。常用的紧定螺钉按其末端型式不同有锥端紧定螺钉、平端紧定螺钉、长圆柱端紧定螺钉等。

螺钉的规格尺寸是螺纹大径（d）和螺钉公称长度（l），其规定标记为：

名称 标准代号 螺纹代号×长度

如：螺钉 GB/T 67—2016 M5×20

2. 螺纹紧固件的画法

（1）螺母、螺栓、垫圈的比例画法。根据螺纹公称直径（D、d），按与其近似的比例关系，计算出各部分尺寸后作图。图 7-17 所示为螺母、螺栓、垫圈的比例画法。

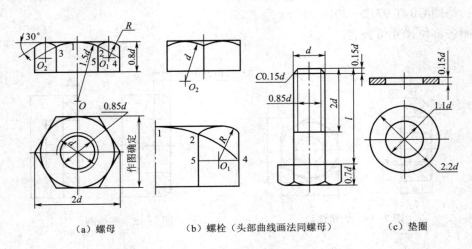

（a）螺母   （b）螺栓（头部曲线画法同螺母）   （c）垫圈

图 7-17 螺母、螺栓、垫圈的比例画法

（2）双头螺柱的比例画法。根据螺纹公称直径（D、d），按与其近似的比例关系，计算出各部分尺寸后作图。图 7-18 所示为双头螺柱的比例画法。

（3）螺钉的比例画法。图 7-19 所示为螺钉的比例画法。

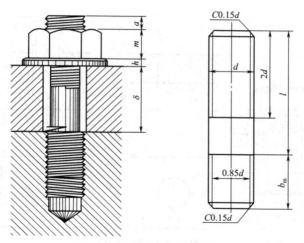

图 7-18 双头螺柱的比例画法

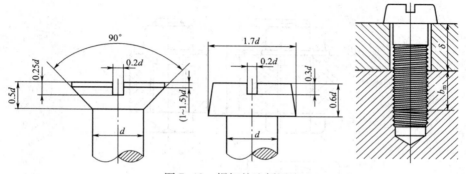

图 7-19 螺钉的比例画法

五、螺纹紧固件的连接画法

常用螺纹紧固件的连接形式有螺栓连接、双头螺柱连接和螺钉连接。

1. 螺栓连接

螺栓用来连接两个不太厚并能钻成通孔的零件，将螺栓从一端穿入两个零件的光孔，另一端加上垫圈，然后旋紧螺母，即完成了螺栓连接，如图 7-20 所示。

为适应连接不同厚度的零件，螺栓有各种长度规格。螺栓公称长度可按下式估算

$$l \geqslant \delta_1 + \delta_2 + h + m + a$$

式中：δ_1、δ_2——被连接件的厚度；

h——垫圈厚度；

m——螺母厚度；

a——螺栓伸出螺母的长度，$a \approx (0.2 \sim 0.3)d$；

h、m 均以 d 为参数按比例或查表画出。

根据 l 从相应的螺栓公称长度系列中选取与它相近的标准值，螺栓连接的规定画法如图 7-21 所示。

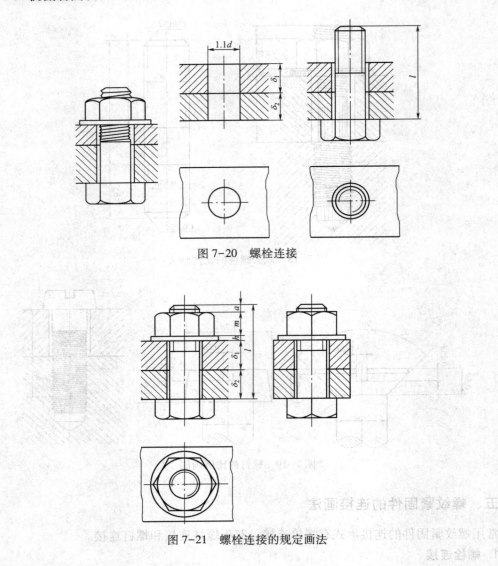

图 7-20　螺栓连接

图 7-21　螺栓连接的规定画法

画螺栓连接时，应注意以下几点。

（1）凡不接触的相邻表面，需画两条轮廓线（间隙过小者可放大画出），两零件接触表面处只画一条轮廓线。

（2）在剖视图中，相邻两零件剖面线应加以区别，而同一零件在各视图中的剖面线必须相同。

（3）当连接图画成剖视图且剖切平面通过螺杆轴线时，对螺栓、螺母、垫圈等均按不剖绘制。

2. 双头螺柱连接

当被连接零件之一较厚，或因结构的限制不适宜用螺栓连接，或因拆卸频繁不宜采用螺钉连接时，可采用双头螺柱连接。双头螺柱的一端（旋入端）旋入较厚零件的螺孔中，另一端（紧固端）穿过另一零件上的通孔，套上垫圈，用螺母拧紧，即完成双头螺柱连接，如图 7-22 所示。

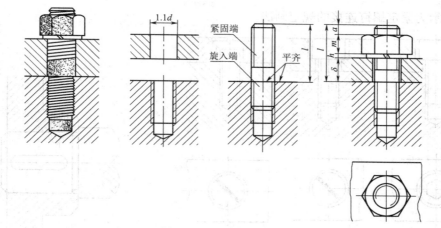

图 7-22　双头螺柱连接

图 7-22 中螺柱的公称长度可用下式求出：

$$l \geqslant \delta + h + m + a$$

式中各参数含义与螺栓连接相同。计算出的 l 值应在相应的螺柱公称长度系列中选取与其相近的标准值。画双头螺柱连接时，应注意以下几点。

（1）上部紧固部分与螺栓相同。

（2）螺柱旋入端的螺纹终止线应与结合面平齐，表示旋入端全部旋入，足够拧紧。

（3）弹簧垫圈用作防松，外径比平垫圈小，弹簧垫圈开槽方向应是阻止螺母松动的方向，在图中应画成与水平线成 60°角，上向左、下向右的两条线（或一条加粗线）。

3. 螺钉连接

（1）螺钉按用途可分为连接螺钉和紧定螺钉两种。连接螺钉一般用于受力不大而又不需经常拆装的零件连接中。它的两个被连接件，较厚的零件加工出螺孔，较薄的零件加工出带沉孔（或埋头孔）的通孔，沉孔（或埋头孔）直径稍大于螺钉头直径。连接时，直接将螺钉穿过通孔拧入螺孔中，如图 7-23 所示。

螺钉的公称长度 l 可用下式计算：

$$l \geqslant \delta + b_m \quad （没有沉孔）$$

$$l \geqslant \delta + b_m - t \quad （有沉孔）$$

式中：δ——通孔零件厚度；

$\quad$ b_m——螺纹旋入深度，可根据被旋入零件的材料决定（同双头螺柱）；

$\quad$ t——沉孔深度。

计算出的 l 值应从相应的螺钉公称长度系列中选取与它相近的标准。

画螺钉连接时，应注意以下几点。

① 在近似画法中螺纹终止线应高于两零件的接触面，螺钉上螺纹部分的长度约为 $2d$。

② 螺钉头部与沉孔间有间隙，画两条轮廓线。

③ 螺钉头部的一字槽平行于轴线的视图放正，画在中间位置，垂直于轴线的视图，规定画成与中心线成 45°，也可用加粗的粗实线简化表示。

（2）紧定螺钉。紧定螺钉用来固定两个零件的相对位置，使它们不发生相对运动，

图 7-24所示为紧定螺钉连接的规定画法。

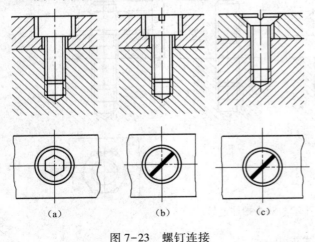

图 7-23　螺钉连接　　　　　图 7-24　紧定螺钉连接的规定画法

■ 任务实施

参照图 7-22，完成双头螺柱连接图形的绘制。

任务二　齿轮的绘制

■ 任务引入

图 7-25 （a）所示为直齿圆柱齿轮传动示意图，完成直齿圆柱齿轮啮合图形的绘制。

■ 任务目标

1. 掌握齿轮的基本知识、圆柱齿轮基本参数的计算方法及齿轮的规定画法，能正确绘制和识读齿轮图形；

2. 能按齿轮的规定查阅其有关标准。

■ 相关知识

齿轮是机械传动中广泛应用的传动零件，它可以用来传递动力、改变转速和旋转方向。常用的传动形式有：两平行轴之间的圆柱齿轮传动、两相交轴之间的锥齿轮传动和两交叉轴之间的蜗轮、蜗杆传动，如图 7-25 所示。

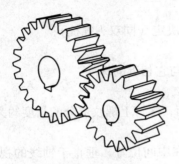　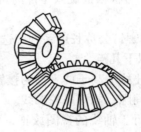　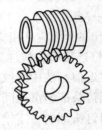

（a）直齿圆柱齿轮传动　　　（b）锥齿轮传动　　　（c）蜗轮、蜗杆传动

图 7-25　齿轮传动

齿轮的结构如图 7-26 所示。

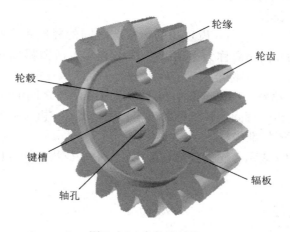

图 7-26　齿轮的结构

齿轮的齿形有渐开线、摆线及圆弧等。

一、直齿圆柱齿轮

1. 直齿圆柱齿轮各部分的名称

直齿圆柱齿轮各部分的名称如图 7-27 所示。

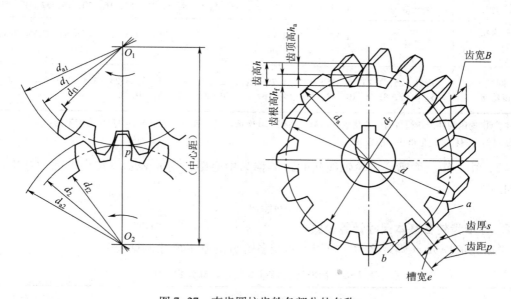

图 7-27　直齿圆柱齿轮各部分的名称

（1）齿顶圆。在圆柱齿轮上，其齿顶圆柱面与端平面的交线称为齿顶圆，其直径用 d_a 来表示。

（2）齿根圆。在圆柱齿轮上，其齿根圆柱面与端平面的交线称为齿根圆，其直径用 d_f 来表示。

（3）分度圆。齿顶圆与齿根圆之间的定圆，对于标准齿轮，在此假想圆上的齿厚 s 与槽宽 e 相等，其直径用 d 表示。

（4）齿高、齿顶高、齿根高。齿顶圆与齿根圆之间的径向距离称为齿高，用 h 表示。齿顶圆与分度圆之间的径向距离称为齿顶高，用 h_a 表示。齿根圆与分度圆之间的径向距离称为齿根高，用 h_f 表示。对于标准齿轮，$h = h_a + h_f$。

（5）齿距、齿厚、槽宽。在分度圆上相邻两齿对应两点之间的弧长称为齿距，用 p 表示。在分度圆上一个轮齿齿廓间的弧长称为齿厚，用 s 表示。相邻两个轮齿齿槽间的弧长称为槽宽，用 e 表示。对于标准齿轮，$s = e$，$p = s + e$。

（6）模数。如果以 z 表示齿轮的齿数，即齿轮上有多少齿，则分度圆周总长为

$$\pi d = pz$$

由此可得分度圆直径

$$d = zp/\pi$$

为了计算方便，把齿距 p 除以圆周率 π 所得的商，称为模数，用符号 m 表示，单位为 mm，则 $d = zm$，$m = p/\pi$。

模数是设计、制造齿轮的重要参数，为了简化和统一齿轮的轮齿规格，提高齿轮的互换性，便于齿轮的加工、修配，减少齿轮刀具的规格品种，提高其系列化和标准化程度，国家标准对齿轮模数作了统一规定，见表 7-2。

表 7-2　标准模数（圆柱齿轮摘自 GB/T 1357—2008，圆锥齿轮摘自 GB/T 12368—1990）

圆柱齿轮 m	第一系列	1, 1.25, 1.5, 2, 2.5, 3, 4, 5, 6, 8, 10, 12, 16, 20, 25, 32, 40, 50
	第二系列	1.75, 2.25, 2.75, (3.25), 3.5, (3.75), 4.5, 5.5, (6.5), 7, 9, (11), 14, 18, 22, 28, 36, 45
圆锥齿轮 m		1, 1.125, 1.25, 1.375, 1.5, 1.75, 2, 2.25, 2.5, 2.75, 3, 3.25, 3.5, 3.75, 4, 4.5, 5, 5.5, 6, 7, 8, 9, 10, 11, 12, 14, 16, 18, 20, 22, 25, 28, 30, 32, 36, 40

注：① 选用圆柱齿轮模数时，应优先选用第一系列，其次选用第二系列，括号内的模数尽可能不用；
② 对斜齿圆柱齿轮是指法向模数 m。

（7）中心距。两啮合齿轮轴线间的距离称为中心距，用 a 表示。装配准确的标准齿轮的中心距

$$a = m(z_1 + z_2)/2$$

2. 标准齿轮各基本尺寸计算公式

当齿轮的模数 m 确定之后，可以计算出各部分的基本尺寸，见表 7-3。

表 7-3　标准齿轮各基本尺寸计算公式及举例

基本参数：模数 m，齿数 z			已知：$m = 2$，$z = 25$
名称	符号	计算公式	举例
齿距	p	$p = \pi m$	$p = 6.28$
齿顶高	h_a	$h_a = m$	$h_a = 2$

续表

基本参数：模数 m，齿数 z			已知： $m=2$， $z=25$
名称	符号	计算公式	举例
齿根高	h_{f}	$h_{\mathrm{f}}=1.25m$	$h_{\mathrm{f}}=2.5$
齿高	h	$h=2.25m$	$h=4.5$
分度圆直径	d	$d=mz$	$d=50$
齿顶圆直径	d_{a}	$d_{\mathrm{a}}=m(z+2)$	$d_{\mathrm{a}}=54$
齿根圆直径	d_{f}	$d_{\mathrm{f}}=m(z-2.5)$	$d_{\mathrm{f}}=45$
中心距	a	$a=m(z_1+z_2)/2$	

3. 直齿圆柱齿轮的规定画法

1）单个齿轮的规定画法

（1）在表示外形的两个视图中，齿顶圆和齿顶线用粗实线绘制，分度圆和分度线用细点画线绘制，齿根圆和齿根线用细实线绘制，也可省略不画，如图7-28（a）所示。

（2）齿轮的非圆视图一般采用半剖或全剖视图。这时轮齿按不剖处理，齿根线用粗实线绘制，且不能省略，如图7-28（b）所示。

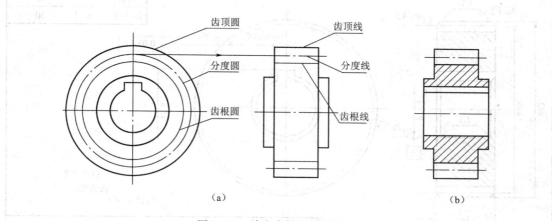

图 7-28　单个齿轮的规定画法

2）啮合齿轮的规定画法

（1）两个相互啮合的圆柱齿轮，在圆视图中，齿顶圆均用粗实线绘制 ［见图 7-29（b）］，啮合区内也可省略 ［见图 7-29（c）］；两相切的分度圆用细点画线绘制；齿根圆用细实线绘制，也可省略。

（2）在反映外形的非圆视图中，啮合区内的齿顶线不需画出，分度线用粗实线绘制 ［见图 7-29（d）］。若取剖视，在啮合区，两齿轮的分度线重合为一条线，用细点画线绘制；一个齿轮的齿顶线用粗实线绘制，另一个齿轮的齿顶线用细虚线绘制（也可省略）［见图 7-29（a）］。

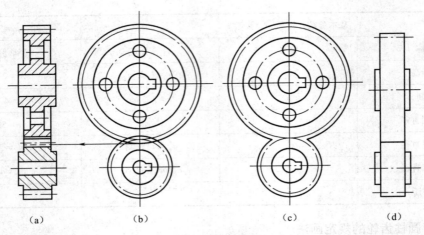

（a）　　　　　　　（b）　　　　　　　（c）　　　　　（d）

图 7-29　啮合齿轮的规定画法

4. 直齿圆柱齿轮的工作图

图 7-30 所示为直齿圆柱齿轮的工作图。

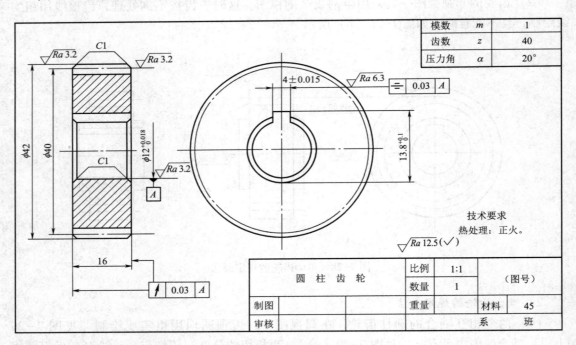

模数	m	1
齿数	z	40
压力角	α	20°

技术要求

热处理：正火。

圆 柱 齿 轮	比例	1:1	（图号）
	数量	1	
制图		重量	材料　45
审核			系　　班

图 7-30　直齿圆柱齿轮的工作图

二、斜齿圆柱齿轮

1. 斜齿圆柱齿轮简介

设想将许多片正齿轮按螺旋线规律均匀错位，则可形成斜齿圆柱齿轮，简称斜齿轮。斜齿轮的端面齿形和垂直于轮齿方向的法向齿形不同，其法向模数为标准值。斜齿轮的特点是工作平稳、噪声小，但由于轮齿倾斜，会产生轴向推力。

2. 斜齿圆柱齿轮的参数

1）端面模数 m_t 和法向模数 m_n

如将斜齿轮分度圆柱面展开，如图 7-31（b）所示，可看出：分度圆柱面与齿面的交线为螺旋线，它与轴线的夹角 β 称为螺旋角；端面齿距 p_t 与法向齿距 p_n 不同。因此，端面模数 m_t 与法向模数 m_n 不相等，即端面齿形不等于法向齿形。由图 7-31 可知，它们之间的关系为

$$p_n = p_t \cos \beta, \quad p_n / \pi = (p_t / \pi) \cos \beta \quad 即 \quad m_n = m_t \cos \beta$$

设计时应取法向齿形为基准齿形。因此，取法向模数 m_n 为标准值。

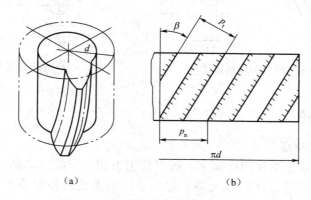

图 7-31　斜齿轮在分度圆柱面的展开

2）斜齿圆柱齿轮的尺寸计算

已知主要参数：法向模数 m_n、螺旋角 β、齿数 z，斜齿轮尺寸计算公式见表 7-4。应注意，分度圆直径是在端面测量，由端面模数 m_t 确定。

表 7-4　斜齿轮尺寸计算公式

名　称	代　号	计算公式
法向齿距	p_n	$p_n = \pi m_n$
齿顶高	h_a	$h_a = m_n$
齿根高	h_f	$h_f = 1.25 m_n$
分度圆直径	d	$d = m_t z = m_n z / \cos \beta$
齿顶圆直径	d_a	$d_a = d + 2h_a = m_n(z / \cos \beta + 2)$
齿根圆直径	d_f	$d_f = d - 2h_f = m_n(z / \cos \beta - 2.5)$
中心距	a	$a = (d_1 + d_2)/2 = m_n(z_1 + z_2)/2\cos \beta$

3. 斜齿圆柱齿轮的规定画法

斜齿轮的画法和直齿轮相同，当需要表示螺旋线方向时，可用 3 条细实线表示。单个斜齿圆柱齿轮的画法如图 7-32 所示；啮合斜齿圆柱齿轮的画法如图 7-33 所示。

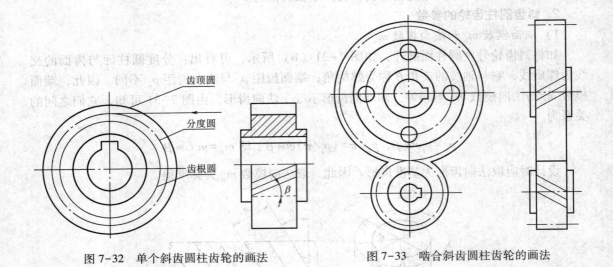

图 7-32　单个斜齿圆柱齿轮的画法　　　　图 7-33　啮合斜齿圆柱齿轮的画法

三、直齿锥齿轮

1. 直齿锥齿轮的特点

由于锥齿轮的轮齿分布在圆锥面上，所以轮齿沿圆锥素线方向的大小不同，模数、齿高、齿厚也随之变化，通常规定以大端参数为准。锥齿轮的各部分名称和代号如图 7-34 所示。

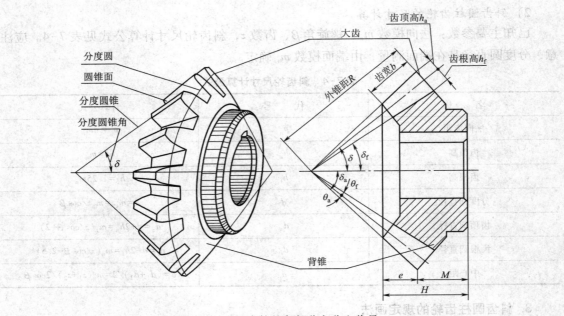

图 7-34　锥齿轮的各部分名称和代号

2. 标准直齿锥齿轮各部分基本尺寸的计算公式（见表 7-5）

表 7-5　标准直齿锥齿轮各部分基本尺寸的计算公式

基本参数：模数 m　齿数 z　分度圆锥角 δ

名称	符号	计算公式
齿顶高	h_a	$h_a = m$
齿根高	h_f	$h_f = 1.2m$
齿高	h	$h = 2.2m$
分度圆直径	d	$d = mz$
齿顶圆直径	d_a	$d_a = m(z + 2\cos\delta)$
齿根圆直径	d_f	$d_f = m(z - 2.4\cos\delta)$
锥距	R	$R = mz/2\sin\delta$
齿顶角	θ_a	$\tan\theta_a = 2\sin\delta/z$
齿根角	θ_f	$\tan\theta_f = 2.4\sin\delta/z$
分度圆锥角	δ	当 $\delta_1 + \delta_2 = 90°$ 时，$\tan\delta_1 = z_1/z_2$
顶锥角	δ_a	$\delta_a = \delta + \theta_a$
根锥角	δ_f	$\delta_f = \delta - \theta_f$
背锥角	δ_v	$\delta_v = 90° - \delta$
齿宽	b	$b \leq R/3$

3. 直齿锥齿轮的规定画法

（1）单个锥齿轮的画法。锥齿轮的主视图作剖视，轮齿按不剖绘制。在左视图中，用粗实线绘制大端和小端的齿顶圆，用细点画线画出大端的分度圆。大、小端齿根圆及小端分度圆均不画出，其他按投影原理绘制，单个锥齿轮的画法如图 7-35 所示。

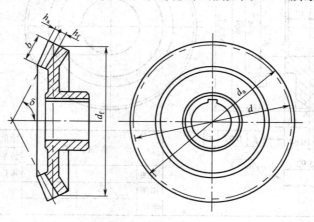

图 7-35　单个锥齿轮的画法

（2）啮合锥齿轮的画法。主视图常采用通过两轴线的剖视图表达，绘制时两齿轮的轴线和分度圆锥线相交于一点。在两齿轮的啮合区内，将一个齿轮的轮齿用粗实线绘制，另一个齿轮上的轮齿被遮住的部分用细虚线绘制或省略不画。在垂直于齿轮轴线的视图中只绘制齿轮外形，其中一个齿轮大端的分度圆与另一个齿轮分度线相切，齿根圆和齿根线省略不画，如图 7-36 所示。

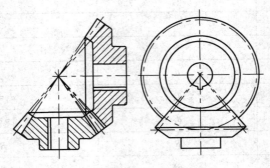

图 7-36　啮合锥齿轮的画法

4. 直齿锥齿轮的工作图

图 7-37 所示为直齿锥齿轮的工作图。

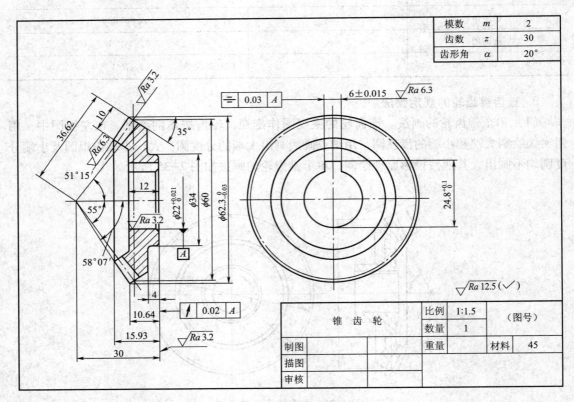

图 7-37　直齿锥齿轮的工作图

■ 任务实施

按图7-29所示步骤，完成直齿圆柱齿轮啮合图形的绘制。

任务三　键连接和销连接的绘制

■ 任务引入

图7-38所示为键连接示意图，完成键连接图形的绘制。

■ 任务目标

1. 掌握键连接和销连接的画法和键、销的规定标记，能正确绘制和识读键连接、销连接图形；

2. 能按键和销的规定查阅其有关标准。

■ 相关知识

一、常用键的画法及标注

键是用来连接轴及轴上零件（如齿轮、带轮等）的标准件，起传递扭矩的作用，如图7-38所示。

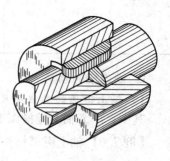

图 7-38　键连接

1. 常用键及其标记

键的种类很多，常用的键有普通型平键、普通型半圆键和钩头型楔键等，如图7-39所示，其中普通型平键应用最广。键的应用已经标准化，其结构形式和尺寸都有了相应的规定。

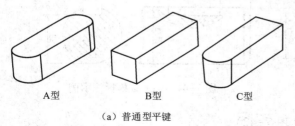

A型　　　B型　　　C型

（a）普通型平键

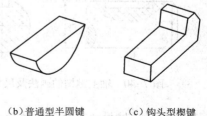

（b）普通型半圆键　　　（c）钩头型楔键

图 7-39　常见的几种键

键的形式和标记示例见表7-6。

表 7-6　键的形式和标记示例

名称	标准号	图例	标记示例说明
普通型平键	GB/T 1096—2003	h c b $R=0.5b$ L	键 16×10×100 GB/T 1096 表示圆头普通型平键 $b = 16$ mm $h = 10$ mm $L = 100$ mm

名称	标准号	图例	标记示例说明
普通型半圆键	GB/T 1099.1—2003		键 6×10×25 GB/T 1099.1 表示普通型半圆键 $b=6$ mm $h=10$ mm $d_1=25$ mm
钩头型楔键	GB/T 1565—2003		键 18×100 GB/T 1565 表示钩头型楔键 $b=18$ mm $h=11$ mm $L=100$ mm

2. 键连接的画法

1）轴上键槽的画法及尺寸标注（见图 7-40）

其中：t_1 为轴上键槽深度；b、t_1、L 可按轴径 d 从标准手册中查出。

【例 7.6】轴上键槽标注示例（见图 7-41）。

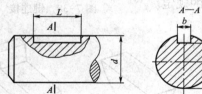 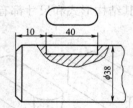 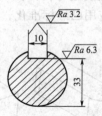

图 7-40　轴上键槽的画法及尺寸标注　　　图 7-41　轴上键槽标注示例

2）轮毂上键槽的画法及尺寸标注（见图 7-42）

图中：t_2 为轮毂上键槽深度；b 为键槽宽度；t_2、b 可按孔径 D 从标准中查出。

【例 7.7】轮毂键槽标注示例（见图 7-43）。

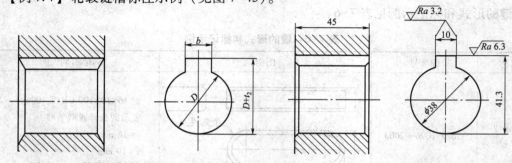

图 7-42　轮毂上键槽的画法及尺寸标注　　　图 7-43　轮毂键槽标注示例

3）键连接的画法

表7-7为键连接的画法。

表7-7　键连接的画法

名称	键连接的画法	说明
普通型　平键	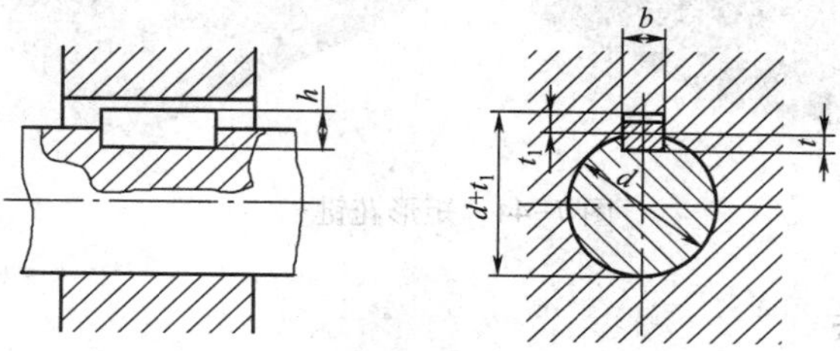	键侧面接触，顶面有一定间隙，键的倒角或圆角可省略不画
普通型　半圆键	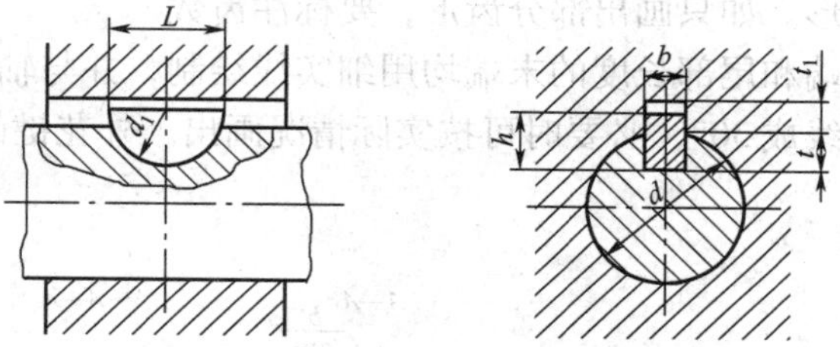	键的侧面接触，顶面有间隙
钩头型　楔键	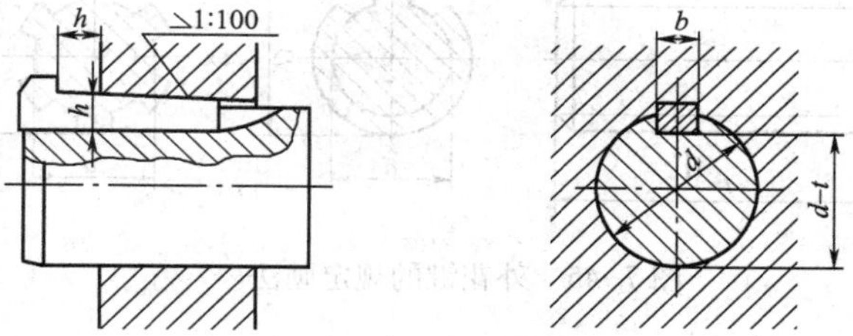	键与槽在顶面、底面、侧面同时接触

在图上为了表示键连接的关系，一般采用局部剖视和断面。当通过轴线作剖视时，被剖切的键按不剖画出，键的倒角、圆角均可省略不画。画普通型平键和普通型半圆键连接图时，键的顶面与轮毂之间应有间隙，要画两条线；因工作面是键的两个侧面，所以键的侧面与轮毂和轴之间、键的底面与轴之间都接触，只画一条线。但钩头型楔键连接时四面接触，所以键的顶面与轮毂之间没有间隙，要画一条线，键的侧面与轮毂和轴之间、键的底面与轴之间也都接触，只画一条线。

二、矩形花键的画法及标注

花键连接又称为多键槽连接，也用于传递扭矩，与键连接相比，其特点是键和键槽的数目较多，轴和键制成一体，用于重载荷、高精度的连接。

花键是一种常用的标准结构要素，其键齿的齿形和尺寸都已经标准化。花键的齿形有矩形、三角形、渐开线形等，其中矩形花键（见图7-44）应用最广。下面只介绍矩形花键的画法和尺寸标注。

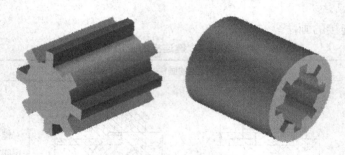

图 7-44 矩形花键

1. 外花键的规定画法

在平行于外花键轴线的投影视图中，大径用粗实线，小径用细实线来绘制，并用剖视图画出一部分齿形或全部齿形。如只画出部分齿形，要标注齿数。

花键工作长度的终止端和尾部长度的末端均用细实线绘制，并与轴线垂直；尾部则画成斜线，其倾斜角一般与轴线成30°，必要时可按实际情况画出。外花键的规定画法如图 7-45 所示。

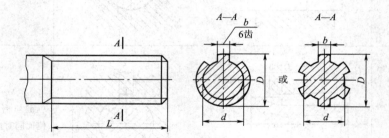

图 7-45 外花键的规定画法

图中：L 为花键的工作长度。

2. 内花键的规定画法

内花键又叫花键孔，在平行于内花键轴线的投影面的剖视图中，大径及小径均用粗实线绘制，并用局部视图画出一部分齿形或全部齿形。内花键的规定画法如图 7-46 所示。

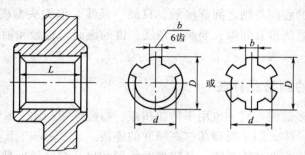

图 7-46 内花键的规定画法

3. 花键连接的规定画法

内、外花键的连接画法，一般用剖视图表示，当剖切平面通过轴线时，外花键按不剖切绘制，其连接部分用外花键的画法。图 7-47 所示为花键连接的规定画法。

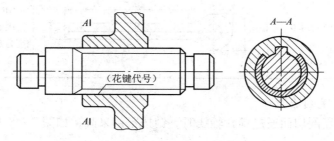

图 7-47　花键连接的规定画法

4. 花键代号及标注

花键的标注有两种方法：① 是在图中分别注出公称大径 D、小径 d、键宽 b 和齿数 z 等（参见图 7-45 和图 7-46）；② 是用引线标注出花键代号（参见图 7-47）。无论哪种标注方法，都要在图上标出花键工作长度。

花键代号形式为 $z×d×D×b$，矩形花键的代号依次由齿数、小径、大径、键宽和标准编号组成。如：

内花键　　6×23H7×26H10×6H11 GB/T 1144—2001

外花键　　6×23f7×26a10×6d11 GB/T 1144—2001

花键副　　6×23H7/f7×26H10/a11×6H11/d10 GB/T 1144—2001

三、销及其连接

1. 常用销及标记

销是标准件，常用的销有圆柱销、圆锥销及开口销。圆柱销和圆锥销用于零件之间的连接和定位，开口销用于螺纹连接的锁紧装置。常用销的型式和标记见表 7-8。

表 7-8　常用销的型式和标记

名称	标准号	图例	标记示例
圆柱销	GB/T 119.1—2000	≈15° C C l d	GB/T 119.1—2000 D8×30 表示直径 d = 8 mm，长度 l = 30 mm 的 D 型圆柱销
圆锥销	GB/T 117—2000	$Ra\ 0.8$ 1:50 d R_1 R_2 a a l	GB/T 117—2000　A6×10 表示直径 d = 6 mm，长度 l = 10 mm 的 A 型圆锥销

名称	标准号	图例	标记示例
开口销	GB/T 91—2000	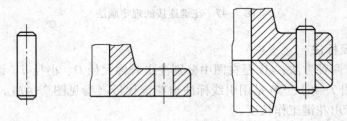	GB/T 91—2000 5×50 表示公称规格为 5 mm，长度为 50 mm 的开口销

2. 销连接的规定画法

在连接图中，当剖切面通过销孔轴线时，销按不剖来画，如图 7-48 和图 7-49 所示。

图 7-48　圆柱销连接画法

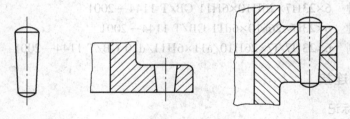

图 7-49　圆锥销连接画法

当剖切面垂直于销的轴线时，销按剖视图来画，如图 7-50 所示。

开口销与槽形螺母配合使用以防止螺母松动，其画法如图 7-51 所示。

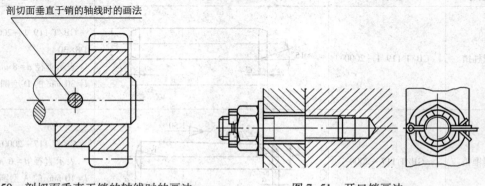

剖切面垂直于销的轴线时的画法

图 7-50　剖切面垂直于销的轴线时的画法　　　　图 7-51　开口销画法

■ **任务实施**

参照表7-7所示普通平键的画法，完成键连接图形的绘制。

任务四　滚动轴承的绘制

■ **任务引入**

图7-52（a）所示为向心轴承示意图，完成向心轴承图形的绘制。

■ **任务目标**

1. 掌握滚动轴承的简化画法和规定标记，能正确绘制和识读滚动轴承图形；

2. 能按滚动轴承的规定查阅其有关标准。

■ **相关知识**

一、滚动轴承的构造和种类

滚动轴承是一种标准部件，其作用是支撑旋转轴及轴上的机件，它具有结构紧凑、摩擦力小等特点，在机械中被广泛地应用。

滚动轴承的规格、型式很多，但都是标准件，可根据使用要求，查阅有关标准选用。

1. 滚动轴承的种类

滚动轴承根据承受载荷的方向可分为三类（见图7-52）。

（1）向心轴承：主要承受径向载荷，如深沟球轴承。

（2）推力轴承：只承受轴向载荷，如推力球轴承。

（3）向心推力轴承：可同时承受径向和轴向载荷，如圆锥滚子轴承。

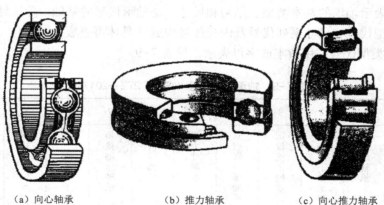

（a）向心轴承　　　　（b）推力轴承　　　　（c）向心推力轴承

图7-52　滚动轴承

2. 滚动轴承的结构

滚动轴承的种类很多，但结构相似，一般由外圈、内圈、滚动体和保持架组成（见图7-53）。

外圈——装在机座孔中，一般固定不动或偶做少许转动。

内圈——套在轴上，随轴一起转动。

滚动体——装在内、外圈之间的滚道中。滚动体有球形、圆柱、锥台、滚针或鼓形等。

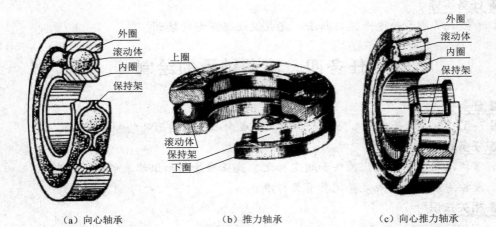

（a）向心轴承　　　　　　（b）推力轴承　　　　　（c）向心推力轴承

图 7-53　滚动轴承的结构

保持架——用以均匀隔开滚动体，故又称隔离圈。

二、滚动轴承的代号

滚动轴承的类型和尺寸很多，为了便于设计、生产和选用，我国在 GB/T 272—1993 中规定，一般用途的滚动轴承代号由基本代号、前置代号和后置代号构成，其排列顺序为：

前置代号　基本代号　后置代号

1. 基本代号

基本代号表示轴承的基本类型、结构和尺寸，是轴承代号的基础。除滚针轴承外，基本代号由轴承类型代号、尺寸系列代号及内径代号构成（具体可查表）。

（1）轴承类型代号：用数字或字母表示，见表 7-9。

表 7-9　轴承类型代号（GB/T 272—2017）

代号	0	1	2	3	4	5	6	7	8	N	U	QJ
轴承代号	双列角接触球轴承	调心球轴承	调心滚子轴承和推力调心滚子轴承	圆锥滚子轴承	双列深沟球轴承	推力球轴承	深沟球轴承	角接触球轴承	推力圆柱滚子轴承	圆柱滚子轴承	外球面球轴承	四点接触球轴承

（2）尺寸系列代号：由轴承的宽（高）度系列代号和直径系列代号组合而成，用两位阿拉伯数字表示。它的主要作用是区别内径相同而宽度和外径不同的轴承，具体代号需查阅相关标准。

（3）内径系列代号：表示轴承的公称内径，一般用两位阿拉伯数字表示：

代号数字为 00、01、02、03 时，分别表示轴承内径 $d=10$、12、15、17 mm；

代号数字为 04~96 时，轴承内径为代号数字乘 5；

轴承公称内径为 1~9、大于或等于 500 及 22、28、32 时，用公称内径的毫米数直接表示，但与尺寸系列之间用"/"隔开。

【例 7.8】

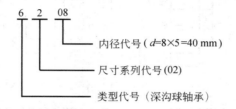

内径代号（$d=8×5=40$ mm）
尺寸系列代号(02)
类型代号（深沟球轴承）

2. 前置、后置代号

前置和后置代号是轴承在结构、形状、尺寸、公差、技术要求等有改变时，在其基本代号前后添加的补充代号。

【例 7.9】

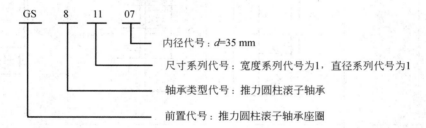

内径代号：$d=35$ mm
尺寸系列代号：宽度系列代号为1，直径系列代号为1
轴承类型代号：推力圆柱滚子轴承
前置代号：推力圆柱滚子轴承座圈

三、滚动轴承的画法

GB/T 4459.7—2017 对滚动轴承的画法作了统一规定，有简化画法和规定画法，简化画法又分为通用画法和特征画法两种。

在装配图中，若不必确切地表示滚动轴承的外形轮廓、载荷特征和结构特征，可采用通用画法来表示。即在轴的两侧用粗实线矩形线框及位于线框中央正立的十字形符号表示，十字形符号不应与线框接触。通用画法如图 7-54 所示。

在装配图中，若要较形象地表示滚动轴承的结构特征，可采用特征画法来表示。在同一张图纸上只能采用一种画法。

在装配图中，若要较详细地表达滚动轴承的主要结构形状，可采用规定画法来表示。此时，轴承的保持架及倒角省略不画，滚动体不画剖面线，各套圈的剖面线方向可画成一致，间隔相同。一般只在轴的一侧用规定画法表达轴承，在轴的另一侧仍

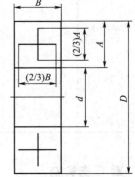

图 7-54　滚动轴承通用画法

然按通用画法表示，滚动轴承的规定画法、特征画法和装配画法见表 7-10。

表 7-10　滚动轴承的规定画法、特征画法和装配画法

名称	查表主要参数	画法		
		规定画法	特征画法	装配画法
深沟球轴承	D d B	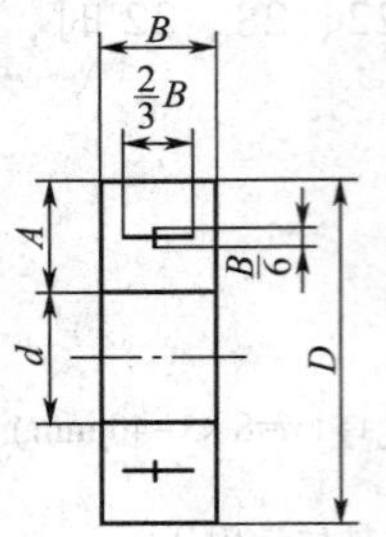	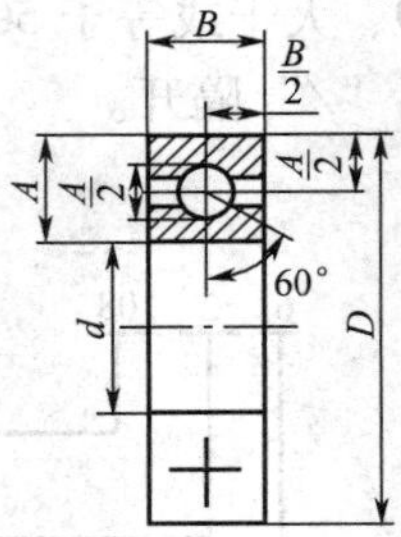	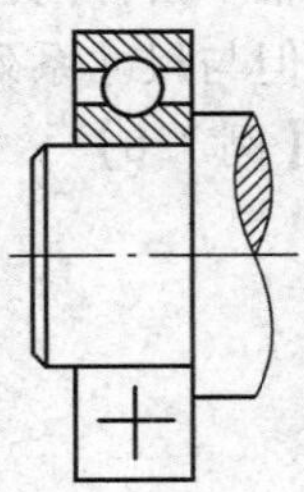
圆锥滚子轴承	D d B T C	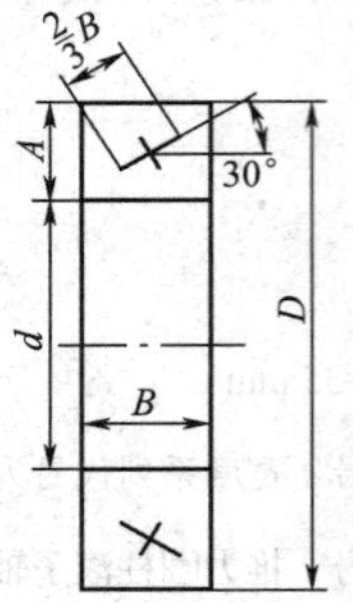	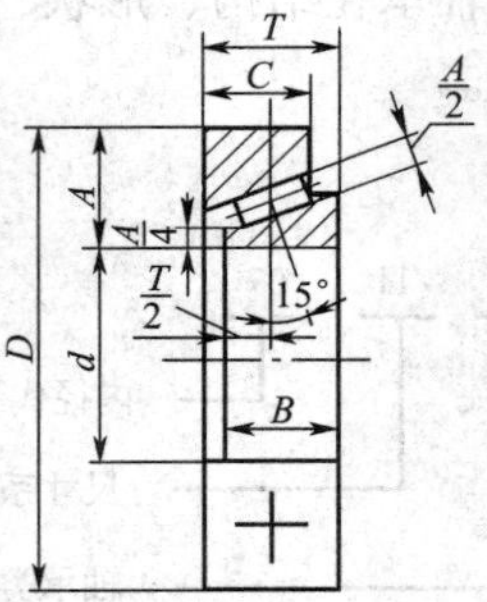	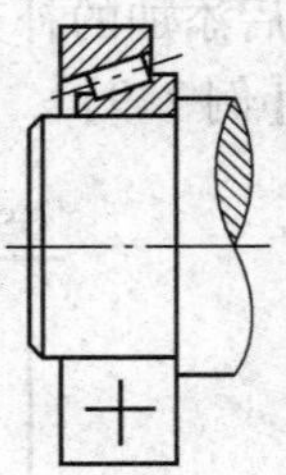
推力球轴承	D d T	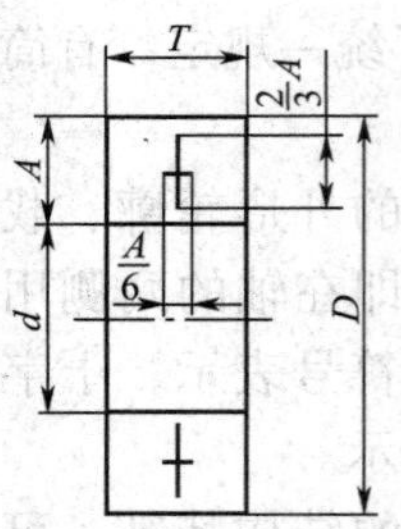	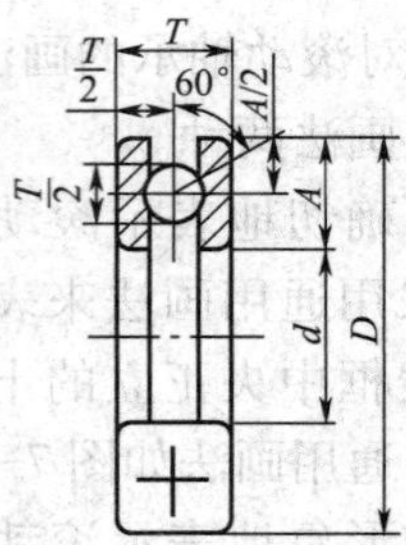	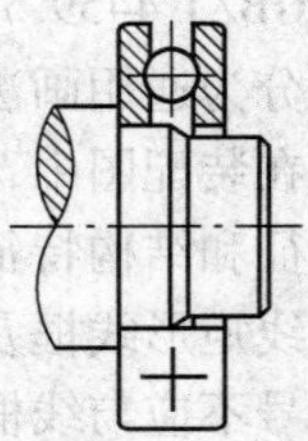

■ **任务实施**

参照表 7-10 所示深沟球轴承的画法，完成向心轴承图形的绘制。

任务五 弹簧的绘制

■ 任务引入

图 7-55（d）所示为压缩弹簧示意图，完成压缩弹簧图形的绘制。

■ 任务目标

1. 掌握弹簧的规定画法，能正确绘制和识读弹簧图形；
2. 能按弹簧的规定查阅其有关标准。

■ 相关知识

弹簧的用途很广，它可以用来减震、夹紧、测力及储能等。弹簧的特点是外力去除后能立即恢复原状。弹簧的种类多，常见的有螺旋弹簧、涡卷弹簧、板弹簧和碟形弹簧等。根据受力情况不同，螺旋弹簧又可分为压缩弹簧、拉伸弹簧和扭转弹簧等，如图 7-55 所示。本节只介绍圆柱螺旋压缩弹簧。

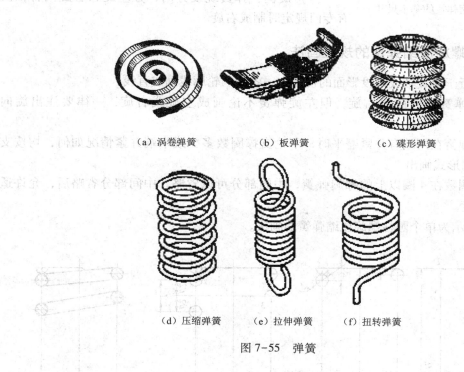

（a）涡卷弹簧　　（b）板弹簧　　（c）碟形弹簧

（d）压缩弹簧　　（e）拉伸弹簧　　（f）扭转弹簧

图 7-55 弹簧

一、圆柱螺旋压缩弹簧的基本尺寸（参见图 7-56）

（1）线径 d：制造弹簧的钢丝直径。

（2）弹簧直径。

弹簧外径 D_2：弹簧的最大直径。

弹簧内径 D_1：弹簧内孔最小直径，$D_1 = D_2 - 2d$。

弹簧中径 D：弹簧的平均直径。

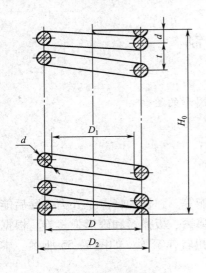

图 7-56 压缩弹簧的基本尺寸

$$D=(D_2+D_1)/2=D_2-d=D_1+d。$$

（3）节距 t：相邻两有效圈对应两点的轴向距离。

（4）有效圈数 n、支撑圈数 n_z 和总圈数 n_1。

为了使压缩弹簧工作时受力均匀，不至于弯曲，在制造时两端节距要逐渐缩小，并将端面磨平，这部分只起支撑作用，叫支撑圈，两端磨平长度一般为 3/4 圈。支撑圈的圈数（n_z）通常取 1.5、2、2.5。压缩弹簧除支撑圈外，其余部分起弹张作用，保证相等的节距，这些圈数称有效圈数 n，支撑圈数和有效圈数之和称总圈数 n_1，$n_1=n+n_z$。

（5）自由高度（长度）H_0：弹簧无负荷时的高度（长度），$H_0=nt+(n_z-0.5)d$。

（6）展开长度 L：制造时弹簧丝的长度，$L≈\pi Dn_1$。

（7）旋向：弹簧绕线方向，分左旋和右旋两种，没有专门规定时制成右旋。

二、圆柱螺旋压缩弹簧的规定画法

（1）在平行于弹簧轴线的投影面的视图中，各圈的轮廓线画成直线。

（2）螺旋弹簧均可画成右旋，但左旋弹簧不论画成左旋或右旋，一律要注出旋向"左"字。

（3）压缩弹簧在两端有并紧磨平时，不论支撑圈数多少或末端并紧情况如何，均按支撑圈数 2.5 圈的形式画出。

（4）有效圈数在 4 圈以上的螺旋弹簧，中间部分可以省略。中间部分省略后，允许适当缩短图形长度。

图 7-57 所示为单个圆柱螺旋压缩弹簧的画法。

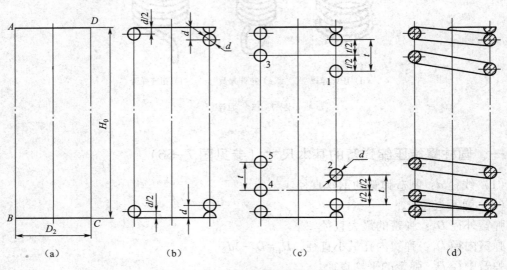

(a)   (b)   (c)   (d)

图 7-57　单个圆柱螺旋压缩弹簧的画法

三、弹簧的零件图

圆柱螺旋压缩弹簧的零件图如图 7-58 所示。

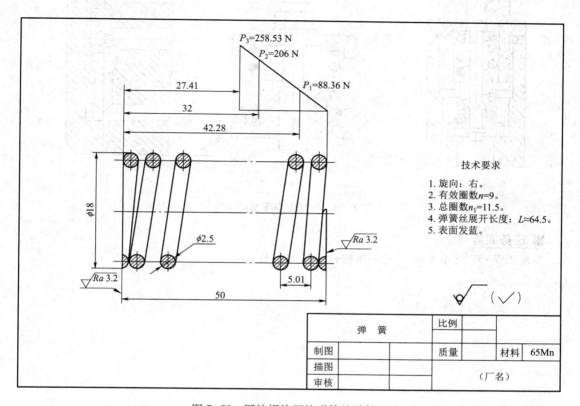

技术要求

1. 旋向：右。
2. 有效圈数 $n=9$。
3. 总圈数 $n_1=11.5$。
4. 弹簧丝展开长度：$L \approx 64.5$。
5. 表面发蓝。

弹 簧		比例		
制图		质量	材料	65Mn
描图			（厂名）	
审核				

图 7-58 圆柱螺旋压缩弹簧的零件图

弹簧的参数应直接标注在图形上，当直接标注有困难时，可在"技术要求"中说明。

一般用图解方式表示弹簧的力学性能。圆柱螺旋压缩弹簧的力学性能曲线均画成直线。该直线用粗实线绘制，并表示在主视图的上方。

当某些弹簧只需给定刚度要求时，允许不画力学性能图，而在"技术要求"中说明刚度要求。

四、装配图中弹簧的画法

（1）弹簧被挡住的结构一般不画，可见部分应从弹簧的外廓线或从弹簧钢丝剖面的中心线画起，如图 7-59（a）所示。

（2）当簧丝直径小于或等于 2 mm 时，允许采用示意画法，如图 7-59（b）所示。

（3）螺旋弹簧被剖切时，允许只画簧丝剖面。当簧丝直径小于或等于 2 mm 时，其剖面可涂黑表示，如图 7-59（c）所示。

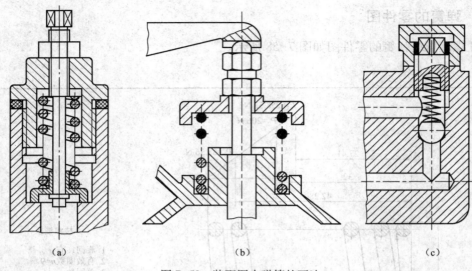

（a）　　　　　　　（b）　　　　　　　（c）

图 7-59　装配图中弹簧的画法

■ 任务实施

参照图 7-57 所示步骤，完成压缩弹簧图形的绘制。

项目八

零件图的绘制与识读

【项目引入】

零件是组成机器或部件的基本单位，每一台机器或部件都是由许多零件按一定的装配关系和技术要求装配起来的。制造机器时，先按零件图生产出全部零件，再按装配图将零件装配成部件或机器。所以，零件图是生产中的重要技术文件。

【项目分析】

本项目主要学习：

零件图的内容；零件图的视图表达方案；零件上常见的工艺结构；零件图的尺寸标注；零件图的技术要求；阅读零件图的一般步骤；零件测绘；AutoCAD 绘制零件图。

■ 知识目标

1. 掌握零件图的概念、作用、内容；
2. 掌握典型零件的视图表达方案；
3. 掌握零件图的尺寸标注、极限偏差、形位公差；
4. 掌握零件表面粗糙度的标注方法；
5. 掌握零件图上常见工艺结构的绘制和标注方法；
6. 掌握识读零件图的一般方法和步骤；
7. 掌握应用 AutoCAD 软件零件图的方法和步骤。

■ 能力目标

1. 能正确绘制和识读典型零件的零件图；
2. 能应用 AutoCAD 软件正确绘制典型零件的零件图。

任务一　零件表达方案的选择

■ 任务引入

参见图 8-5 所示的蜗轮蜗杆减速器箱体示意图，确定它的表达方案。

■ 任务目标

掌握零件图的概念、作用、内容，能确定典型零件的视图表达方案。

■ 相关知识

一、零件图的内容

零件图是表示零件结构、大小及技术要求的图样。在生产中，零件图是指导零件加工制造、检验的技术文件，表达了零件的形状结构、尺寸及技术要求，是加工、制造零件的依据。图 8-1 所示是一柱塞套零件图。

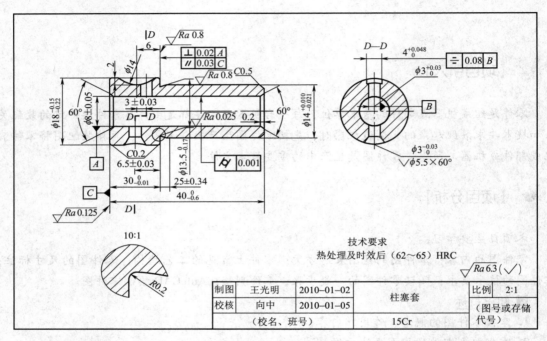

图 8-1　柱塞套零件图

零件图的内容包括以下几部分。

1. 一组视图

在零件图中要用一组视图来完整、清晰地表达零件的结构和形状，应根据零件的结构特点选择适当的剖视、断面、局部放大图等表示方法，用最简明的方案将零件的形状、结构表达出来。

2. 完整的尺寸

零件图上的尺寸不仅要标注得完整、清晰，而且还要注得合理，能够满足设计意图，适宜于加工制造，便于检验。

3. 技术要求

用一些规定的符号和文字，简明地给出零件在制造、检验和使用时应达到的技术要求。通常零件图上的技术要求包括表面粗糙度、尺寸极限与配合、表面形状公差和位置公差、表面处理、热处理及检验等要求，零件制造后要满足这些要求才能算是合格产品。这些要求的制定不能太高，否则要增加制造成本；也不能太低，以至于影响产品的使用性能和寿命。要在满足产品对零件性能要求的前提下，既经济又合理。

4. 标题栏

用标题栏填写零件的名称、材料、图样的比例、制图人与校核人的姓名和日期等。填写标题栏时，应注意以下几点。

（1）零件名称。标题栏中的零件名称要精练，如"轴""齿轮""泵盖"等，不必体现零件在机器中的具体作用。

（2）图样代号。图样代号可按隶属编号和分类编号进行编制。机械图样一般采用隶属编号。图样编号要有利于图纸的检索。

（3）零件材料。零件材料要用规定的牌号表示，不得用自编的文字或代号表示。

二、零件图的视图表达方案

（一）一般零件图的视图表达方案

为了将零件的内、外结构和形状正确、完整、清晰地表达出来，又能使绘图简单、读图方便，需要合理地选择表达方案。合理选择表达方案应做到认真考虑主视图的选择及其他视图数量、画法的选择。

1. 主视图的选择

主视图是表达零件内、外结构和形状的最主要视图。主视图选择是否正确，不仅关系到零件结构形状表达得清晰与否，而且关系到其他视图数量和位置的确定，影响到看图和画图是否方便。因此主视图的选择应从便于看图和生产这一基本要求出发，主要考虑以下几方面。

（1）形状特征最明显。主视图要能将组成零件的各形体之间的相互位置和主要形体的形状、结构表达得最清楚。

（2）以加工位置为主视图。为了方便加工制造者看图，按照零件在主要加工工序中的装夹位置选取主视图。

（3）以工作位置选取主视图。工作位置是指零件装配在机器或部件中工作时的位置。按工作位置选取主视图，容易想象零件在机器或部件中的作用。

2. 其他视图的选择

在确定主视图后，还应选择哪些视图，应根据零件的复杂程度和内外结构、形状而定。每一个视图都应有其表达的重点。但要注意视图的数量不应过多，避免烦琐重复，导致主次不分。另外，优先考虑用基本视图和在基本视图上作剖视图。采用局部视图时，要尽可能按照投影关系配置并与相关视图靠近。同时也应考虑视图布置，合理地运用图幅。

总之，在实际应用过程中，要具有灵活性，力争使所选的表达方案合理、清晰、完整，达到看图易懂，画图简单，且有利于技术要求的标注等效果。

（二）典型零件的表达方案

根据零件的结构形状，可将零件分为4类，即轴套类零件、盘盖类零件、叉架类零件和箱体类零件。每一类零件应根据自身的结构特点来确定它的表达方案。

1. 轴套类零件

轴套类零件结构的主体部分大多是同轴回转体，它们一般起支撑转动零件、传递动力的作用，因此，常带有键槽、轴肩、螺纹及退刀槽或砂轮越程槽等结构。

这类零件主要在车床或磨床上加工，所以，主视图按加工位置选择。画图时，将零件的轴线水平放置，便于加工时读图看尺寸。因为轴套类零件一般是实心的，所以主视图多采用不剖或局部剖视图，对轴上的沟槽、孔洞可采用移出断面或局部放大图，如图8-2所示。

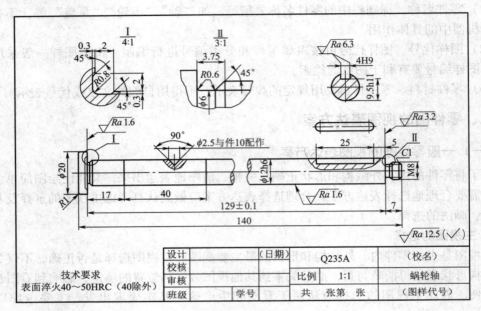

图 8-2　轴套类零件

2. 盘盖类零件

盘盖类零件的主体结构是同轴线的回转体或其他平板形。盘盖类零件主要是在车床上加工，选择主视图时，应按加工位置将轴线水平放置。因为盘盖类零件一般都是空心的，所以主视图多采用剖视图表达内部结构及相对位置，如图8-3所示。盘盖类零件常带有各种形状的凸缘、均布的圆孔和肋等结构，除主视图以外，需要增加其他基本视图，如俯视图、左视图或右视图等来表达。

3. 叉架类零件

图8-4所示为叉架类零件，这类零件结构形状一般比较复杂，很不规则。叉架类零件由于加工位置多变，在选择主视图时，主要考虑形状特征或工作位置。除主视图外，采用俯视图表达安装板、肋和轴承孔的宽度，以及它们的相对位置，用 A 向局部视图表达安装板左侧的形状，用移出断面表达肋的断面形状。

4. 箱体类零件

箱体类零件主要用来支撑、包容和保护运动零件或其他零件，其内部有空腔、孔等结构，形状比较复杂。要有基本视图，并适当配以剖视、断面图等表达方法才能完整、清晰地表达它们的内外结构形状。

箱体类零件加工位置多变，选择主视图时，主要考虑形状特征或工作位置。图8-5所示为蜗轮蜗杆减速器箱体，其零件图如图8-6所示，主视图采用工作位置，且采用全剖视

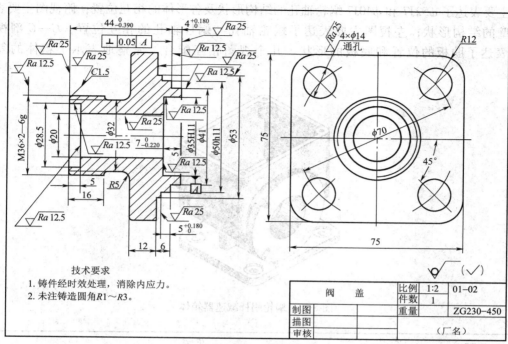

技术要求
1. 铸件经时效处理，消除内应力。
2. 未注铸造圆角R1～R3。

阀 盖		比例	1:2	01-02
		件数	1	
制图		重量		ZG230-450
描图				
审核			（厂名）	

图 8-3 盘盖类零件

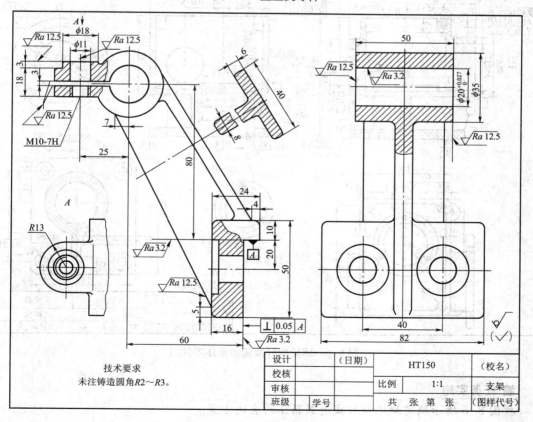

技术要求
未注铸造圆角R2～R3。

设计		（日期）	HT150	（校名）
校核				
审核		比例	1:1	支架
班级	学号	共 张 第 张		（图样代号）

图 8-4 叉架类零件

图，主要表达了 φ52J7 和 φ40J7 蜗轮轴孔的结构形状及各形体的相互位置；俯视图主要表达了箱壁的结构形状；左视图主要表达了蜗轮轴孔与蜗杆轴孔的相互位置；*C—C* 剖视图主要表达了肋板的位置和底板的形状。几个视图相互配合，完整地表示了箱体的复杂结构。

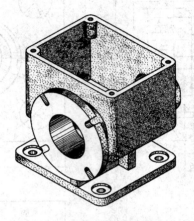

图 8-5　蜗轮蜗杆减速器箱体

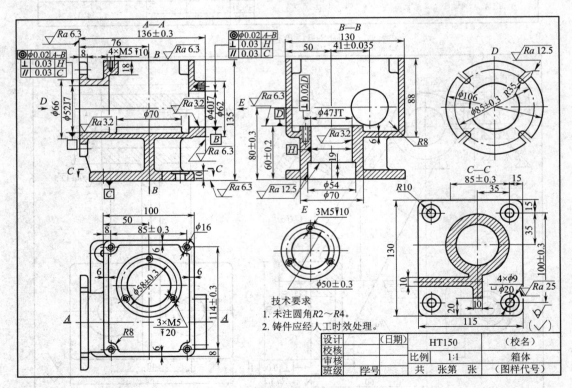

图 8-6　蜗轮蜗杆减速器箱体零件图

■ **任务实施**

按图 8-6 所示确定蜗轮蜗杆减速器箱体的表达方案。

任务二　零件图的尺寸标注

■ 任务引入
参见图 8-6，完成蜗轮蜗杆减速器箱体零件图的尺寸标注。

■ 任务目标
掌握零件图尺寸标注的方法、步骤及注意事项，能正确进行零件图的尺寸标注。

■ 相关知识
零件图的尺寸标注是零件图的主要内容之一，是零件加工制造的主要依据。在前面的章节里已较详细地介绍了标注尺寸必须满足正确、完整、清晰的要求。除了这三方面要求外，在零件图中标注尺寸，还需满足较为合理的要求。所谓尺寸标注合理，是指所标注的尺寸既要满足设计要求，又要满足加工、测量和检验等制造工艺要求。为了能做到尺寸标注合理，必须对零件进行结构分析、形体分析和工艺分析，据此确定尺寸基准，选择合理的标注形式，结合零件的具体情况标注尺寸。

一、尺寸基准的选择

零件在设计、制造和检验时，确定尺寸位置的几何元素称尺寸基准。尺寸基准通常可分为设计基准和工艺基准两类。

1. 设计基准
设计基准是根据零件在机器中的作用和结构特点，为保证零件的设计要求而选定的一些基准。从设计基准出发标注尺寸，可以直接反映设计要求，能体现零件在部件中的功能。它一般是用来确定零件在机器中准确位置的接触面、对称面、回转面的轴线等。

2. 工艺基准
工艺基准是在加工或测量时，确定零件相对机床、工装或量具位置的面、线或点。从工艺基准出发标注尺寸，可直接反映工艺要求，便于操作和保证加工及测量质量。

图 8-7 所示为齿轮轴在箱体中的安装情况，确定轴向位置依据的是端面 A，确定径向位置依据的是轴线 B，所以设计基准是端面 A 和轴线 B。在加工齿轮轴时，大部分工序是采用中心孔定位，中心孔所体现的直线与机床主轴回转轴线重合，也是圆柱面的轴线，所以，轴线 B 又为工艺基准。

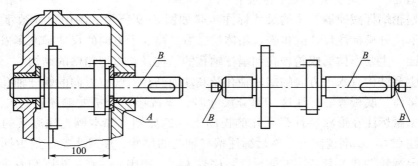

图 8-7　设计基准与工艺基准

零件在长、宽、高 3 个方向上各有一个至几个尺寸基准。一般在 3 个方向上各选一个设计基准作为主要尺寸基准，其余的尺寸基准是辅助尺寸基准。如图 8-8 所示，沿长度方向上，端面Ⅰ为主要基准，端面Ⅱ、Ⅲ为辅助基准。辅助基准与主要基准之间应有尺寸联系，以确定辅助基准的位置，如尺寸 12、112。

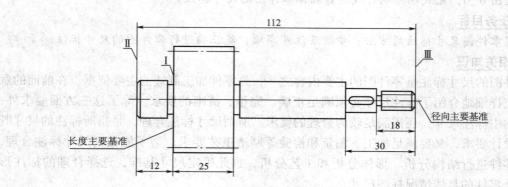

图 8-8 主要基准和辅助基准

从设计基准出发标注尺寸，能保证设计要求；从工艺基准出发标注尺寸，则便于加工和测量。因此，最好使工艺基准和设计基准重合。工艺基准和设计基准重合，这一原则称为"基准重合原则"。当工艺基准与设计基准不重合时，主要基准要与设计基准重合。

可作为设计基准或工艺基准的点、线、面主要有：对称平面、主要加工面、安装底面、端面、孔轴的轴线等。这些平面、轴线常常是标注尺寸的基准。

二、尺寸标注步骤

当零件结构比较复杂，形体比较多时，完整、清晰、合理地标注出全部尺寸是一件非常复杂的工作，只有遵从合理科学的方法和步骤，才能将尺寸标注得符合要求。标注复杂零件的尺寸通常按下述步骤进行。

（1）分析尺寸基准，注出主要形体的定位尺寸。

（2）形体分析，注出主要形体的定形及定位尺寸。

（3）形体分析，标注次要形体结构的定形及定位尺寸。

（4）整理加工，完成全部尺寸的标注。

例如，蜗轮蜗杆减速器箱体的尺寸标注步骤如图 8-9 所示。图中尺寸数字附近圆圈中数字表示按形体分析标注尺寸的步骤。箱体长、宽、高 3 个方向的尺寸基准多采用平面、轴线和对称平面。主要形体为蜗轮轴孔和蜗杆轴孔的结构及长方形箱壁的结构。

箱体的主要结构有水平方向的蜗轮轴孔及其端面凸台；竖直方向的蜗杆轴孔及其端面凸台、长方形箱体、底板等。标注这几部分尺寸时，要按形体分析的顺序进行，遵守"同一个形体尺寸尽量标注在形状特征最明显的视图上"的原则。如本例先注底板的尺寸，序号为①集中标注在 C—C 剖视图上。然后标注蜗杆轴孔的尺寸，序号为②，集中标注在左视图上。接着注出蜗轮轴孔及其端面上的尺寸，序号为③，集中标注在主视图和 D 向、E 向局部视图上。再标注长方形箱体的结构尺寸，序号为④，集中标注在俯视图上。标注每一部分尺

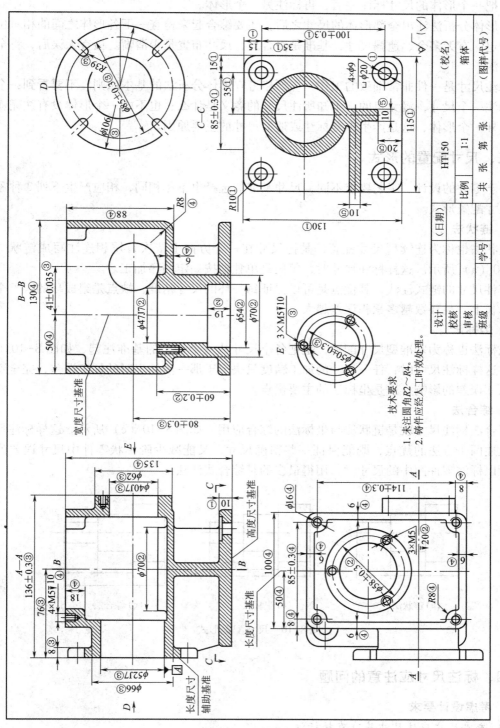

图8-9 蜗轮蜗杆减速器箱体尺寸标注步骤

技术要求
1. 未注圆角R2~R4。
2. 铸件应经人工时效处理。

寸时，先标注定形尺寸，再参考尺寸基准标出各部分的主要形体长、宽、高 3 个方向的定位尺寸，把一个形体的尺寸标注完后，再标注另一个形体。

按形体分析法注出全部形体的尺寸之后，还要综合起来检查一下各形体之间的相对位置是否确定，有无多余、遗漏尺寸，基准是否合理，尺寸布置是否清晰。检查无误后，将全部尺寸加深。

标注尺寸是一件非常细致的工作，应严格遵守形体分析法的基本原则。不要看到一个尺寸就标注一个尺寸，漫无目的，不知所注尺寸的意义是什么；也不能一个形体没有注完就去标注另外一个形体，这是产生重复标注或遗漏尺寸的主要原因。

三、尺寸配置的形式

由于零件的设计、工艺要求不同，尺寸基准的选择也不尽相同，相应产生下列 3 种零件图的尺寸配置形式。

1. 链状法

链状法也称为连续型尺寸配置，是把尺寸在一个方向上依次首尾相连注写成链状，如图 8-10 (a) 所示。这样标注尺寸时，每段是单独地按一定顺序加工。

零件尺寸的链式注法，其优点是可以保证每一环的尺寸精度，缺点是组成环的误差全累积在总长上，且环数越多累积误差越大。

2. 坐标法

坐标法也称为基准型尺寸配置，是把各个尺寸从一个选定的基准注起，如图 8-10 (b) 所示。这样标注尺寸时，任一尺寸的加工精度只决定于那一段加工时的加工误差，完全不受其他尺寸误差的影响，这是坐标法的主要优点。

3. 综合法

综合法标注尺寸就是链状法与坐标法的综合应用，如图 8-10 (c) 所示。这样标注尺寸具有上述两个方法的优点，既能保证一些精确尺寸，又能减少阶梯状零件中尺寸误差的积累。所以标注零件图中的尺寸时，用得最多的是综合式注法。

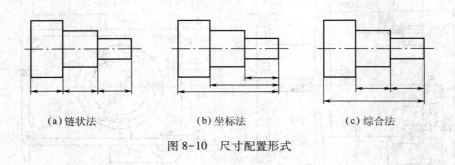

(a) 链状法　　　　　　(b) 坐标法　　　　　　(c) 综合法

图 8-10　尺寸配置形式

四、标注尺寸应注意的问题

1. 考虑设计要求

1) 主要尺寸应从尺寸基准直接标注

零件图中的尺寸，根据其重要性，可以分为主要尺寸和一般尺寸。主要尺寸是指直接影响产品性能、工作精度和互换性的尺寸，这类尺寸的加工要求一般都比较严格。有关零件的规格性能尺寸、重要孔的中心距、有尺寸配合要求的尺寸、决定该零件在机器中的装配位置尺寸等，都属于主要尺寸。这类尺寸在零件设计时，就一定要选择好尺寸基准，直接标注出来。如图 8-11 所示的轴承座孔的标注。由于安装时，轴承座孔的中心高应以底面为基准，所以应该按图 8-11（a）所示，直接标注尺寸 b，而不是图 8-11（b）所示的标注尺寸 d。

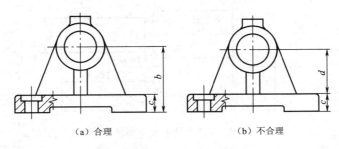

（a）合理　　　　　　　　　（b）不合理

图 8-11　轴承座孔的标注（主要尺寸应直接标注）

2）避免标成封闭尺寸链

在标注尺寸时，应避免注成封闭的尺寸链。图中按一定顺序依次连接起来排成的尺寸标注形式称为尺寸链。组成尺寸链的每一个尺寸称为尺寸链的环。每一个尺寸链中，总有一个尺寸是其他尺寸加工完后自然得到的，这个尺寸称为封闭环。该尺寸链中的其他尺寸则称为组成环。如果尺寸链中所有环注上尺寸而成了封闭形式，如图 8-12（a）所示，则该尺寸链就是封闭尺寸链。通常将尺寸链中最不重要的那个尺寸作为封闭环不予标注，如图 8-12（b）所示，使该尺寸链中其他尺寸的制造误差都集中到这个封闭环上，从而保证主要尺寸的精度。有时为了设计或加工的需要，也可注成封闭形式，但封闭环的尺寸数字外应加括号，作为绘图、加工时参考，又称参考尺寸。

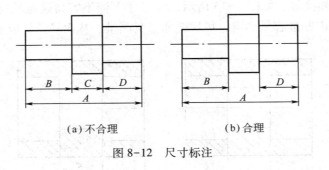

（a）不合理　　　　　　　　　（b）合理

图 8-12　尺寸标注

2. 考虑工艺要求标注一般尺寸

零件上的非主要尺寸对产品性能和工作精度一般影响不大，也不影响零件之间的配合性质。这类尺寸的标注可用结构分析和形体分析的方法对其进行分析，并在分析的基础上，逐一注出每一结构的定位与定形尺寸。在标注这类尺寸时，可根据实际情况从辅助基准标出，并尽量使标注的尺寸符合零件的加工顺序和方便尺寸的测量。

1）尺寸标注应尽量符合加工顺序

为了方便工人加工制造，一般尺寸标注时尽可能地按加工顺序标注。这样当工人根据图样制造零件时，可以对照图纸顺序地进行加工，从而减少出错的可能。如图 8-13 所示，在车床上一次装夹加工阶梯轴时，长度方向的尺寸标注就是按加工工序进行的，其加工顺序如图 8-14 所示。

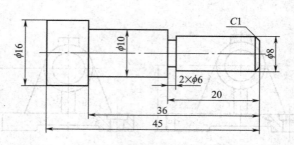

图 8-13 轴的尺寸注法

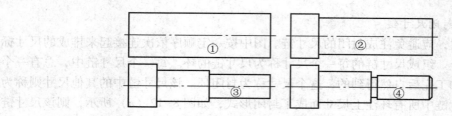

图 8-14 轴的加工顺序

2）方便测量

非主要尺寸的标注应便于测量，即所注的尺寸可以从图样上直接读取，并能直接在零件上进行测量，而无须换算。如图 8-15 所示，注尺寸 F 因不容易确定测量基准，所以不易测量，而注尺寸 E 则因基准容易确定，可用普通量具测量，从而降低了成本。

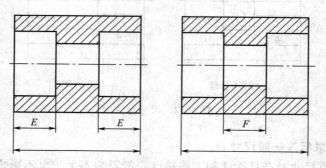

图 8-15 按测量要求标注尺寸

3. 毛坯面的尺寸标注

毛坯面之间的尺寸一般应单独标注，因为这种尺寸是靠制造毛坯时保证的，一般只能有一个毛坯面与加工面有联系，而其他毛坯面则要以该毛坯面为基准标注。不能一个加工面联系多个毛坯面或多个加工面联系一个毛坯面，如图 8-16 所示。

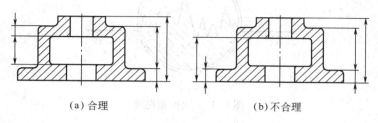

(a) 合理   (b) 不合理

图 8-16　毛坯面的尺寸标注

■ **任务实施**

参照图 8-9，完成蜗轮蜗杆减速器箱体零件图的尺寸标注。

任务三　零件图技术要求的注写

■ **任务引入**

参见图 8-6，完成蜗轮蜗杆减速器箱体零件图技术要求的注写。

■ **任务目标**

理解零件表面粗糙度及零件极限偏差、形位公差的概念，掌握零件表面粗糙度及零件极限偏差、形位公差的标注方法，能正确进行零件图技术要求的注写和识读。

■ **相关知识**

一、技术要求的内容

一张完整的零件图除了具有视图及尺寸标注外，还应有制造该零件时应达到的质量标准，通常称为技术要求。在零件图样上，注写的技术要求一般包括以下内容：零件各个表面的粗糙度；尺寸公差、形状和位置公差；零件的材料及要求；热处理要求的表面修饰要求；关于特殊加工和检查试验的说明。

技术要求涉及的内容很广，其注写形式也各不相同。对于表面粗糙度、公差与配合、表面形状与位置公差等内容，应按国家标准规定的代号与符号直接注写在图样的视图中；材料的标号应注写在标题栏内；其他一些技术要求，如热处理、表面处理、验收标准、试验、修饰等，一般应用简明确切的术语、符号或语句，以工整的字体，整齐地分项书写在图样下方的空白处。

二、表面粗糙度

1. 表面粗糙度的概念

在零件加工时，由于切削变形和机床振动等因素的影响，使零件的实际加工表面存在微观的高低不平，这种微观的高低不平程度称为表面粗糙度，如图 8-17 所示。

2. 表面粗糙度的评定参数

国家标准规定评定粗糙度轮廓中的两个高度参数 Rz 和 Ra，是我国机械图样中最常用的

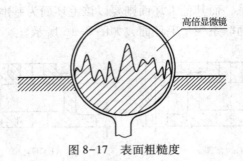

图 8-17　表面粗糙度

评定参数。

轮廓最大高度 Rz 的定义为：在同一取样长度内，最大轮廓峰高和最大轮廓谷深之和，如图 8-18 所示。

轮廓算术平均偏差 Ra 的定义为：在取样长度 L 内，轮廓偏距 Y 绝对值的算术平均值，其几何意义如图 8-18 所示。

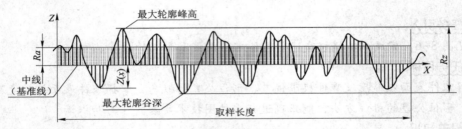

图 8-18　轮廓算术平均偏差 Ra

Ra 按下列公式算出

$$Ra = \frac{1}{L} \int_0^L |Y(x)| \, \mathrm{d}x$$

近似值为

$$Ra = \frac{1}{n} \sum_{i=1}^{n} |Y_i|$$

表面粗糙度对零件的配合性质、疲劳强度、耐磨性、抗腐蚀性及密封性等有直接影响。此外，表面粗糙度对零件的检测要求和外形的美观也会产生一定的影响。因此，零件的表面粗糙度是评定零件表面质量的一项重要技术指标。零件表面粗糙度要求越高（表面粗糙度参数越小），则加工成本越高。所以，应根据零件表面的功能需要，合理选用表面粗糙度数值。表 8-1 为轮廓算术平均偏差 Ra 值的优先选用系列。

表 8-1　轮廓算术平均偏差 Ra 值的优先选用系列 μm

0.012	0.025	0.05	0.10	0.20	0.40	0.80
1.6	3.2	6.3	12.5	25	50	100

3. 表面粗糙度的代号

GB/T 131—2006 规定，表面粗糙度的代号是由规定的符号和有关参数值组成，零件表面粗糙度符号的画法及意义见表 8-2。

表 8-2　表面粗糙度符号的画法及意义

符　号	意　义
符号为细实线 h=字体高度 1.4h　60°　60°　3h	未指定工艺方法的表面，当通过一个注释解释时可单独使用
∨	用去除材料的方法获得的表面，仅当其含义是"被加工表面"时可单独使用
∨	用不去除材料的方法获得的表面，也可用于表示保持上道工序形成的表面，不管这种状况是通过去除或不去除材料形成的
∨　∨　∨	在以上各种图形符号的长边加一横线，以便注写对表面结构的各种要求

在表面粗糙度符号的基础上，标上其他表面特征（如表面粗糙度参数值、取样长度、表面加工纹理及加工方法等）要求就组成了表面结构要求。

4. 表面结构要求在图样上的标注方法

（1）同一零件图中，每个表面一般应标注一次表面粗糙度代（符）号，零件上连续表面及重复要素（槽、齿等）表面的表面粗糙度代（符）号只标注一次。

（2）表面结构的注写和读取方向与尺寸的注写和读取方向一致，如图 8-19 所示。

（3）粗糙度代（符）号一般应标注在可见轮廓线上，如图 8-19 和图 8-20 所示。必要时，也可用带箭头或黑点的指引线引出标注，如图 8-21 所示。

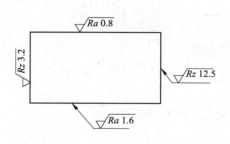

图 8-19　表面特征要求的注写

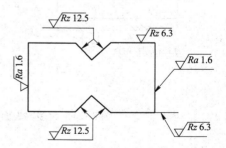

图 8-20　表面结构要求在轮廓线上的标注

（4）在不致引起误解时，表面结构要求可以标注在给定的尺寸线上，如图 8-22 所示。

（5）表面结构要求可以直接标注在延长线上，或用带箭头的指引线引出标注，如图 8-23 所示。

（6）有相同表面结构要求的简化注法，其表面结构要求可统一标注在图样的标题栏附近。

① 在圆括号内给出无任何其他标注的基本符号，如图 8-24（a）所示。

② 在圆括号内给出不同的表面结构要求，如图 8-24（b）所示。

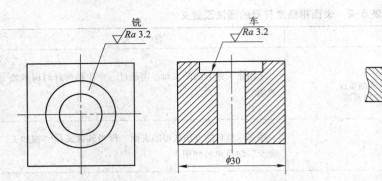

图 8-21　用指引线引出标注表面结构要求

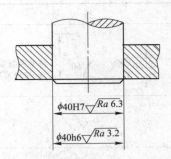

图 8-22　表面结构要求标注在尺寸线上

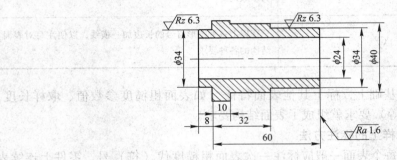

图 8-23　表面结构要求标注在延长线上

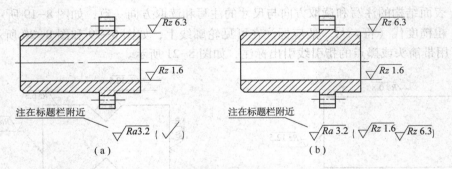

（a）　　　　　　　　　　　　　　　（b）

图 8-24　大多数表面有相同表面结构要求的简化注法

5. 表面粗糙度的选择

选择表面粗糙度时，既要考虑零件表面的功能要求，又要考虑经济性，还要考虑现有的加工设备。一般应遵从以下原则。

（1）同一零件上，工作表面比非工作表面的参数值要小。

（2）摩擦表面要比非摩擦表面的参数值小。有相对运动的工作表面，运动速度越高，其参数值越小。

（3）配合精度越高，参数值越小。间隙配合比过盈配合的参数值小。

（4）配合性质相同时，零件尺寸越小，参数值越小。

（5）要求密封、耐腐蚀或具有装饰性的表面，参数值要小。

三、极限与配合

1. 互换性与公差的概念

1）互换性

在成批或大量生产中，一批零件在装配前不经过挑选，在装配过程中不经过修配，在装配后即可满足设计和使用性能要求。零件的这种在尺寸与功能上可以互相代替的性质称为互换性。极限与配合是保证零件具有互换性的重要标准。

2）基本术语

现以图 8-25 为例，说明极限与配合的基本术语。

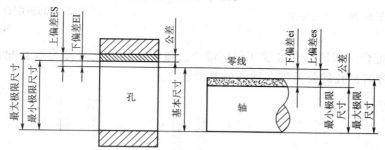

图 8-25　基本术语解释图

（1）基本尺寸：设计时给定的尺寸。

（2）极限尺寸：允许尺寸变化的极限值。加工尺寸的最大允许值称为最大极限尺寸，最小允许值称为最小极限尺寸。

（3）尺寸偏差：有上偏差和下偏差之分。最大极限尺寸与基本尺寸的代数差称为上偏差，最小极限尺寸与基本尺寸的代数差称为下偏差。孔的上偏差用 ES 表示，下偏差用 EI 表示。轴的上偏差用 es 表示，下偏差用 ei 表示。尺寸偏差可为正、负或零值。

（4）尺寸公差（简称公差）：允许尺寸的变动量。尺寸公差等于最大极限尺寸减去最小极限尺寸，或上偏差减去下偏差。公差总是大于零的正数。

（5）公差带：在公差带图解中，用零线表示基本尺寸，上方为正，下方为负，公差带是指由代表上、下偏差的两条直线限定的区域，如图 8-26 所示，图中的矩形上边代表上偏差，下边代表下偏差，矩形的长度无实际意义，高度代表公差。

（6）零线：确定偏差的基准线。它所指的尺寸为基本尺寸，是极限偏差的起始线。零线上方代表正偏差，零线下方代表负偏差。画图时一定要标注相应的符号，用"+"代表零线的上方，用"0"代表零线，用"−"代表零线的下方。图 8-26 所示的零线代表尺寸 $\phi50$。

2. 配合

配合是指基本尺寸相同的、相互结合的孔和轴公差带之间的关系。孔的尺寸与所配合的轴的尺寸之差为正时，此差值称为间隙；孔的尺寸与所配合的轴的尺寸之差为负时，此差值称为过盈。根据使用要求不同，国标规定配合分 3 类，即间隙配合、过盈配合和过渡配合。由于配合是指一系列孔、轴的装配关系，因此用公差带关系来反映配合比较确切。

（1）间隙配合。保证具有间隙（包括最小间隙为零）的配合称为间隙配合，如图 8-27

所示。间隙配合时，孔的公差带在轴的公差带之上。

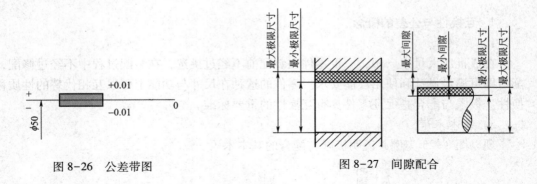

图 8-26　公差带图　　　　　　　　　　　　图 8-27　间隙配合

（2）过盈配合。保证具有过盈（包括最小过盈为零）的配合称为过盈配合，如图 8-28 所示。过盈配合时，孔的公差带在轴的公差带之下。

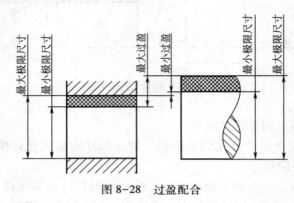

图 8-28　过盈配合

（3）过渡配合。孔与轴配合时，孔的公差带与轴的公差带相互交叠，可能具有间隙或过盈的配合，如图 8-29 所示。

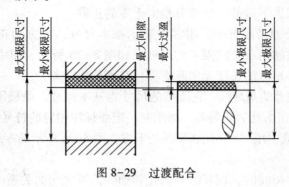

图 8-29　过渡配合

3. 标准公差与基本偏差

国标规定，公差带是由标准公差和基本偏差组成，标准公差确定公差带的高度，基本偏差确定公差带相对零线的位置。在机械制造业中常用的尺寸大多小于 500 mm，所以，在标准公差和基本偏差中仅介绍小于或等于 500 mm 的尺寸段的公差。

　　标准公差是由国家标准规定的公差值。其大小由两个因素决定，一个是公差等级，另一个是基本尺寸。国家标准将公差划分为 20 个等级，分别为 IT01，IT0，IT1，IT2，…，IT18。标准公差反映了尺寸的精确程度，其中 IT01 精度最高，IT18 精度最低。基本尺寸相同时，公差等级越高（数值越小），标准公差越小；公差等级相同时，基本尺寸越大，标准公差越大。

　　基本偏差是指确定零件公差带相对零线位置的上偏差或下偏差，它是公差带位置标准化的唯一指标，一般为靠近零线的那个偏差。当公差带位置在零线上方时，其基本偏差为下偏差；当公差带位置在零线下方时，其基本偏差为上偏差。图 8-30 所示为孔的基本偏差示意图。

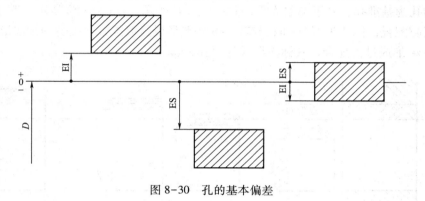

图 8-30　孔的基本偏差

　　基本偏差的代号用拉丁字母来表示，大写字母表示孔，小写字母表示轴，孔和轴的基本偏差系列共有 28 种，如图 8-31 所示。

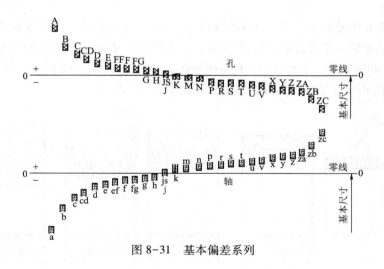

图 8-31　基本偏差系列

　　（1）H 的基本偏差为 EI=0，公差带位于零线之上；h 的基本偏差为 es=0，公差带位于零线下方。

　　（2）对于孔来说，A~H 的基本偏差为下偏差 EI，其绝对值依次减小；J~ZC 的基本偏差为上偏差 ES（J、JS 除外），其绝对值依次增大。对于轴来说，a~h 的基本偏差为上偏差 es，其绝对值依次减小；j~zc 的基本偏差为下偏差 ei（j、js 除外），其绝对值依次增大。

公差带一端是封闭的，另一端是开口的，其封闭、开口公差带的长度取决于公差等级的高低（或公差值的大小），正好体现了公差带包含标准偏差和基本偏差。

4. 配合制

为了简化孔、轴公差带的组合形式，统一孔（或轴）公差带的评判基准，进而达到减少定尺寸刀具和量具的规格数量，获得最大的经济效益，国标对配合规定了基孔制和基轴制两种基准制。

1）基 孔 制

基本偏差为 H 的孔的公差带，与不同基本偏差的轴的公差带形成各种配合的一种制度，基孔制中的孔为基准孔，其下偏差为零，并用代号 H 表示，如图 8-32 所示。基准孔 H 与轴 a~h 形成间隙配合，标注为 H/a~h；与轴 j~n 一般形成过渡配合，配合的标注形式为 H/j~n；与轴 p~zc 形成过盈配合，其标注形式为 H/p~zc。

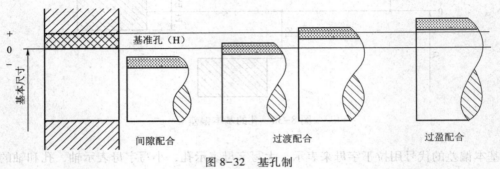

图 8-32　基孔制

2）基 轴 制

基本偏差为 h 的轴的公差带，与不同基本偏差的孔的公差带形成各种配合的一种制度，基轴制的轴为基准轴，基准轴的上偏差为零，并用代号 h 表示，如图 8-33 所示。基准轴 h 与孔 A~H 形成间隙配合，标注为 A~H/h；与孔 J~N 一般形成过渡配合，配合的标注形式为 J~N/h；与孔 P~ZC 形成过盈配合，其标注形式为 P~ZC/h。

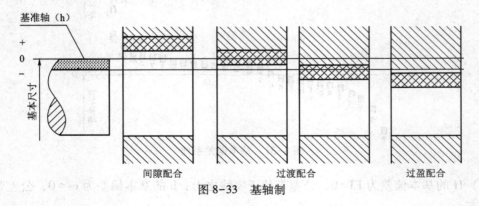

图 8-33　基轴制

3）常用和优先配合

国家标准规定的基孔制常用配合共 59 种，其中优先配合 13 种，见表 8-3。基轴制常用配合共 47 种，其中优先配合 13 种，见表 8-4。

表 8-3 基孔制优先、常用配合

基准孔	轴																				
	a	b	c	d	e	f	g	h	js	k	m	n	p	r	s	t	u	v	x	y	z
	间隙配合								过渡配合				过盈配合								
H6						$\frac{H6}{f5}$	$\frac{H6}{g5}$	$\frac{H6}{h5}$	$\frac{H6}{js5}$	$\frac{H6}{k5}$	$\frac{H6}{m5}$	$\frac{H6}{n5}$	$\frac{H6}{p5}$	$\frac{H6}{r5}$	$\frac{H6}{s5}$	$\frac{H6}{t5}$					
H7						$\frac{H7}{f6}$	$\frac{H7}{g6}$*	$\frac{H7}{h6}$*	$\frac{H7}{js6}$	$\frac{H7}{k6}$*	$\frac{H7}{m6}$	$\frac{H7}{n6}$*	$\frac{H7}{p6}$*	$\frac{H7}{r6}$	$\frac{H7}{s6}$*	$\frac{H7}{t6}$	$\frac{H7}{u6}$*	$\frac{H7}{v6}$	$\frac{H7}{x6}$	$\frac{H7}{y6}$	$\frac{H7}{z6}$
H8				$\frac{H8}{e7}$		$\frac{H8}{f7}$*	$\frac{H8}{g7}$	$\frac{H8}{h7}$*	$\frac{H8}{js7}$	$\frac{H8}{k7}$	$\frac{H8}{m7}$	$\frac{H8}{n7}$	$\frac{H8}{p7}$	$\frac{H8}{r7}$	$\frac{H8}{s7}$	$\frac{H8}{t7}$	$\frac{H8}{u7}$				
			$\frac{H8}{d8}$	$\frac{H8}{e8}$	$\frac{H8}{f8}$			$\frac{H8}{h8}$													
H9			$\frac{H9}{c9}$	$\frac{H9}{d9}$*	$\frac{H9}{e9}$	$\frac{H9}{f9}$		$\frac{H9}{h9}$*													
H10			$\frac{H10}{c10}$	$\frac{H10}{d10}$				$\frac{H10}{h10}$													
H11	$\frac{H11}{a11}$	$\frac{H11}{b11}$	$\frac{H11}{c11}$*	$\frac{H11}{d11}$				$\frac{H11}{h11}$*													
H12		$\frac{H12}{b12}$						$\frac{H12}{h12}$													

注：① 注有 * 符号的配合为优先配合；

② $\frac{H6}{n5}$ 和 $\frac{H7}{p6}$ 在基本尺寸小于或等于 3 mm 时及 $\frac{H8}{r7}$ 在基本尺寸小于或等于 100 mm 时为过渡配合；

③ 摘自 GB/T 1801—2009。

表 8-4 基轴制优先、常用配合

基准轴	孔																				
	A	B	C	D	E	F	G	H	JS	K	M	N	P	R	S	T	U	V	X	Y	Z
	间隙配合								过渡配合				过盈配合								
h5						$\frac{F6}{h5}$	$\frac{G6}{h5}$	$\frac{H6}{h5}$	$\frac{JS6}{h5}$	$\frac{K6}{h5}$	$\frac{M6}{h5}$	$\frac{N6}{h5}$	$\frac{P6}{h5}$	$\frac{R6}{h5}$	$\frac{S6}{h5}$	$\frac{T6}{h5}$					
h6						$\frac{F7}{h6}$	$\frac{G7}{h6}$*	$\frac{H7}{h6}$*	$\frac{JS7}{h6}$	$\frac{K7}{h6}$*	$\frac{M7}{h6}$	$\frac{N7}{h6}$*	$\frac{P7}{h6}$*	$\frac{R7}{h6}$	$\frac{S7}{h6}$*	$\frac{T7}{h6}$	$\frac{U7}{h6}$*				
h7					$\frac{E8}{h7}$	$\frac{F8}{h7}$*		$\frac{H8}{h7}$*	$\frac{JS8}{h7}$	$\frac{K8}{h7}$	$\frac{M8}{h7}$	$\frac{N8}{h7}$									
h8				$\frac{D8}{h8}$	$\frac{E8}{h8}$	$\frac{F8}{h8}$		$\frac{H8}{h8}$													
h9				$\frac{D9}{h9}$*	$\frac{E9}{h9}$	$\frac{F9}{h9}$		$\frac{H9}{h9}$*													
h10				$\frac{D10}{h10}$				$\frac{H10}{h10}$													
h11	$\frac{A11}{h11}$	$\frac{B11}{h11}$	$\frac{C11}{h11}$*	$\frac{D11}{h11}$				$\frac{H11}{h11}$*													
h12		$\frac{B12}{h12}$						$\frac{H12}{h12}$													

注：① 注有 * 符号的配合为优先配合；

② 摘自 GB/T 1801—2009。

5. 极限与配合的标注

1）极限与配合在零件图中的标注

在零件图中，线性尺寸的公差有 3 种标注形式：① 只标注上、下偏差；② 只标注公差带代号；③ 既标注公差带代号，又标注上、下偏差，但偏差值用括号括起来，如图 8-34 所示。

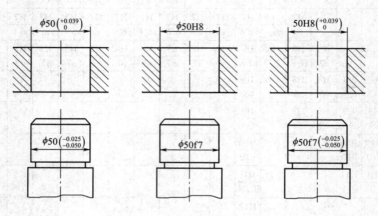

图 8-34　零件图上的尺寸标注

标注极限与配合时应注意以下几方面。

（1）上、下偏差的字高比尺寸数字小一号，且下偏差与尺寸数字在同一水平线上。

（2）当公差带相对于基本尺寸对称时，即上、下偏差互为相反数时，可采用"±"加偏差的绝对值的注法，如 $\phi30\pm0.016$（此时偏差和尺寸数字为同字号）。

（3）上、下偏差的小数位必须相同、对齐，当上偏差或下偏差为零时，用数字"0"标出，如 $\phi30^{+0.033}_{0}$。小数点后末位的"0"一般不必注写，仅当为凑齐上下偏差小数点后的位数时，才用"0"补齐。

2）极限与配合在装配图中的标注

在装配图上一般只标注配合代号。配合代号用分数形式表示，分子为孔的公差带代号，分母为轴的公差带代号。对于与轴承等标准件相配的孔或轴，则只标注非基准件（配合件）的公差带代号。如采用基孔制配合，配合标注的表示方法可用下列示例之一进行标注：$\phi50\dfrac{\text{H8}}{\text{f7}}$ 或 $\phi50\dfrac{\text{H8}}{\text{f7}}$。

装配图中配合代号注法如图 8-35 所示。

3）线性尺寸的未注公差

未注公差的尺寸是指图样上只标注基本尺寸，而不标注其公差带或极限偏差。尽管只标注了基本尺寸，没有标注极限偏差，但是并不能就认为这些尺寸没有公差要求，应按"未注公差"标准的规定进行选取。

GB/T 1804—2000 规定了线性尺寸的一般公差等级和极限偏差。一般公差分为 f、m、c 和 v 4 级，线性尺寸的极限偏差全部采用对称偏差值。见表 8-5。

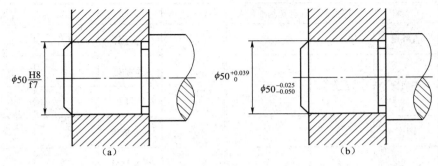

图8-35　装配图中配合代号注法

表8-5　线性尺寸的极限偏差数值（GB/T 1804—2000）

公差等级	尺寸							
	0.5~3	>3~6	>6~30	>30~120	>120~400	>400~1 000	>1 000~2 000	>2 000~4 000
f（精密级）	±0.05	±0.05	±0.1	±0.15	±0.2	±0.3	±0.5	—
m（中等级）	±0.1	±0.1	±0.2	±0.3	±0.5	±0.8	±1.2	±2
c（粗糙级）	±0.2	±0.3	±0.5	±0.8	±1.2	±2	±3	±4
v（最粗级）	—	±0.5	±1	±1.5	±2.5	±4	±6	±8

　　线性尺寸的一般公差主要用于较低精度的非配合尺寸。当功能上允许的公差大于或等于一般公差时，均采用一般公差。

6. 查表方法

　　基本尺寸、基本偏差和公差等级确定以后，极限偏差的数值可以从国家相应标准查得。

四、几何公差

　　几何公差包括形状、方向、位置、跳动公差。形状公差和位置公差简称形位公差，它是针对构成零件几何特征的点、线、面的形状和位置误差所规定的公差。形状误差是指线和面的实际形状对理想形状的变动量。位置误差是指点、线、面的实际方向和位置对其理想方向和位置的变动量。

　　对于一般零件，如果没有标注形位公差，其形位公差可用尺寸公差加以限制，但是对于某些精度较高的零件，在零件图中不仅需要保证其尺寸公差，而且还要求保证其形位公差，因此形位公差也是评定产品质量的重要指标。

1. 几何公差代号、基准代号

　　几何公差代号包括几何公差符号、几何公差框格及指引线、几何公差数值、基准符号等。表8-6所示为几何公差的名称及符号。图8-36所示为几何公差代号。

表 8-6　几何公差的名称及符号

分类	名称	符号	有无基准要求	分类	名称	符号	有无基准要求
形状公差	直线度	——	无	方向公差	平行度	//	有
	平面度	▱	无		垂直度	⊥	有
	圆度	○	无		倾斜度	∠	有
	圆柱度	⌀	无		线轮廓度	⌒	有
	线轮廓度	⌒	无		面轮廓度	⌓	有
	面轮廓度	⌓	无	位置公差	位置度	⊕	有或无
跳动公差	圆跳动	↗	有		同心度（用于中心点）	◎	有
					同轴度（用于轴线）	◎	有
					对称度	═	有
	全跳动	⫽↗	有		线轮廓度	⌒	有
					面轮廓度	⌓	有

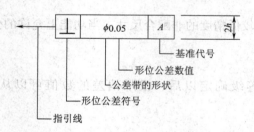

图 8-36　几何公差代号

2. 几何公差的公差带定义和标注示例

常用的形状公差的标注及公差带定义见表 8-7，常用的方向公差、位置公差、跳动公差的标注及公差带定义见表 8-8。

表 8-7　形状公差的标注及公差带定义

名称	标注示例	公差带形状
平面度	▱ 0.08	

续表

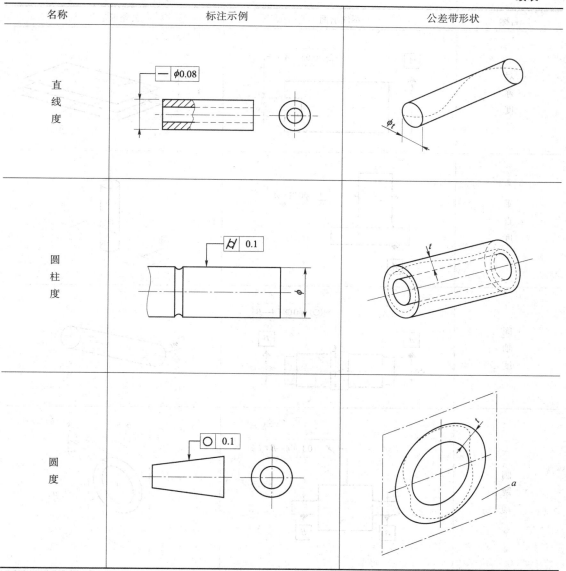

名称	标注示例	公差带形状
直线度		
圆柱度		
圆度		

表8-8 方向公差、位置公差、跳动公差的标注及公差带定义

名称	标注示例	公差带定义
平行度	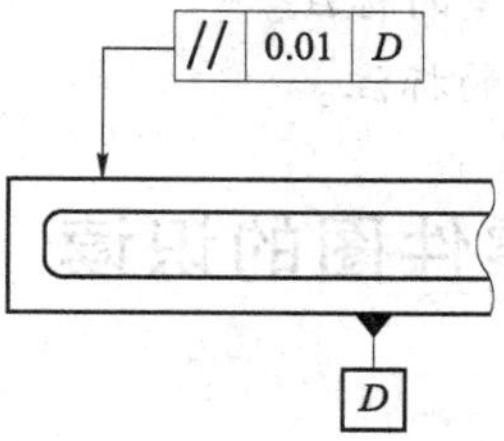	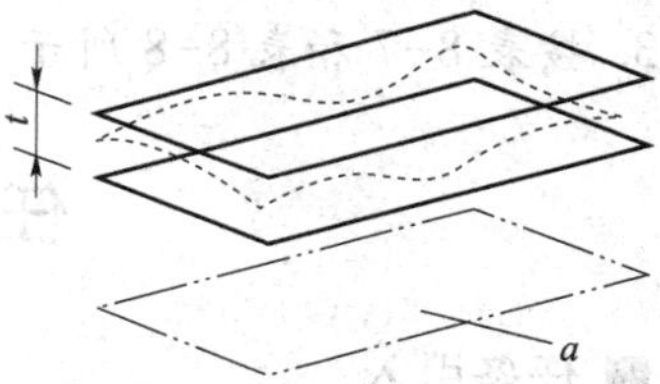

名称	标注示例	公差带定义
对称度	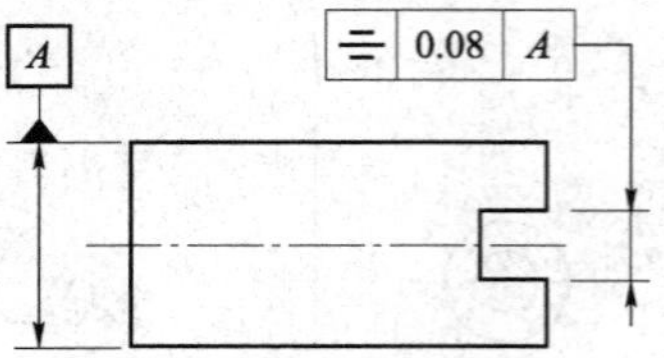	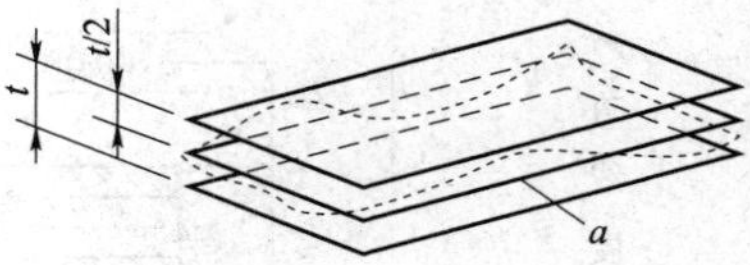
垂直度	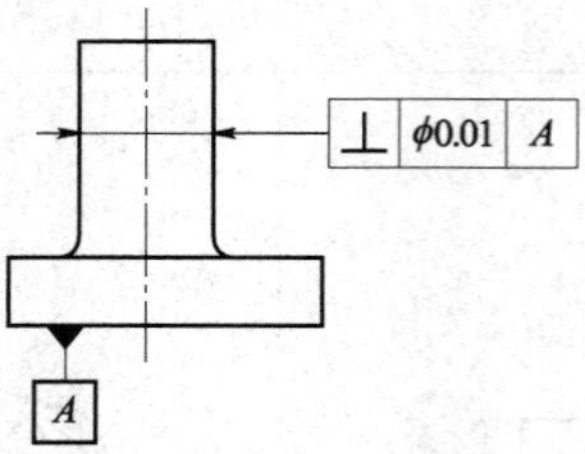	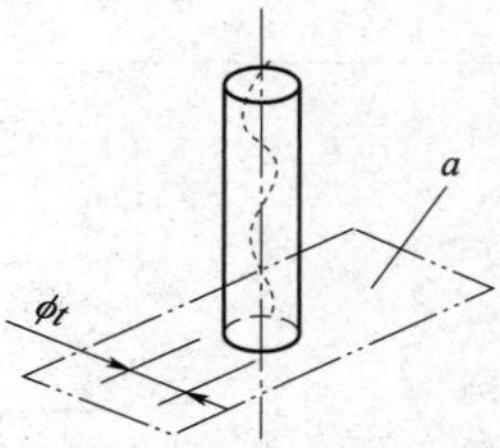
同轴度	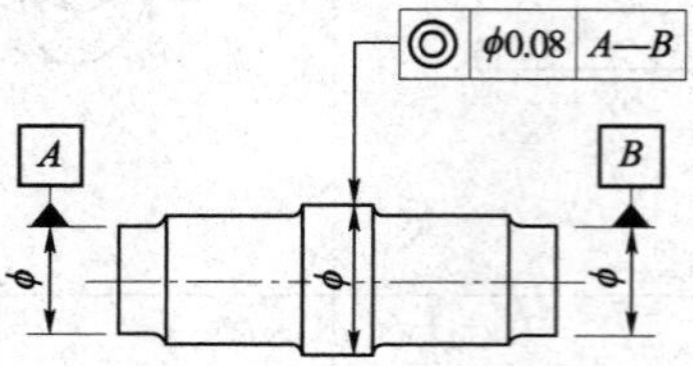	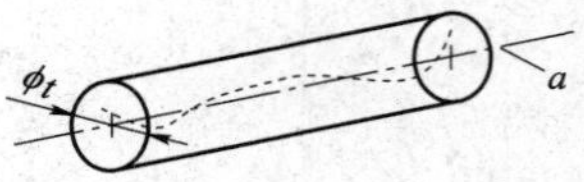
圆跳动	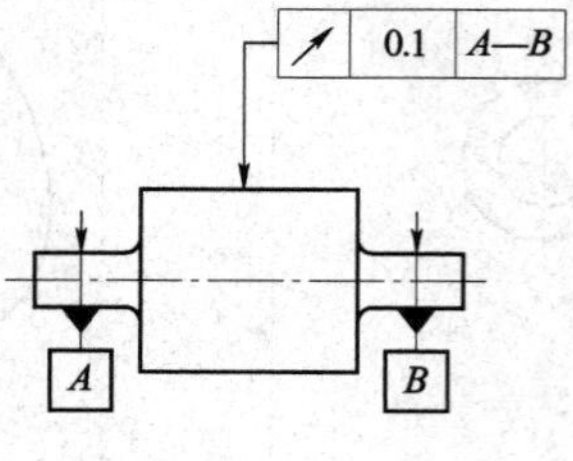	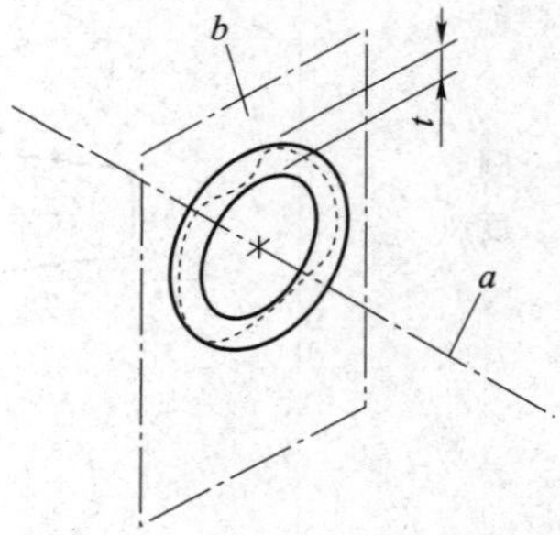

■ **任务实施**

1. 按"表面结构要求在图样上的标注方法"进行表面粗糙度的标注。

2. 按"极限与配合的标注"进行极限偏差的标注。

3. 按表 8-7 和表 8-8 所示进行几何公差的标注。

任务四　零件图的识读

■ **任务引入**

参见图 8-37 的机座零件图，阅读该零件图。

■ **任务目标**

掌握识读零件图的一般方法和步骤，能正确识读典型零件的零件图。

■ **相关知识**

一、阅读零件图的目的

一张零件图的内容是相当丰富的，不同工作岗位的人看图的目的也不同，通常读零件图的主要目的有以下几项。

（1）对零件有一个概括的了解，如名称、材料等。

（2）根据给出的视图，想象出零件的形状，进而明确零件在设备部件中的作用及零件各部分的功能。

（3）通过阅读零件图上的尺寸，对零件各部分的大小有一个概念，进而分析出各方向的尺寸基准。

（4）明确制造零件的主要技术要求，如表面粗糙度、尺寸公差、形位公差、热处理及表面处理等要求，以便确定正确的加工方法。

二、阅读零件图的方法和步骤

阅读零件图没有一个固定不变的程序，对于较简单的零件图，也许泛泛地阅读就能想象出物体的形状及明确其精度要求。而对于较复杂的零件，则需通过深入分析，由整体到局部，再由局部到整体反复推敲，最后才能搞清楚其结构和精度要求。一般而言应按下列步骤阅读零件图。

1. 看标题栏

从标题栏入手，得到一些有关零件的概括信息，如零件的名称、材料、比例等信息。

2. 明确视图关系

所谓视图关系，即视图表达方法和各视图之间的投影联系。

3. 分析视图，想象零件结构形状

从学习阅读机械图来说，分析视图、想象零件的结构形状是最关键的一步。看图时，仍采用前述组合体的看图方法，对零件进行形体分析、线面分析。由组成零件的基本形体入手，由大到小，从整体到局部，逐步想象出物体的结构形状。

在想象出基本形体之后，再深入到细部，这点一定要引起高度重视，初学者往往被某些不易看懂的细节所困扰，这是抓不住整体造成的后果。

4. 看尺寸，分析尺寸基准

分析零件图上尺寸的目的，是识别和判断哪些尺寸是主要尺寸，各方向的主要尺寸基准是什么，明确零件各组成部分的定形、定位尺寸。

5. 看技术要求

零件图上的技术要求主要有表面粗糙度、极限与配合，形位公差及文字说明的加工、制造、检验等要求。这些要求是制定加工工艺、组织生产的重要依据，必须深入分析理解。

■ **任务实施**

1. 看标题栏

图 8-37 所示的机座零件图，从名称就能联想到，它是一个起支撑作用的零件。从材料 HT200 知道，零件毛坯采用铸件，所以具有铸造工艺要求的结构，如铸造圆角、起模斜度、

铸造壁厚均匀等。

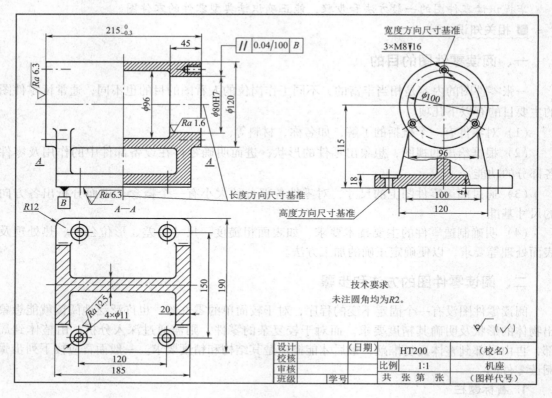

图 8-37 机座零件图

2. 明确视图关系

图 8-37 所示的机座零件图，采用了主、俯、左 3 个基本视图，主视图采用半剖视，左视图采用局部剖视，俯视图采用全剖视。

3. 分析视图，想象零件结构形状

从图 8-37 所示机座零件图的 3 个视图可以看出零件的基本结构形状。它的基本形体由 3 部分构成，上部是圆柱体，下部是长方形底板，底板和圆柱体直接用 H 形肋板连接。

圆柱体的内部由 3 段圆柱组成，两端的 $\phi80H7$ 是轴承孔，中间的 $\phi96$ 是毛坯面。柱面端面上各有 3 个 M8 的螺孔。底板上有 4 个 $\phi11$ 的地脚孔，H 形肋板和圆柱为相交关系。

4. 看尺寸，分析尺寸基准

上部圆柱体的主要尺寸是 215、$\phi80$、$\phi96$，属于定形尺寸；下部长方形底板的主要尺寸是 185、190，属于定形尺寸；H 形肋板的主要尺寸是 120、115，120 为定形尺寸，120 为上部圆柱体的定位尺寸；各方向的主要尺寸基准已在图 8-37 中标出。

5. 看技术要求

图 8-37 所示的机座零件图中，精度最高的是 $\phi80H7$ 轴承孔。表面粗糙度 $Ra = 1.6\ \mu m$，且其中心与底面保持平行度要求。

以上分析了阅读零件图的一般方法和步骤，读者可根据上述方法自行阅读图 8-38 所示的缸体零件图。

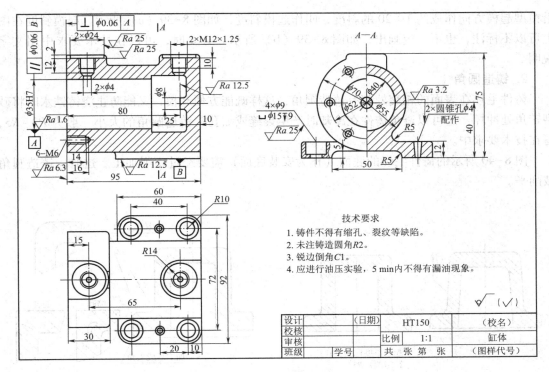

图 8-38　缸体零件图

任务五　零件测绘

■ 任务引入

参见图 8-51 所示的滑动轴承盖，完成该零件的测绘。

■ 任务目标

掌握零件测绘的步骤，能对机械零件进行测绘。

■ 相关知识

根据已有的零件画出其零件图的过程叫作零件测绘。在机械设计中，可在产品设计之前先对现有的同类产品进行测绘，作为设计产品的参考资料。在机器维修时，如果某零件损坏，又无配件或图纸时，可对零件进行测绘，画出零件图，作为制造该零件的依据。

一、零件上常见的工艺结构

绝大部分零件都要经过铸造、锻造和机械加工等过程制造出来，因此，零件的结构形状不仅要满足设计要求，还要符合制造工艺、装配等方面的要求，以保证零件质量好、成本低、效益高。

零件的常见工艺结构有铸造工艺和一般机械加工工艺。

（一）铸件工艺结构

1. 起模斜度

用铸造方法制造的零件称为铸件，制造铸件毛坯时，为了便于在型砂中取出模型，一般沿模型起模方向作成约 1：20 的斜度，叫作起模斜度，如图 8-39（a）所示。起模斜度在图上可以不标注，也不一定画出，如图 8-39（b）所示。必要时，可以在技术要求中用文字说明。

2. 铸造圆角

铸件毛坯在表面的相交处都有铸造圆角，这样既能方便起模，又能防止浇铸铁水时将砂型转角处冲坏，还可以避免铸件在冷却时产生裂缝或缩孔。铸造圆角的大小一般为 $R3 \sim R5$，写在技术要求中。

图 8-40 所示的铸件毛坯的底面（作为安装底面）需要经过切削加工。这时，铸造圆角被削平。

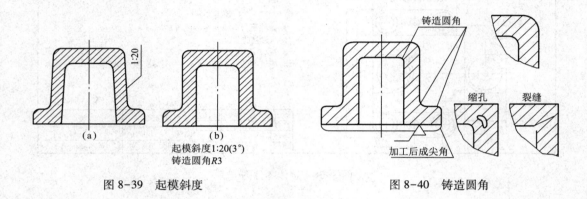

图 8-39　起模斜度

图 8-40　铸造圆角

3. 铸件壁厚

在浇铸零件时，为了避免各部分因冷却速度的不同而产生缩孔或裂缝，铸件壁厚应均匀变化，逐渐过渡，如图 8-41 所示。

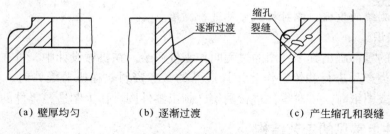

（a）壁厚均匀　　　　　（b）逐渐过渡　　　　　（c）产生缩孔和裂缝

图 8-41　铸件壁厚

4. 过渡线

由于铸造圆角的影响，铸件表面的截交线、相贯线变得不明显，为了便于看图时明确相邻两形体的分界面，画零件图时，仍按理论相交的部位画出其截交线和相贯线，但在交线两端或一端留出空白，此时的截交线和相贯线称过渡线，如图 8-42 所示。

（1）图 8-42（a）表示两曲面立体相交，轮廓线相交处画出圆角，曲面交线端部与轮廓线间留出空白。

（2）图8-42（b）表示两曲面立体有相切部位，切点附近应留空白。

（3）图8-42（c）表示肋板与立体相交，肋板断面头部为长方形时，过渡线为直线，且平面轮廓线的端部稍向外弯。

（4）图8-42（d）表示肋板与立体相交，肋板断面头部为半圆时过渡线为内弯的曲线。

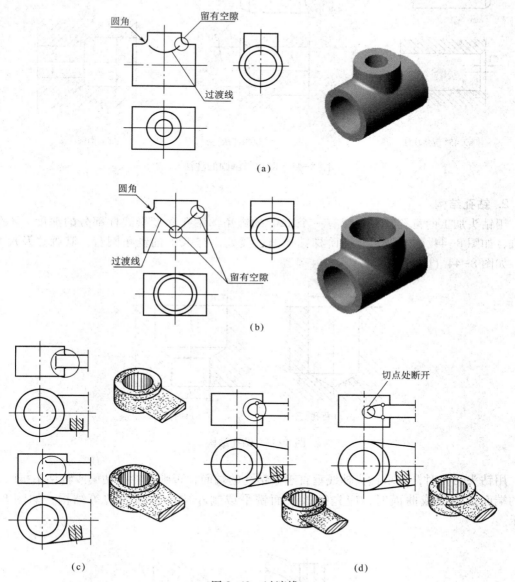

图8-42　过渡线

（二）机械加工工艺结构

1. 倒角和倒圆

为便于安装和保证安全，轴或孔的端部一般都加工成倒角。45°倒角的注法如图8-43（a）

所示，非 45° 倒角的注法如图 8-43（b）所示。为避免应力集中产生裂纹，轴肩处往往加工成圆角过渡，称为倒圆。倒圆的注法如图 8-43（c）所示。

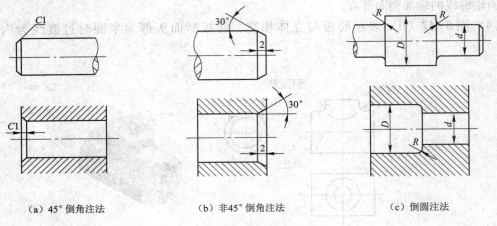

（a）45° 倒角注法　　　　　（b）非45° 倒角注法　　　　　（c）倒圆注法

图 8-43　倒角与倒圆的注法

2. 钻孔结构

用钻头加工的盲孔，在底部有一个 120° 的锥角，钻孔深度指圆柱部分的深度，不包括锥坑，如图 8-44（a）所示。在阶梯钻孔的过渡处，有 120° 的锥角圆台，其画法及尺寸标注，如图 8-44（b）所示。

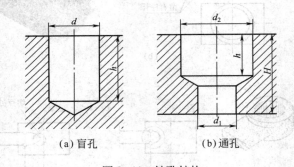

（a）盲孔　　　　　　　（b）通孔

图 8-44　钻孔结构

用钻头钻孔时，要求钻头轴线垂直于被钻孔的端面，否则易将孔钻偏或将钻头折断。当孔的端面是斜面或曲面时，应先把该平面铣平或制作成凸台或凹坑等结构，如图 8-45 所示。

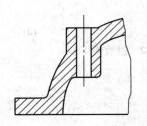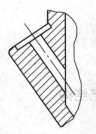

图 8-45　钻孔工艺

3. 螺纹退刀槽和砂轮越程槽

在切削加工中，特别是在车螺纹和磨削时，为了便于退出刀具或使砂轮可以稍稍越过加工面，通常在零件待加工面的末端，先车出螺纹退刀槽或砂轮越程槽，如图 8-46 所示。退刀槽的尺寸标注形式，一般可按"槽宽×直径"或"槽宽×槽深"标注。越程槽一般用局部放大图画出。

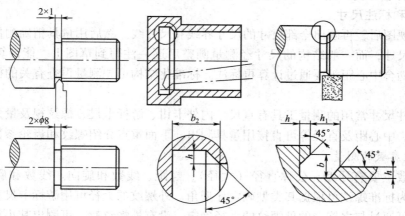

图 8-46　退刀槽和越程槽

4. 凸台和凹坑

为了减少加工面积，并保证零件表面之间接触，通常在铸件上设计出凸台或加工成凹坑，如图 8-47 所示。

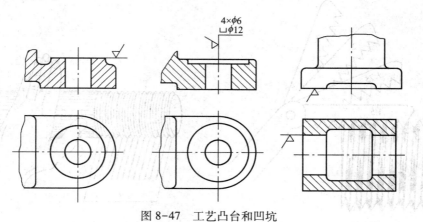

图 8-47　工艺凸台和凹坑

二、零件测绘的步骤

1. 分析零件，稳定表达方案

对零件进行形体和结构分析，主要是了解所测绘零件的名称、作用、材料和制造方法，以及与其他零件的相互关系，以确定表达方案。

2. 画零件草图

一般测绘常在生产现场进行。零件草图是徒手目测画在方格纸或白纸上的，画图时要尽量保持零件各部分的大致比例关系。形体结构表达要准确，线条要粗细分明，图面干净整洁。一定要克服草图是潦草图的错误理解。

画草图的基本过程和画仪器图相同，即先布图、画图框和标题栏。然后用 2H 或 H 的铅笔画视图底稿，底稿检查无误后，用粗尼龙芯黑色笔加深粗实线（或 B 的铅笔修成圆头），用碳素墨水钢笔（或 HB、H 的铅笔）加深细线，加深后用橡皮擦除底稿线。

3. 测量和标注尺寸

画出各视图后，再画出全部尺寸的尺寸界线和尺寸线。然后用量具精确测量出主要尺寸及部分结构尺寸，而一般结构的尺寸经测量圆整后逐一注写到草图上。能计算出的主要尺寸，如齿轮啮合中心距等要通过计算再标注。标准化结构可先测量再查有关的标准，根据标准值注写。

测量零件尺寸常用的测量工具有直尺、内外卡钳、游标卡尺、螺纹规及量角器等。线性尺寸如壁厚、中心距及直径等可直接用量具测出。下面重点介绍螺纹和齿轮参数的测量。

1）螺纹参数的测量

螺纹参数主要有牙型、公称直径（大径）、螺距、线数和旋向。线数和旋向凭目测即可，牙型若为标准螺纹可根据其类型确定牙型角。外螺纹的大径可用游标卡尺直接测量，内螺纹的大径可通过与之旋合的外螺纹的大径确定，没有外螺纹时，可测出其小径，再根据其类型和螺距查出其标准大径值。

螺距的测量可采用螺纹规，如图 8-48 所示。没有螺纹规时可采用简单的压印法测量螺距，螺距 $P=T/(n-1)$，式中：n 为测量范围 T 内的螺纹压痕数，如图 8-49 所示。采用压印法时应多测几个螺距值，取其平均值。

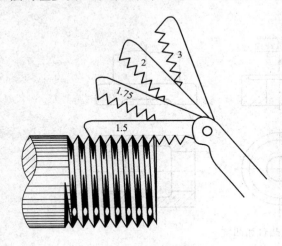

图 8-48　螺距的测量

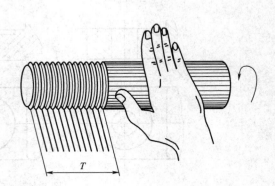

图 8-49　压印法测量螺距

不论是大径还是螺距，测量后应查阅有关的标准再圆整测量值，标注到图纸上的应当是标准值。

2）齿轮参数的测量

标准直齿圆柱齿轮的参数有齿数、模数、齿顶圆直径及分度圆直径等。齿数数一数即知，模数和分度圆直径没法直接测量，可通过测量齿顶圆直径，然后换算出模数和分度圆直径。

齿顶圆直径的测量分两种情况：第一种是齿数为偶数时，相对的两个齿顶距离即为齿顶圆直径，可用游标卡尺直接测量；第二种是齿数为奇数时，由于轮齿对齿槽，所以无法直接测量，可按图 8-50 所示的方法测出 D 和 e，则 $d_n = D + 2e$。

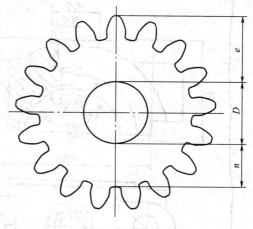

测出齿顶圆直径和齿数后可按 $m = d_n / (z+2)$ 计算出模数（注意：计算出的模数要查标准，选择和计算值接近的标准值），然后按 $d = mz$ 计算出分度圆直径。

4. 标注精度要求

注完尺寸后，要根据零件的工作情况标注尺寸偏差、表面粗糙度和形位公差。尺寸偏差、表面粗糙度及形位公差的数值要根据表面的作用及加工情况合理选择。只有深入了解零

图 8-50　奇数齿轮齿顶圆的测量

件各表面的作用及工作要求后才能合理选择，一定要防止主观臆断、随意注写精度要求。

5. 绘制零件图

将零件草图整理成完整的零件图，可用仪器或计算机绘制，绘制方法和步骤与绘制草图的步骤相同。

■ 任务实施

轴承盖的结构具有对称性，主要加工表面为止口、轴孔及其端面。如图 8-51 所示。毛坯采用铸件，材料为铸铁。表达方案为主视图采用半剖，投射方向与轴孔的轴线方向相同，俯视图采用外形视图，左视图采用半剖。绘制出的草图如图 8-52（a）所示，根据草图绘制出零件图，如图 8-52（b）所示。

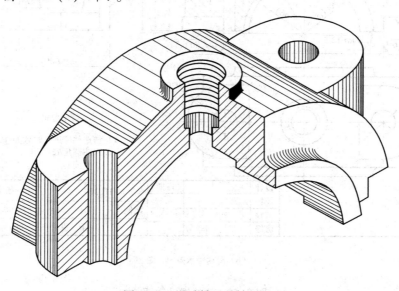

图 8-51　滑动轴承盖轴测图

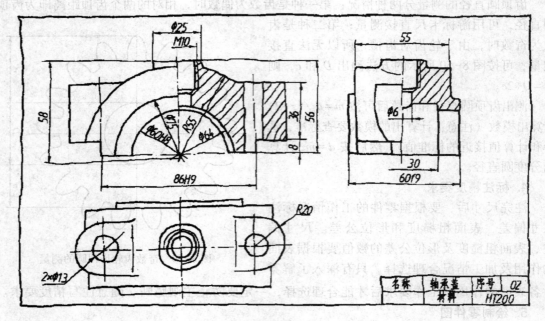

（a）滑动轴承盖草图

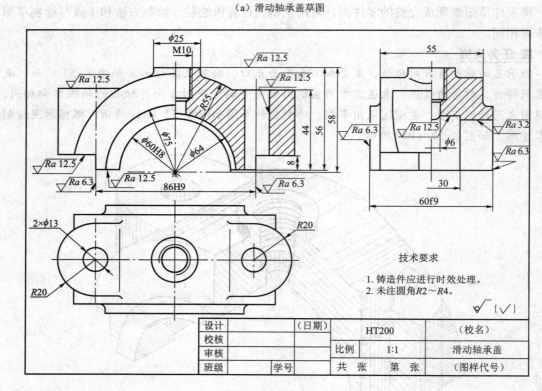

技术要求

1. 铸造件应进行时效处理。
2. 未注圆角R2～R4。

设计		（日期）	HT200	（校名）
校核				
审核			比例	1:1	滑动轴承盖
班级	学号		共 张 第 张	（图样代号）

（b）滑动轴承盖零件图

图 8-52　测绘滑动轴承盖

任务六　AutoCAD 绘制零件图

■ 任务引入

抄画图 8-53 所示零件图，要求：A4 图幅竖放，比例 1：1，并标注尺寸。

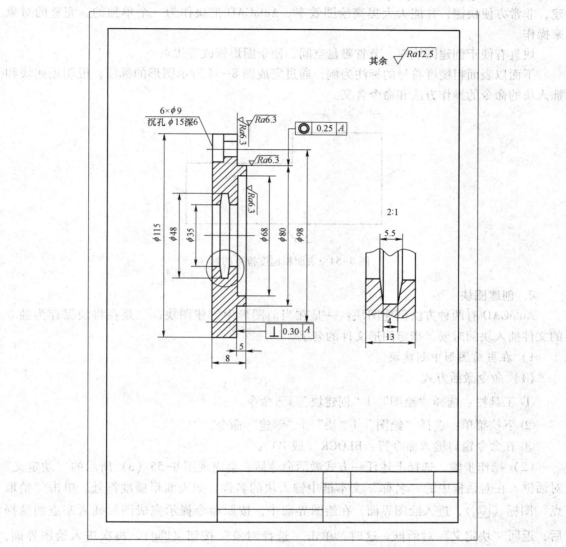

图 8-53　端盖的零件图

■ 任务目标

1. 掌握图块的创建方法、插入方法、图块属性定义的方法及编辑方法；
2. 掌握局部放大图的绘制方法；
3. 掌握基本尺寸、表面粗糙度和公差的标注方法；
4. 学会引出说明的标注方法；

5. 能应用 AutoCAD 软件正确绘制典型零件的零件图。

■ **相关知识**

1. 图块的基本概念

图块是由多个对象组合在一起，并作为一个整体来使用的图形对象。一旦把某一图形定义为图块，在绘图过程中就可以直接调用，这对于有重复部分的复杂图形或相同要素的创建，非常方便快捷，并能大大提高绘图效率。AutoCAD 把块作为一个单独的、完整的对象来操作。

块具有便于创建图块库、节省磁盘空间、便于图形修改等优点。

下面以表面粗糙度符号的标注为例，通过完成图 8-54 所示图形的标注，说明创建块和插入块的命令的操作方法和命令含义。

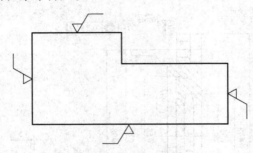

图 8-54　表面粗糙度符号的标注

2. 创建图块

AutoCAD 有两种方法创建图块：一是在当前图形中创建图块；二是在将块保存为独立的文件插入块的时候，指定图形文件的名字。

1）在当前图形中创建块

（1）命令激活方式。

① 工具栏：选择"绘图" | "创建块" ⊡命令。

② 下拉菜单：选择"绘图" | "块" | "创建"命令。

③ 在命令窗口输入命令行：BLOCK（或 B）↙

（2）操作步骤。选择上述任一方式激活命令后，会出现图 8-55（a）所示的"块定义"对话框。在对话框中的"名称"文本框中输入块的名称，如表面粗糙度符号。单击"拾取点"图标（▥），进入绘图界面，在绘图界面中，按照命令提示完成图形插入基点的选择后，返回"块定义"对话框。这时，单击"选择对象"按钮（▥），再次进入绘图界面，选中表面粗糙度符号的 3 条直线，右击，返回"块定义"对话框。对话框内容显示如图 8-55（b）所示。之后，单击"块定义"对话框中的"确定"按钮，即可完成"表面粗糙度符号"块的创建。

注意：用上述方法定义的块（BLOCK）只存在于当前图形文件中，只能在当前文件图形文件中调用，称为内部块。要使定义的块能被其他图形文件调用，要用 Wblock 命令定义图块，以图形文件的形式存入磁盘，才能被其他图形文件调用，称为公共图块或外部块。

（a）　　　　　　　　　　　　　（b）

图 8-55　"块定义"对话框

2）将块作为一个独立文件保存

（1）命令激活方式。

在命令窗口输入命令行：WBLOCK（或 W）✓

（2）操作步骤。激活命令后，会出现图 8-56（a）所示的"写块"对话框。首先，在"源"组框中选中"块"，然后在下拉列表中选择"表面粗糙度符号"。再在"目标"组框中的"文件名和路径"列表中填入块文件的名称、存盘路径；在"插入单位"列表框中选择块在插入时采用的单位，对话框内容显示如图 8-56（b）所示。最后，单击"确定"按钮，完成块存盘操作。

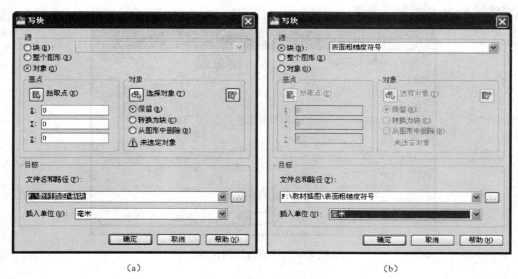

（a）　　　　　　　　　　　　　（b）

图 8-56　"写块"对话框

说明：

① 在"源"组框中，选择"块"，是把当前图形中已定义好的块保存到磁盘文件中，可以从右边的下拉列表中选择相关块名称，这时，"基点"和"对象"选项组都不可用。

② 在"源"组框中，选择"整个图形"，是把当前图形作为一个图块存盘。这时的

"基点"和"对象"选项组亦都不可用。

③ 在"源"组框中，选择"对象"，是从当前图形中选择图形对象定义为块，作为一个图块存盘。这时的"基点"和"对象"选项组与"定义块"中的意义相同。

3. 插入图块

将已定义的块，插入到当前图形中指定的位置。在插入的同时，还可以改变所插入块图形的比例与旋转角度。

（1）命令激活方式。

① 工具栏：选择"绘图"丨"插入块" 命令。

② 下拉菜单：选择"插入"丨"块"命令。

③ 在命令窗口输入命令行：INSERT（或 I）

（2）操作步骤。选择上述任一方式激活命令后，都将弹出"插入"对话框，如图 8-57 所示。在"名称"栏的下拉列表中选择已建立的图块名称，如"表面粗糙度符号"；在"插入点"组框、"比例"组框和"旋转"组框中，均选中"在屏幕上指定"选项，单击"确定"按钮，命令行提示：

```
命令：_insert
指定插入点或 [基点(B)/比例(S)/X/Y/Z/旋转(R)]：（拾取表面粗糙度符号在图形上的插入点）
输入 X 比例因子,指定对角点,或 [角点(C)/XYZ(XYZ)] <1>：
输入 Y 比例因子或 <使用 X 比例因子>：
指定旋转角度 <0>：
```

完成图 8-54 的绘制，保存。

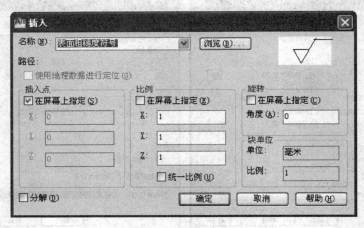

图 8-57 "插入"对话框

说明：

① 在"名称"栏中，下拉列表中选择要插入当前图形中已存在的块名。单击"浏览"按钮，弹出"选择图形文件"对话框，在该对话框中选择要插入的块或图形文件。当插入的是一个外部图形文件时，系统将把插入的图形自动生成一个内部块。单击"打开"按钮，返回"插入"对话框。

② 在"插入点"组框中，当用户选择"在屏幕上指定"项，在屏幕上指定插入点。若

取消该项，用户可以在 X、Y、Z 的文本框中输入插入点的坐标值。

③ 在"比例"组框中，当用户选择"在屏幕上指定"项，用户输入插入块时的 X、Y、Z 方向上的比例因子。若取消该项，用户还可以在 X、Y、Z 文本框中输入缩放比例。如果选择"统一比例"项，为 X、Y、Z 坐标值指定单一的比例。

④ 在"旋转"组框中，当用户选择"在屏幕上指定"项，用户在屏幕上指定插入块时的旋转角度。若取消该项，用户可在"角度"文本框中输入块的旋转角度值。

⑤ 对于"分解"选项，当用户选择"分解"项时，将块插入到图形中后，立即将其分解成基本的对象。

4. 块属性

在一般情况下，定义的块只包含图形信息，而有时需要定义块的非图形信息，比如定义表面粗糙度块，因为零件表面的加工要求不同，粗糙度参数就不同，因此需要利用块属性输入不同的粗糙度数值，完成多处不同要求的粗糙度标注。有时，定义的零件图块还需要包含零件的重量、规格等信息。其次，属性也常用来预定义文本位置、内容或提供文本默认值等。块的属性可以定义这一类非图形信息，在需要的时候可将信息提取出来，还可以进行属性编辑。

让一个块附带属性，首先需要绘制出块的图形并定义出属性，然后将图形对象连同属性一起创建成块。当然，用户也能仅将属性本身创建成一个块。在插入这些块时会提示输入这些属性值。

下面以标题栏为例，为方便地进行填写或修改，将标题栏中的一些文字项目定制成属性对象。

要求将图 8-58 所示标题栏定义为一个带属性的块文件，块名为"标题栏"，将该块插入到 A4 图幅中去，并按图所示内容，填写图名、制图人姓名、日期、比例、材料、图号及班名等。

图 8-58 块定义的标题栏

1）创建块属性

首先按尺寸画出标题栏，并填写基本内容，结果如图 8-59 所示。然后在标题栏中定义块的属性。下面以"图名"为例，说明定义块属性的过程。

（1）命令激活方式。

① 下拉菜单：选择"绘图" | "块" | "定义属性" 命令。

② 在命令窗口输入命令行：ATTDEF✓

（2）操作步骤。选择上述任一方式输入命令后，弹出"属性定义"对话框，如图 8-60 所示。

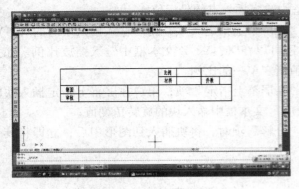

图 8-59　标题栏　　　　　　　　　图 8-60　块"属性定义"对话框

在"属性"组框内的"标记"栏内输入"（图名）"。在"文字设置"组框内设定文字样式、文字高度、旋转角度及对齐方式。然后，在标题栏内的"图名填写栏"拾取一点作为属性文字的定位点，单击"确定"按钮，返回绘图区，将属性插入需要填写图名的位置，形成"（图名）"带属性的标题栏。

重复使用"属性定义"命令，依次按指定的文字定位点，定义出属性名分别为"（签名）""（日期）""（专业班级）""A""B""C""（图号）"，其中设"（专业班级）"文字高度为 5，其他均为 3.5。完成属性定义的标题栏，如图 8-61 所示。

2）创建块文件

将定义属性后的标题栏保存为块文件"标题栏"，其步骤如下：在命令行内输入块存盘命令 w✓或单击工具图标🗗，弹出"写块"对话框，在"文件名和路径"栏内，指定存储块文件的路径和块名。在"基点"组框内单击"拾取点"图标🖳，拾取标题栏右下角为基点。在"对象"组框内单击"选择对象"图标🖳，选取整个标题栏，单击"确定"按钮。此时，弹出图 8-62 所示的"编辑属性"对话框，在对话框的文本编辑栏中输入相应的信息，并单击"确定"按钮，"编辑属性"对话框消失，标题栏已被定义为名称为"标题栏"的块文件。

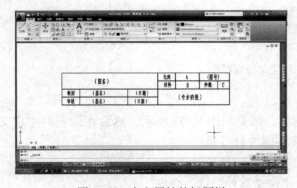

图 8-61　定义属性的标题栏　　　　　　图 8-62　定义完属性的标题栏

3）带属性图块的插入

将标题栏块文件插入到图幅右下角，其过程如下。

（1）建立新的图形文件，绘制 A4 图幅的图框，单击工具栏中的块插入图标 ⬚，弹出"插入"对话框。

（2）单击"浏览"按钮，弹出"选择图形文件"对话框，按存入块文件的路径选中"标题栏"文件，单击"打开"按钮，返回原对话框。

（3）在"插入点""比例""旋转"3 个组框内，均选取"在屏幕上指定"选项，单击"确定"按钮，命令行提示：

指定插入点或 ［基点(B)/比例(S)/X/Y/Z/旋转(R)］:（捕捉标题栏右下角点为插入点）
指定比例因子<1>:↙
指定旋转角度<0>:↙
专业班级:数控技术专业 3 班↙
材料:HT100↙
比例:1：1↙
制图:张三↙
图名:泵体↙
日期:2012 年 3 月 12 日↙

完成操作，保存。结果如图 8-63 所示。

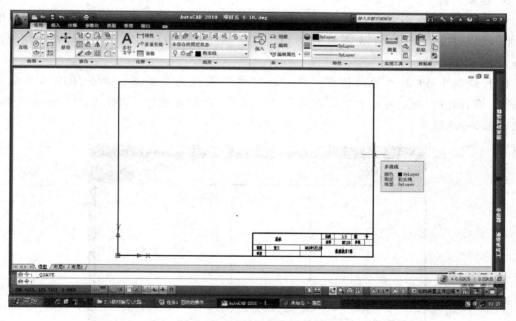

图 8-63 插入带属性的标题栏

■ 任务实施

1. 读图并分析

盘盖类零件一般是由在同一轴线上的不同直径的圆柱面所组成，其厚度相对于直径小得多，成盘状，周边常均布一些孔、槽、肋和轮辐等。

盘盖类零件主要在车床上加工，所以，考虑零件的加工位置，主视图常将轴线水平绘制，便于加工时读图。画图时，主视图一般采用全剖视图，并根据均布结构的分布情况，常常选择相交剖切面。如果均布结构相对复杂，还可以选用左视图，以表达孔、槽的分布情况。

参见 8-53，端盖的零件图由两个图形组成，一个为全剖视的主视图，另一个为局部放大图。通过分析可知，该端盖由两端直径不同的圆柱组成，中间部位加工出阶梯孔，端盖外缘均布着 6 个圆柱形沉孔。

2. 设置绘图环境

（1）新建图形文件。单击文件管理工具栏中的"新建"图标（或单击控制图标，并选择"文件"｜"新建"命令），新建一个图形文件。在文件名右侧的"打开"对话框中，选择公制，赋名存盘。

（2）设置图形界限。在命令行中输入 limits 命令，将左下角点设为（0，0），右上角点设为（210，297）。

（3）设置图层。单击图层工具栏中的"图层特性管理器"图标，系统将打开"图层特性管理器"对话框，单击"新建"按钮，建立中心线、粗实线、细实线、剖面线和尺寸线 5 个图层，并对每个图层的线型、颜色等进行相应设置。

（4）设置文字样式、标注样式（略）。

3. 绘制图幅

（1）绘制竖 A4 图幅的外边框。将"细实线"层设为当前层，单击绘图工具栏中的"矩形"图标，绘制一个左下角点为（0，0），右上角点为（210，297）的矩形线框，结果如图 8-64 所示。

（2）绘制竖 A4 图幅的内边框。将"粗实线"层设为当前层，单击绘图工具栏中的"矩形"图标，绘制一个左下角点为（10，10），右上角点为（200，287）的矩形线框。结果如图 8-64 所示。

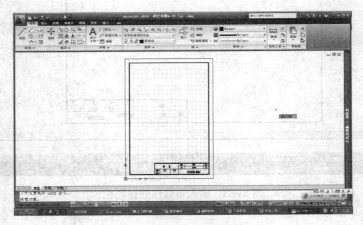

图 8-64　绘制图幅和标题栏

（3）绘制标题栏。绘制标题栏，参见图 8-53，完成后的图形如图 8-64 所示。

4. 绘制主视图

由于表示沉孔的图线在上面，所以，先绘制端盖下半部分图形，然后利用"镜像"命令，快速完成上半部分图形的绘制，再绘制沉孔的轮廓线。

246

（1）绘制图形对称线。将"点画线"设为当前图层，在适当位置，运用"直线"命令绘制零件的对称线。

（2）绘制端盖下半部分轮廓线。将"粗实线"层设为当前图层，运用"直线"命令，结合极轴追踪、自动追踪及直接给定距离方式完成端盖下半部轮廓线。操作如下：

命令：_line 指定第一点:（鼠标拾取中心线左起点）
指定下一点或 [放弃(U)]: 3↙（鼠标向右移,通过键盘输入距离 3）
指定下一点或 [放弃(U)]: 57.5↙（鼠标向下移,通过键盘输入距离 57.5）
指定下一点或 [闭合(C)/放弃(U)]: 13↙（鼠标向右移,通过键盘输入距离 13）
指定下一点或 [闭合(C)/放弃(U)]: 17.5↙（鼠标向上移,通过键盘输入距离 17.5）
指定下一点或 [闭合(C)/放弃(U)]: 5↙（鼠标向右移,通过键盘输入距离 5）
指定下一点或 [闭合(C)/放弃(U)]: 6↙（鼠标向上移,通过键盘输入距离 6）
指定下一点或 [闭合(C)/放弃(U)]: 5↙（鼠标向左移,通过键盘输入距离 5）
指定下一点或 [闭合(C)/放弃(U)]: 34↙（鼠标向上移,通过键盘输入距离 34）
指定下一点或 [闭合(C)/放弃(U)]:）↙

删去起始线段 3，结果如图 8-65 所示。

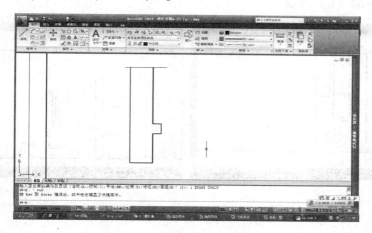

图 8-65 绘制端盖主视图（一）

用"构造线"中的"偏移"选项和编辑命令"修剪"，完成端盖下半部分其他轮廓的绘制。先将中心线分别向下偏移 17.5 和 24 个图形单位，然后再将左侧轮廓线向右分别偏移 3.75、4.5、8.5、9.25 和 18 个图形单位，如图 8-66（a）所示。

修剪图形。利用"修剪"命令，对多余图线进行修剪，结果如图 8-66（b）所示。

（3）绘制密封槽斜轮廓线。利用"直线"命令，分别将 1、2 点和 3、4 点连线。如图 8-67（a）所示。

（4）绘制端盖上半部分轮廓。利用"镜像"命令，完成端盖上半部分轮廓的绘制，具体操作如下：

命令：_mirror
选择对象:（选中端盖下半部分的所有轮廓线）↙
选择对象: ↙

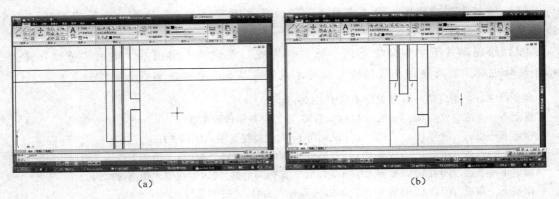

(a) (b)

图 8-66　绘制端盖主视图（二）

指定镜像线的第一点：（拾取轴线上任意一点）
指定镜像线的第二点：（拾取轴线上任意第二点）
要删除源对象吗？［是(Y)/否(N)］<N>：↙

　结果如图 8-67（b）所示。

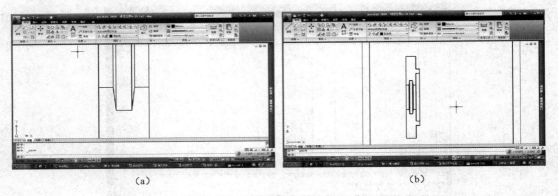

(a) (b)

图 8-67　绘制端盖主视图（三）

　（5）绘制沉孔轮廓。利用"偏移"编辑命令，完成沉孔轮廓线的绘制，具体操作如下。

命令：_offset↙
当前设置：删除源=否　图层=源　OFFSETGAPTYPE=0
指定偏移距离或［通过(T)/删除(E)/图层(L)］<9.2500>：49↙（中心线偏移距离49）
选择要偏移的对象，或［退出(E)/放弃(U)］<退出>：（拾取端盖中心线）
指定要偏移的那一侧上的点，或［退出(E)/多个(M)/放弃(U)］<退出>：（在中心线上方单击）
选择要偏移的对象，或［退出(E)/放弃(U)］<退出>：↙

　　将"粗实线"层设为当前层，利用"构造线"命令中的"偏移"选项将沉孔中心线分别向上和向下偏移 7.5 和 4.5 个图形单位，将左侧轮廓线向右偏移 6 个图形单位，如图 8-68（a）所示。
　　修剪图形。利用"修剪"命令，进行合理修剪，完成沉孔轮廓线的绘制，如图 8-68（b）所示。

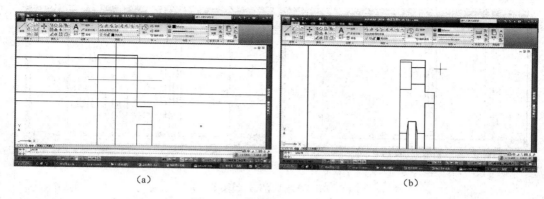

(a)   (b)

图 8-68 绘制端盖主视图（四）

5. 绘制局部放大图

局部放大图就是按照制图国家标准的规定，将已知图形中的某一局部，用一个圆形或长圆形线框圈出，将圈出部分按指定比例画出的图形。用 AutoCAD 绘图，为方便快捷，往往采用复制原图形，在复制图上，将"圈"外的部分进行删除和修剪，之后，用"缩放"命令，按比例进行缩放，再用波浪线取代圆形或长圆形线框即可。

（1）标识待放大的部分。将"细实线"层设为当前层，在待放大的区域绘制圆，标识出要放大的部位。如图 8-69 （a）所示。

（2）复制图形。利用"复制"命令，将主视图复制，结果如图 8-69 （b）所示。

(a)   (b)

图 8-69 绘制局部放大图（一）

（3）修剪并缩放图形。利用"修剪"命令，以刚刚绘制的圆为剪切边，对"圈"外的部分进行修剪，修剪完后，删除多余图线，结果如图 8-70 （a）所示。

（4）按比例将图形放大。在工具栏中单击"缩放"图标，或者在命令行输入"SCALE"并回车，命令行将出现以下提示，按照命令提示，完成操作，结果如图 8-70 （b）。

命令：SCALE✓
选择对象：指定对角点：找到 12 个(利用窗口方式选中待放大对象)
选择对象：✓(结束对象选择)
指定基点：(用鼠标拾取图形放大的基点,基点一般为待放大图形的中心点)
指定比例因子或 [复制(C)/参照(R)] <1.0000>: 2✓(放大倍数为2)

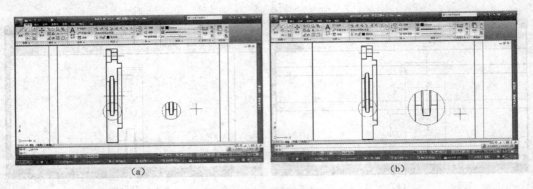

图 8-70　绘制局部放大图（二）

（5）绘制波浪线。在局部放大图上删去圆，然后利用"样条曲线"命令绘制波浪线。在绘图工具栏中单击"样条曲线"图标 ∿，命令行出现提示，再按操作提示，绘制两条波浪线，如图 8-71（a）所示。然后利用"修剪"命令，剪切掉多余的线段。结果如图 8-71（b）所示。

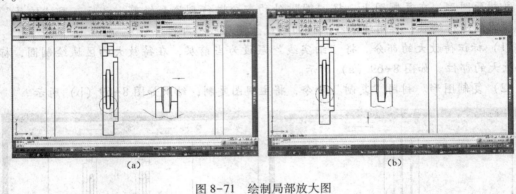

图 8-71　绘制局部放大图

6. 绘制剖面线

将"剖面线"层设为当前图层，单击绘图工具栏中的"图案填充"图标，弹出"图案填充和渐变色"对话框，如图 8-72 所示。

图 8-72　"图案填充和渐变色"对话框

在该对话框中,将"图案"设置为"ANSI31","角度"设置为"0","比例"设置为2,然后单击"添加:拾取点"按钮(⊞),或者单击"添加:选择对象"按钮(⊞),对话框暂时消失。这时,用鼠标在需要填充的区域内单击,或者在构成封闭区域的边界上单击,所选中区域的图线均变为虚线,右击确定,结束封闭区域的选择。此时对话框再现,单击对话框下端的"确定"按钮,即可完成剖面线的填充,结果如图8-73所示。

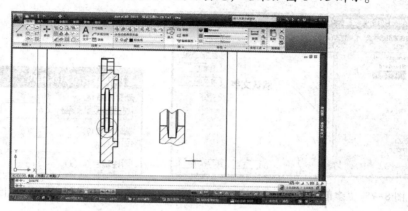

图8-73 填充剖面线

7. 标注尺寸

(1)标注沉孔尺寸。将"尺寸线"层设为当前层,单击标注工具栏中的"多重引线"图标 ⌐○多重引线,命令行出现提示,按照提示,完成引线标注,并用"文字"命令填写水平线下面的文本。结果如图8-74(a)所示。

(2)标注其他尺寸。单击标注工具栏中的"线性标注"图标 ⊢⊣线性▾,出现命令提示,按照提示,标注线性尺寸,参照图8-53,结果如图8-74(b)所示。

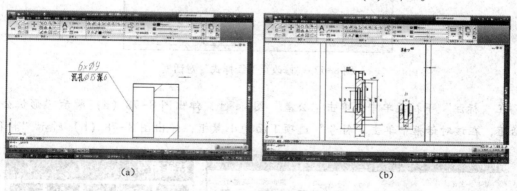

(a)   (b)

图8-74 尺寸和表面粗糙度标注

8. 标注表面粗糙度和形位公差

(1)标注表面粗糙度。绘制基本符号,并创建块,块名为"表面粗糙度符号",在适当位置上插入块,在表面粗糙度符号上注写数字,结果如图8-74(b)所示。

(2)标注形位公差。在"格式"下拉菜单中,单击"多重引线"图标,则出现"多重引线样式管理器"对话框,如图8-75所示。在对话框中,单击"新建"按钮,弹出"创建新多重引线样式"对话框，如图 8-76 所示。在"新样式名"中输入引线样式名称，如"引线样式 2"，然后单击"继续"按钮，将出现"修改多重引线样式"对话框，如图 8-77 所示。在"引线格式"选项卡"类型"选项中，选择"直线"，在"箭头"选项卡的"符号"选项中选择"无"，单击"确定"按钮，则返回图 8-75 所示的"多重引线样式管理器"对话框，单击"置为当前"和"关闭"按钮，完成设置，并返回绘图环境。

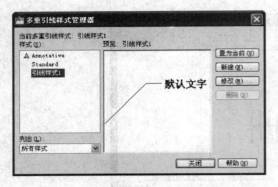

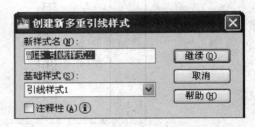

图 8-75　"多重引线样式管理器"对话框　　　　图 8-76　"创建新多重引线样式"对话框

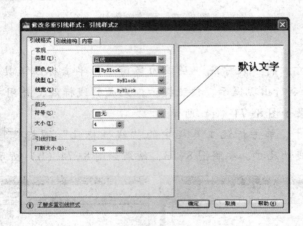

图 8-77　"修改重引线样式"对话框

在"标注"下拉菜单中，单击"公差"图标，弹出图 8-78（a）所示"形位公差"对话框，在该对话框中单击"符号"选项下面的小黑框，弹出图 8-78（b）所示"特征符

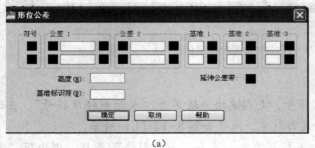

（a）　　　　　　　　　　　　　（b）

图 8-78　"形位公差"和"特征符号"对话框

号"对话框，选择其中相关符号，返回形位公差对话框。

在"公差1"文本框中输入公差值0.25，在"基准1"文本框中输入A，如图8-79（a）所示，单击"确定"按钮，完成形位公差的标注。如图8-79（b）所示。

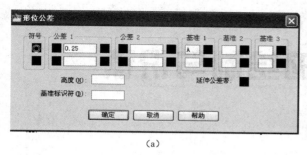
（a）

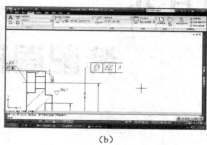
（b）

图8-79　形位公差的设置和标注

（3）标注基准代号。用"直线"和"圆"命令绘制基准代号。将"细实线"层设为当前层，绘制半径为3的细实线圆，在圆内输入字母A，执行"直线"命令，捕捉圆下面的象限点，绘制长度为3的直线段。

将"粗实线"层设为当前层，以细实线的端点为中心，绘制长为5的粗实线。完成基准代号的绘制，并将基准代号移到标注处，完成基准代号的标注。按照同样的办法，标注垂直度形位公差。标注完成后的图形如图8-80所示。

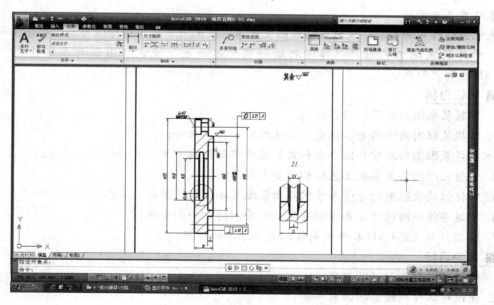

图8-80　绘制和标注完成后的图形

9. 检查、存盘

对全图进行检查修改，确认无误后存盘，完成端盖零件图的绘制。（注意：绘图过程中要及时存盘，避免文件丢失。）

项目九

装配图的绘制与识读

【项目引入】

在机械设计和机械制造的过程中，装配图是不可缺少的重要技术文件。它是表达机器或部件的工作原理及零件、部件间的装配、联接关系的技术图样。

【项目分析】

本项目主要学习：

装配图的作用和内容；装配图的视图表示法；装配图中的尺寸标注与零、部件编号及明细栏；常见的装配工艺结构；部件测绘和装配图画法；读装配图和拆画零件图，应用AutoCAD 绘制装配图。

■ 知识目标

1. 掌握装配图的作用和内容；
2. 掌握装配图画法的基本规定、特殊规定和简化画法；
3. 掌握装配图的尺寸标注要求和装配图中零部件编号方法及明细栏填写内容；
4. 掌握装配图常见装配工艺结构的要求及画法；
5. 掌握识读装配图的方法和步骤及由装配图拆画零件图的方法和步骤；
6. 掌握部件测绘的方法和步骤及装配图绘制的方法和步骤；
7. 掌握应用 AutoCAD 软件绘制装配图的方法和步骤。

■ 能力目标

1. 能正确绘制和识读装配图；
2. 能进行部件测绘和拆画零件图；
3. 能应用 AutoCAD 软件正确绘制装配图。

任务一   装配图的识读

■ 任务引入

参见图 9-10 所示的球阀装配图，阅读该零件图。

■ **任务目标**

掌握装配图的作用和内容，装配图画法的基本规定、特殊规定和简化画法，装配图的尺寸标注要求和装配图中零部件编号方法及明细栏填写内容，识读装配图的方法和步骤及由装配图拆画零件图的方法和步骤，能识读装配图。

■ **相关知识**

在生产、维修和使用、管理机械设备和技术交流等工作过程中，常需要阅读装配图；在设计过程中，也经常要参阅一些装配图，以及由装配图拆画零件图。因此，作为工程界的从业人员，必须掌握读装配图及由装配图拆画零件图的方法。

一、装配图的作用和内容

任何一台机器都是由若干部件和零件构成的，而部件也是由若干零件按一定的装配关系和技术要求装配而成的。表达机器或部件（统称为装配体）各组成部分的连接、装配关系的图样，就称为装配图。

（一）装配图的作用

在产品或部件的设计过程中，一般是先设计画出装配图，然后再根据装配图进行零件设计，画出零件图；在产品或部件的制造过程中，先根据零件图进行零件加工和检验，再依据装配图所制定的装配工艺规程将零件装配成机器或部件；在产品或部件的使用、维护及维修过程中，也经常要通过装配图来了解产品或部件的工作原理及构造。

（二）装配图的内容

图 9-1 所示是一台微动机构的轴测图。

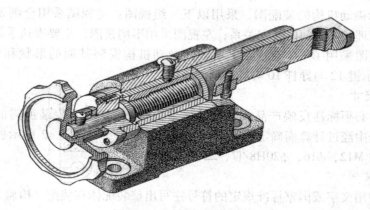

图 9-1　微动机构的轴测图

微动机构的工作过程是通过转动手轮带动螺杆转动，利用螺杆和导杆间的螺纹连接关系，将旋转运动转变成导杆的直线运动（微动机构中各零件的名称如图 9-2 微动机构的装配图）。

图 9-2 是微动机构的装配图，由此图可以看到一张完整的装配图应具备以下内容。

1. 一组视图

根据产品或部件的具体结构，选用适当的表达方法，用一组视图正确、完整、清晰地表达产品或部件的工作原理、各组成零件间的相互位置和装配关系及主要零件的结构形状。

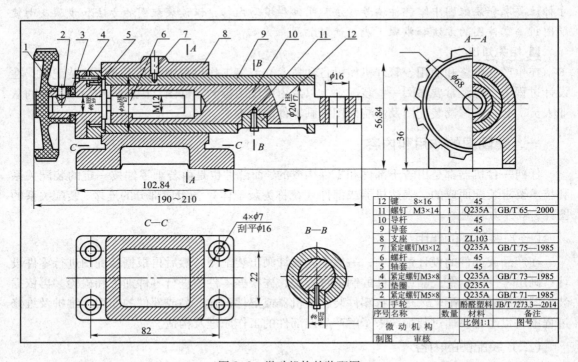

图 9-2　微动机构的装配图

12	键　　8×16	1	45	
11	螺钉　M3×14	1	Q235A	GB/T 65—2000
10	导杆	1	45	
9	导套	1	45	
8	支座	1	ZL103	
7	紧定螺钉M3×12	1	Q235A	GB/T 75—1985
6	螺杆	1	45	
5	轴套	1	45	
4	紧定螺钉M3×8	1	Q235A	GB/T 73—1985
3	垫圈	1	Q235A	
2	紧定螺钉M5×8	1	Q235A	GB/T 71—1985
1	手轮	1	酚醛塑料	JB/T 7273.3—2014
序号	名称	数量	材料	备注

微　动　机　构		比例1:1	图号
制图　　审核			

图 9-2 所示微动机构的装配图，采用以下一组视图：主视图采用全剖视，主要表示微动机构的工作原理和零件间的装配关系；左视图采用半剖视图，主要表达手轮 1 和支座 8 的结构形状；俯视图采用 C—C 剖视，主要表达微动机构安装基面的形状和安装孔的情况；B—B 剖面图表示键 12 与导杆 10 等的连接方式。

2. 必要的尺寸

在装配图中必须标注反映产品或部件的规格、外形、装配、安装所需的必要尺寸，另外，在设计过程中经过计算而确定的重要尺寸也必须标注。如图 9-2 所示的微动机构的装配图中所标注的 M12，$\phi16$，$\phi20H8/f7$，22，82 等。

3. 技术要求

在装配图中用文字或国家标准规定的符号注写出该装配体在装配、检验、使用等方面的要求，如图 9-2 所示。

4. 零部件序号、标题栏和明细栏

按国家标准规定的格式绘制标题栏和明细栏，并按一定格式对零部件进行编号，填写标题栏和明细栏，如图 9-2 所示。

二、装配图的视图表示法

装配图的侧重点是将装配体的结构、工作原理和零件间的装配关系正确、清晰地表示清楚。前面所介绍的机件表示法中的画法及相关规定对装配图同样适用。但由于表达的侧重点不同，国家标准对装配图的画法又作了一些规定。

（一）装配图画法的基本规定

1. 零件间接触面、配合面的画法

相邻两个零件的接触面和基本尺寸相同的配合面只画一条轮廓线，如图9-3所示；但若相邻两个零件的基本尺寸不相同，则无论间隙大小，均要画成两条轮廓线。

2. 装配图中剖面符号的画法

装配图中相邻两个金属零件的剖面线，必须以不同方向或不同的间隔画出，如图9-3所示。要特别注意的是，在装配图中，所有剖视、剖面图中同一零件的剖面线方向、间隔须完全一致。

另外，在装配图中，宽度小于或等于2 mm的窄剖面区域，可全部涂黑表示，如图9-3中的垫片。

3. 剖视与不剖视情况

在装配图中，对于紧固件及轴、球、手柄、键、连杆等实心零件，若沿纵向剖切且剖切平面通过其对

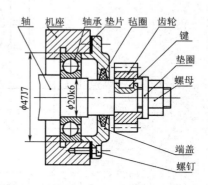

图9-3　规定画法

称平面或轴线时，这些零件均按不剖绘制。如需表明零件的凹槽、键槽、销孔等结构，可用局部剖视表示。图9-3所示的轴、螺钉和键均按不剖绘制。为表示轴和齿轮间的键连接关系，采用局部剖视。

（二）装配图画法的特殊规定和简化画法

为使装配图能简便、清晰地表达出部件中某些组成部分的形状特征，国家标准还规定了以下特殊画法和简化画法。

1. 特殊画法

1）拆卸画法（或沿零件结合面的剖切画法）

在装配图的某一视图中，为表达一些重要零件的内、外部形状，可假想拆去一个或几个零件后绘制该视图。图9-4所示滑动轴承装配图中，俯视图的右半部即是拆去轴承盖、螺栓等零件后画出的。

图9-5所示转子油泵的右视图采用的是沿零件结合面剖切画法。

2）假想画法

在装配图中，为了表达与本部件有装配关系但又不属于本部件的相邻零部件时，可用双点画线画出相邻零部件的部分轮廓。如图9-5中的主视图，与转子油泵相邻的零件即是用双点画线画出的。

在装配图中，当需要表达运动零件的运动范围或极限位置时，也可用双点画线画出该零件在极限位置处的轮廓。

3）单独表达某个零件的画法

在装配图中，当某个零件的主要结构在其他视图中未能表示清楚，而该零件的形状对部件的工作原理和装配关系的理解起着十分重要的作用时，可单独画出该零件的某一视图。如

图 9-5 所示转子油泵的 B 向视图。注意，这种表达方法要在所画视图上方注出该零件及其视图的名称。

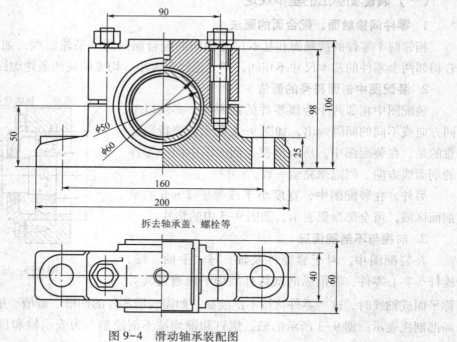

拆去轴承盖、螺栓等

图 9-4　滑动轴承装配图

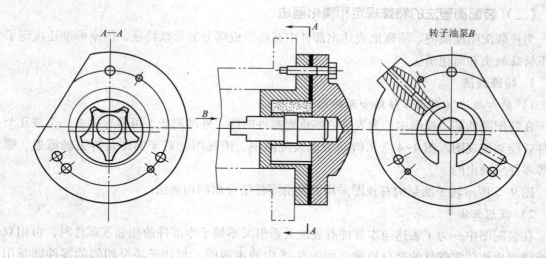

图 9-5　转子油泵

2. 简化画法

（1）在装配图中，若干相同的零部件组，可详细地画出一组，其余只需用点画线表示其位置即可，参见图 9-3 中的螺钉连接。

（2）在装配图中，零件的工艺结构，如倒角、圆角、退刀槽、起模斜度、滚花等均可不画，参见图 9-3 中的轴。

三、装配图中的尺寸标注与零部件编号及明细栏

装配图与零件图不同，不需要标注出每个零件的所有尺寸，只要求标注出与装配体的装配、检验、安装或调试等有关的尺寸即可。装配图中所有的零部件都必须编写序号。

（一）尺寸标注

由于装配图主要用来表达零部件的装配关系，所以在装配图中不需要注出每个零件的全部尺寸，而只需注出一些必要的尺寸。这些尺寸按其作用不同，可分为以下 5 类。

1. 规格尺寸

规格尺寸是表明装配体规格和性能的尺寸，是设计和选用产品的主要依据。参见图 9-2 所示微动机构装配图中螺杆 6 的螺纹尺寸 M12，它是微动机构的性能尺寸，它决定了手轮转动一圈后导杆 10 的位移量。

2. 装配尺寸

装配尺寸包括零件间有配合关系的配合尺寸及零件间相对位置尺寸。参见图 9-2 所示微动机构装配图中 $\phi20H8/f7$，$\phi30H8/k7$，$\phi8H9/h9$ 的配合尺寸。

3. 安装尺寸

安装尺寸是机器或部件安装到基座或其他工作位置时所需的尺寸。参见图 9-2 所示微动机构装配图中的 82，22，$4\times\phi7$ 孔所表示的安装尺寸。

4. 外形尺寸

外形尺寸是指反映装配体总长、总宽、总高的外形轮廓尺寸。参见图 9-2 所示微动机构装配图中的 190~210，36，$\phi68$。

5. 其他重要尺寸

在设计过程中经过计算而确定的尺寸和主要零件的主要尺寸及在装配或使用中必须说明的尺寸。参见图 9-2 所示微动机构装配图中的尺寸 190~210，它不仅表示了微动机构的总长，而且表示了运动零件导杆 10 的运动范围。非标准零件上的螺纹标记，参见图 9-2 所示微动机构装配图中的 M12，在装配图中要注明。

以上 5 类尺寸，并非每张装配图上都需全部标注，有时同一个尺寸，可同时兼有几种含义。所以装配图上的尺寸标注，要根据具体的装配体情况来确定。

（二）零部件编号

1. 一般规定

（1）在装配图中所有的零部件都必须编写序号。

（2）在装配图中一个部件可以只编写一个序号；同一装配图中相同的零部件只编写一次。

（3）在装配图中零部件序号要与明细栏中的序号一致。

2. 序号的编排方法

（1）在装配图中编写零部件序号的常用方法有 3 种，如图 9-6 所示。

（2）同一装配图中编写零部件序号的形式应一致。

（3）指引线应自所指部分的可见轮廓引出，并在末端画一圆点。如所指部分轮廓内不便画圆点，可在指引线末端画一箭头，并指向该部分的轮廓，如图 9-7 所示。

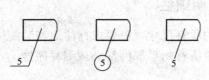

图 9-6　序号的编写方式

图 9-7　指引线画法

（4）指引线可画成折线，但只可曲折一次。

（5）一组紧固件及装配关系清楚的零件组可以采用公共指引线，如图 9-8 所示。

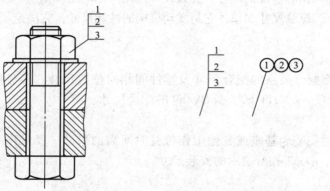

图 9-8　公共指引线

（6）零件的序号应沿水平或垂直方向按顺时针或逆时针方向排列，序号间隔应尽可能相等。参见图 9-2 所示微动机构装配图。

（三）标题栏及明细栏

1. 标题栏（GB/T 10609.1—2008）

装配图中标题栏格式与零件图中相同。

2. 明细栏（GB/T 10609.2—2009）

明细栏按 GB/T 10609.2—2009 规定绘制，如图 9-9 所示。填写明细栏时要注意以下问题。

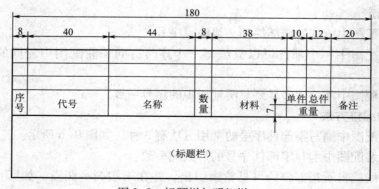

图 9-9　标题栏与明细栏

（1）序号按自下而上的顺序填写，如向上延伸位置不够，可在标题栏紧靠左边自下而上延续。

（2）备注栏可填写该项的附加说明或其他有关的内容。

四、读装配图和拆画零件图

（一）读装配图的方法和步骤

读装配图的基本要求可归纳为：第一要了解部件的名称、用途、性能和工作原理；第二弄清各零件间的相对位置、装配关系和装拆顺序；第三弄懂各零件的结构形状及作用。

读装配图要达到上述要求，不仅要掌握制图知识，还需要具备一定的生产和相关专业知识。

下面以图 9-10 所示球阀为例说明读装配图的一般方法和步骤。

1. 概括了解

由标题栏、明细栏了解部件的名称、用途及各组成零件的名称、数量、材料等，对于有些复杂的部件或机器还需查看说明书和有关技术资料。从而对部件或机器的工作原理和零件间的装配关系做深入的分析了解。

由图 9-10 的标题栏、明细栏可知，该图所表达的是管路附件——球阀，该阀共由 12 种零件组成。球阀的主要作用是控制管路中流体的流通量。从其作用及技术要求可知，密封结构是该阀的关键部位。

2. 分析各视图及其所表达的内容

图 9-10 所示的球阀，共采用 3 个基本视图。主视图采用局部剖视图，主要反映该阀的组成、结构和工作原理。俯视图采用局部剖视图，主要反映阀盖和阀体及扳手和阀杆的连接关系。左视图采用半剖视图，主要反映阀盖和阀体等零件的形状及阀盖和阀体间连接孔的位置和尺寸等。

3. 弄懂工作原理和零件间的装配关系

图 9-10 所示的球阀，有两条装配线。从主视图看，一条是水平方向，另一条是垂直方向。其装配关系是：阀盖和阀体用 4 个双头螺柱和螺母连接，并用合适的调整垫调节阀芯与密封圈之间的松紧程度。阀体垂直方向上装配有阀杆，阀杆下部的凸块嵌入到阀芯上的凹槽内。为防止流体泄漏，在此处装有填料垫，填料并旋入填料压紧套将填料压紧。

球阀的工作原理：扳手在主视图中的位置时，阀门为全部开启，管路中流体的流通量最大。当扳手顺时针旋转到俯视图中双点画线所示的位置时，阀门为全部关闭，管路中流体的流通量为零。当扳手处在这两个极限位置之间时，管路中流体的流通量随扳手的位置而改变。

4. 分析零件的结构形状

在弄懂部件工作原理和零件间的装配关系后，分析零件的结构形状，可有助于进一步了解部件结构特点。

分析某一零件的结构形状时，首先要在装配图中找出反映该零件形状特征的投影轮廓。接着可按视图间的投影关系，同一零件在各剖视图中的剖面线方向、间隔必须一致的画法规

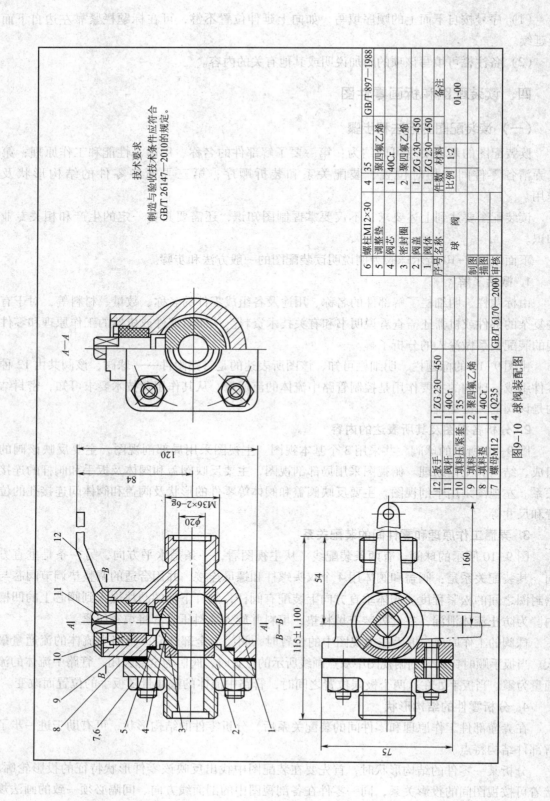

图9–10 球阀装配图

定，将该零件的相应投影从装配图中分离出来。然后根据分离出的投影，按形体分析和结构分析的方法，弄清零件的结构形状。

（二）由装配图拆画零件图

在设计过程中，需要由装配图拆画零件图，简称拆图。拆图应在全面读懂装配图的基础上进行。

1. 拆画零件图时要注意的 3 个问题

（1）由于装配图与零件图的表达要求不同，在装配图上往往不能把每个零件的结构形状完全表达清楚，有的零件在装配图中的表达方案也不符合该零件的结构特点。因此，在拆画零件图时，对那些未能表达完全的结构形状，应根据零件的作用、装配关系和工艺要求予以确定并表达清楚。此外对所画零件的视图表达方案一般不应简单地按装配图照抄。

（2）由于装配图上对零件的尺寸标注不完全，因此在拆画零件图时，除装配图上已有的与该零件有关的尺寸要直接照搬外，其余尺寸可按比例从装配图上量取。标准结构和工艺结构，可查阅相关国家标准来确定。

（3）标注表面粗糙度、尺寸公差、形位公差等技术要求时，应根据零件在装配体中的作用，参考同类产品及有关资料确定。

2. 拆图实例

以图 9-10 所示球阀中的阀盖为例，介绍拆画零件图的一般步骤。

（1）确定表达方案。由装配图上分离出阀盖的轮廓，如图 9-11 所示。根据端盖类零件的表达特点，决定主视图采用沿对称面的全剖，侧视图采用一般视图。

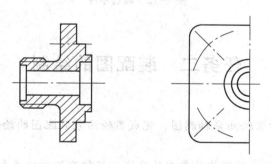

图 9-11　由装配图上分离出阀盖的轮廓

（2）尺寸标注。对于装配图上已有的与该零件有关的尺寸要直接照搬，其余尺寸可按比例从装配图上量取。标准结构和工艺结构，可查阅相关国家标准确定，标注阀盖的尺寸。

（3）技术要求标注。根据阀盖在装配体中的作用，参考同类产品的有关资料，标注表面粗糙度、尺寸公差、形位公差等，并注写技术要求。

（4）填写标题栏，核对检查，完成后的全图如图 9-12 所示。

■ 任务实施

按"读装配图的方法和步骤"完成球阀装配图的识读。

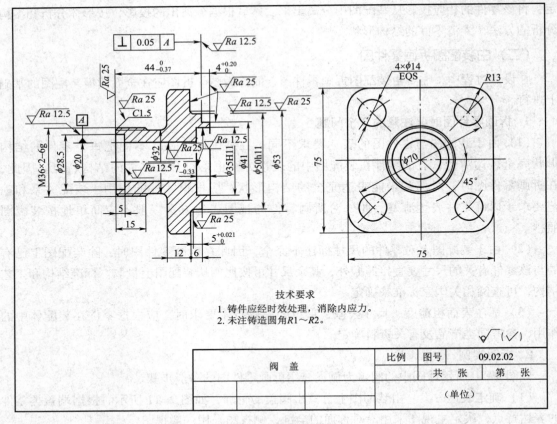

技术要求
1. 铸件应经时效处理，消除内应力。
2. 未注铸造圆角$R1 \sim R2$。

阀　盖			比例	图号	09.02.02
			共　张		第　张
			（单位）		

图 9-12　阀盖零件

任务二　装配图的绘制

■ 任务引入

参见图 9-19 所示的齿轮油泵轴测图，完成齿轮油泵装配图的绘制。

■ 任务目标

掌握装配图常见装配工艺结构的要求及画法、部件测绘的方法和步骤及装配图绘制的方法和步骤，能进行部件测绘和装配图绘制。

■ 相关知识

一、常见的装配工艺结构

在设计和绘制装配图时，应考虑装配结构的合理性，以保证机器或部件的使用及零件的加工、装拆方便。

（一）装配工艺结构

1. 接触面与配合面的结构

（1）两个零件接触时，在同一方向只能有一对接触面，这种设计既可满足装配要求，同时制造也很方便，如图 9-13 所示。

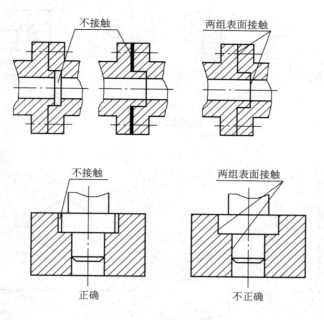

图 9-13　两零件间的接触面

（2）轴颈和孔配合时，应在孔的接触端面制作倒角或在轴肩根部切槽，以保证零件间接触良好，如图 9-14 所示。

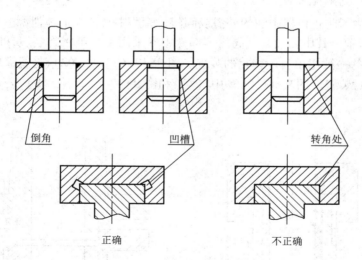

图 9-14　接触面转角处的结构

2. 便于装拆的合理结构

（1）滚动轴承的内、外圈在进行轴向定位设计时，必须要考虑到拆卸的方便，如图 9-15所示。

（2）用螺纹紧固件连接时，要考虑到安装和拆卸紧固件是否方便，如图 9-16 所示。

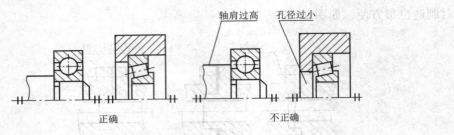

图 9-15　滚动轴承端面接触的结构

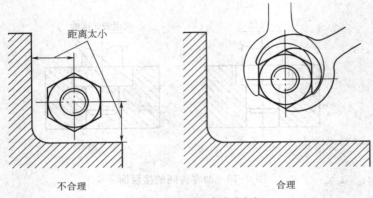

图 9-16　留出扳手活动空间

（二）机器上的常见装置

密封装置是为了防止机器中油的外溢或阀门、管路中气体、液体泄漏。通常采用的密封装置如图 9-17 所示。其中在油泵、阀门等部件中常采用填料函密封装置，图 9-17 （a）中（1）所示为常见的一种用填料函密封的装置。图 9-17 （a）中（2）是管道中的管子接口处用垫片密封的密封装置。图 9-17 （b）中（1）和图 9-17 （b）中（2）表示的是滚动轴承的常用密封装置。

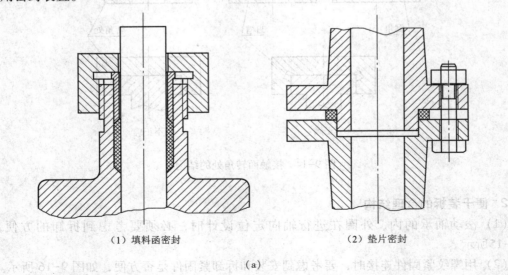

（1）填料函密封　　　　　　　　　　（2）垫片密封

（a）

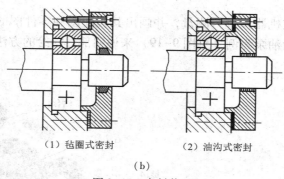

（1）毡圈式密封 （2）油沟式密封

（b）

图 9-17 密封装置

为防止机器因工作震动而致使螺纹紧固件松开，常采用双螺母、弹簧垫圈、止动垫圈及开口销等防松装置，如图 9-18 所示。

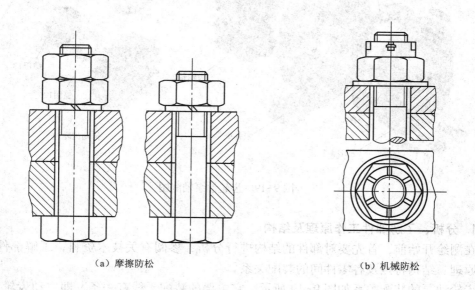

（a）摩擦防松 （b）机械防松

图 9-18 防松装置

螺纹连接的防松按防松的原理不同，可分为摩擦防松与机械防松。如采用双螺母、弹簧垫圈的防松装置属于摩擦防松装置；采用开口销、止动垫圈的防松装置属于机械防松装置。

二、部件测绘和装配图画法

对已有的部件（或机器）进行测量，并画出其装配图和零件图的过程称为部件（或机器）测绘。在实际生产中，无论是仿制某种先进设备，还是对旧设备进行革新改造或修配，测绘工作总是必不可少的。

（一）部件测绘

对已有的部件（或机器）进行测量，并画出其装配图和零件图的过程称为部件（或机器）测绘。下面以齿轮油泵为例（见图 9-19）来说明部件测绘的方法和步骤。

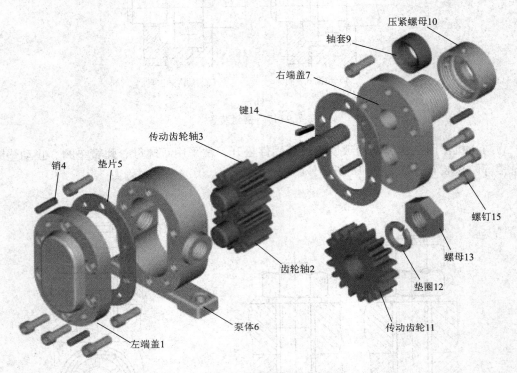

压紧螺母10
轴套9
右端盖7
键14
传动齿轮轴3
销4　垫片5
螺钉15
齿轮轴2
螺母13
垫圈12
泵体6
传动齿轮11
左端盖1

图 9-19　齿轮油泵轴测图

1. 分析、了解部件工作原理及结构

在测绘开始前，首先要对部件的结构进行分析，参阅有关技术资料，了解部件的用途、工作原理、结构特点及各零件间的装配关系。

齿轮油泵的装配关系如图 9-19 所示。它主要的装配干线有一条，即主动齿轮和轴。装在轴上的齿轮与另一个齿轮构成齿轮副啮合，轴的伸出端有一个密封装置。另一个装配关系是泵盖与泵体的连接关系。二者用 6 个螺钉连接，为防止油泄漏，泵盖与泵体间有密封垫片。

2. 零部件拆卸和画装配示意图

装配示意图是用来表示部件中各零件的相互位置和装配关系的示意性图样，是重新装配部件和画装配图的参考依据。

装配示意图是用简单的线条和符号示意性地画出部件图样，如图 9-20 所示。画图时应采用国家标准《机械制图　机构运动简图用图形符号》（GB/T 4460—2013）中所规定的符号，可参见有关技术标准。

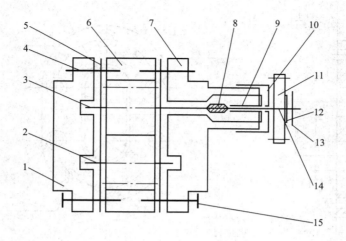

1—左端盖；2—齿轮轴；3—传动齿轮轴；4—销；5—垫片；6—泵体；
7—右端盖；8—密封圈；9—轴套；10—压紧螺母；11—传动齿轮；
12—垫圈；13—螺母；14—键；15—螺钉。

图 9-20　齿轮油泵的装配示意图

在初步了解部件工作原理及结构的基础上，要按照主要装配关系和装配干线依次拆卸各零件，通过对各零件的作用和结构的仔细分析进一步了解各零件间的装配关系。要特别注意零件间的配合关系，弄清其配合性质。拆卸时为了避免零件丢失与混乱，一方面要妥善保管零件，另一方面可对各零件进行编号，并分清标准件与非标准件，作出相应的记录。标准件在测量尺寸后查阅标准，核对并写出规定标记，不必画零件草图和零件图。

3. 画零件草图

部件中所有的非标准件均要画零件草图。按照在零件图章节所学习的零件草图的绘制方法，可以画出齿轮油泵所有零件的零件草图。图 9-21 所示是根据泵盖的零件草图绘制的零件图。

（二）画装配图

绘制装配图前，要对绘制好的装配示意图和零件草图等资料进行分析、整理，对所要绘制部件的工作原理、结构特点及各零件间的装配关系做更进一步的了解，拟订表达方案和绘图步骤，最后完成装配图的绘制。

1. 拟订表达方案

1）选择主视图

画装配图时，部件大多按工作位置放置。主视图应选择反映部件主要装配关系及工作原理的方位，为详细地表达零件间的装配关系，主视图的表达多采用剖视的方法。

齿轮油泵的主视图采用沿主要装配干线的全剖视的表达方法，从而将齿轮油泵中主要零件的相对位置及装配关系等表达出来。为了表达齿轮间的啮合关系，又采用了两个局部剖视。

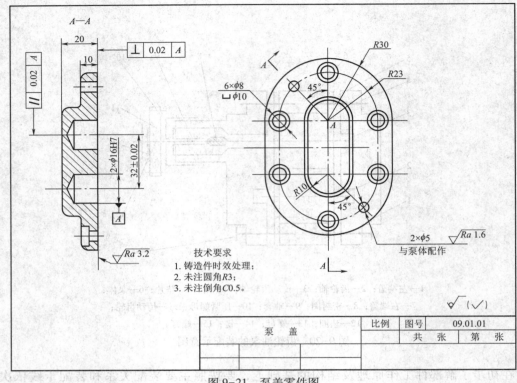

图 9-21 泵盖零件图

2）选择其他视图

其他视图的选择以进一步准确、完整、简便地表达各零件间的结构形状及装配关系为原则，因此多采用局部剖、拆去某些零件后的视图、断面图等表达方法。

齿轮油泵在主视图采用全剖视的基础上，由于油泵结构对称，左视图采用沿结合面剖切的半剖视图，这样既清楚地表达了油泵的工作原理，同时也清楚地表明了连接泵盖和泵体的螺钉的分布情况及泵盖和泵体的内外结构。另外，为表达吸油口及安装孔的形状，左视图还采用了两个局部剖视。完整的表达方案如图 9-22 所示。

2. 装配图画图步骤

根据拟订的表达方案，即可按以下步骤绘制装配图。

（1）选比例、定图幅、布图。按照部件的复杂程度和表达方案，选取装配图的绘图比例和图纸幅面。布图时，要注意留出标注尺寸、编序号、明细栏和标题栏及写技术要求的位置。在以上工作准备好后，即可画图框、标题栏及明细栏，画各视图的主要基准线。

（2）按装配关系依次绘制主要零件的投影。按齿轮油泵的主要装配干线由里往外逐个绘制主要零件的投影。

（3）绘制部件中的连接、密封等装置的投影。继续绘制详细的连接、密封等装置的投影。

（4）标注必要的尺寸，编序号，填写明细表和标题栏，写技术要求。

图 9-22 所示为最后完成的装配图。

■ 任务实施

按"部件测绘和装配图画法"绘制齿轮油泵装配图。

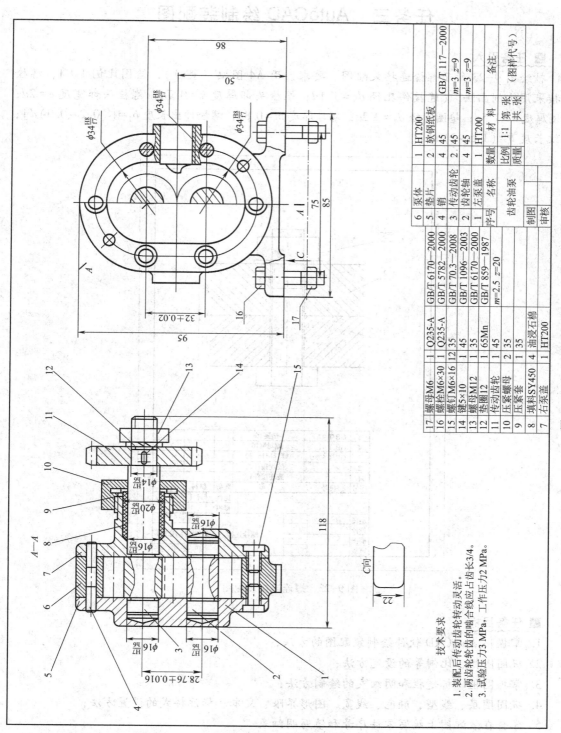

17	螺母M6	1	Q235-A	GB/T 6170—2000
16	螺栓M6×30	12	Q235-A	GB/T 5782—2000
15	螺钉M6×16	35		GB/T 70.3—2008
14	键5×10	1	45	GB/T 1096—2003
13	螺母M12	1	35	GB/T 6170—2000
12	垫圈12	1	65Mn	GB/T 859—1987
11	传动齿轮	1	45	m=2.5 z=20
10	压紧螺母	2	35	
9	压紧套	2	35	
8	填料SY450	4	油浸石棉	
7	右泵盖	1	HT200	
6	泵体	1	HT200	
5	垫片	2	软钢纸板	
4	销	4	45	GB/T 117—2000
3	传动齿轮	2	45	m=3 z=9
2	齿轮轴	4	45	m=3 z=9
1	左泵盖	1	HT200	
序号	名称	数量	材料	备注

齿轮油泵　　比例 1:1　第　张　共　张

制图　审核　（图样代号）

技术要求
1. 装配后传动齿轮转动灵活。
2. 两齿轮轮齿的啮合线应占齿长3/4。
3. 试验压力3 MPa，工作压力2 MPa。

图9-22　完成的装配图

任务三 AutoCAD 绘制装配图

■ 任务引入

抄绘图 9-23 所示螺栓连接装配图。要求：用 A4 图幅（竖放），绘图比例 $1:1$，螺栓连接采用比例画法。（连接件孔径 $d_h = 1.1d$；螺栓头部厚度 $k = 0.7d$；螺栓头部宽度 $e = 2d$；垫圈厚度 $h = 1.5d$；垫圈直径 $d_2 = 2.2d$；螺母厚度 $m = 0.8d$；螺栓伸出长度 $b_1 = [(0.2 \sim 0.3)d]$；螺纹长度 $b = (1.5 \sim 2)d$）。

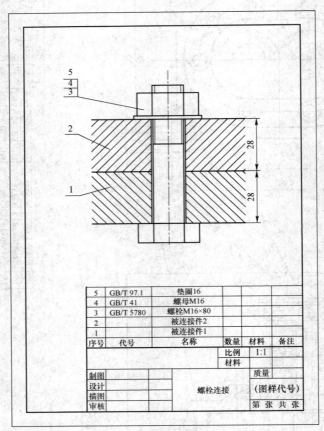

5	GB/T 97.1	垫圈16			
4	GB/T 41	螺母M16			
3	GB/T 5780	螺栓M16×80			
2		被连接件2			
1		被连接件1			
序号	代号	名称	数量	材料	备注

			比例	1:1	
			材料		
制图			质量		
设计		螺栓连接			
描图				（图样代号）	
审核			第 张 共 张		

图 9-23 螺栓连接装配图

■ 任务目标

1. 掌握用 AutoCAD 软件绘制装配图的方法；
2. 巩固图幅、比例等的设定方法；
3. 掌握图框、标题栏和明细表的绘制方法；
4. 巩固图层、线型、颜色、线宽、图形界限、文本、标注样式的设置方法；
5. 学会在装配图上编写零件序号和填写明细表。

■ 相关知识

利用 AutoCAD 绘制装配图可以采用的主要方法有：零件图块插入法，零件图形文件插入法，根据零件图直接绘制和利用设计中心拼画装配图等。

1. 直接绘制装配图

对于一些比较简单的装配图，可以直接利用 AutoCAD 的二维绘图及编辑命令，按照手工绘制装配图的绘图步骤将其绘制出来，与零件图的绘制方法一模一样。在绘制过程中，要充分利用"对象捕捉"及"正交"等绘图辅助工具以提高绘图的准确性，并通过对象追踪和构造线 XLINE 来保证视图之间的投影关系。这种绘制方法不适于绘制复杂的图形。因此，这种方法在绘制装配图时很少用到。

2. 零件图块插入法

用零件图块插入法绘制装配图，就是将组成部件或机器的各个零件的图形先创建为图块，然后再按零件间的相对位置关系，将零件图块逐个插入，拼绘成装配图的一种方法。

3. 零件图形文件插入法

在 AutoCAD 中，可以将多个图形文件用插入块命令（INSERT），直接插入到同一图形中，插入后的图形文件以块的形式存于当前图形中。因此，可以用直接插入零件图形文件的方法来拼绘装配图，该方法与零件图块插入法极为相似，不同的是在默认情况下的插入基点为零件图形的坐标原点（0，0），这样在拼绘装配图时就不便准确确定零件图形在装配图中的位置。为保证图形插入时能准确、方便地放到正确的位置，在绘制完零件图形后，应首先用定义基点命令（BASE）设置插入基点，然后再保存文件，这样在用插入块命令（INSERT）将该图形文件插入时，就以定义的基点为插入点进行插入，从而完成装配图的拼绘。

4. 利用设计中心拼画装配图

AutoCAD 设计中心（AutoCAD Design Center，ADC）为用户提供了一个直观、高效和集成化的图形组织和管理的工具，它与 Windows 资源管理器类似。用户利用设计中心，不仅可以方便地浏览、查找、预览和管理 AutoCAD 图形、块、外部参照及光栅图像等不同的资源文件，而且可以通过简单的拖放操作，将位于本地计算机、局域网或因特网上的块、图层和外部参照等内容插入到当前图形中。

本任务只讲解直接绘制装配图和用零件图块插入法绘制装配图的方法。

■ 任务实施

1. 看懂和分析装配图的内容

绘图前，首先要看懂并分析所绘装配图的内容，以便确定绘图步骤，并根据视图数量和尺寸大小，选择图幅和比例。

螺栓联接由螺栓、螺母、垫圈和被连接件组成，其绘图步骤可以由内到外，也可以由外到内绘制。即可以先画螺栓，再画螺母和垫圈，最后画被连接件；也可以先画被连接件，再画螺栓，最后画螺母和垫圈。

2. 设置绘图环境

（1）新建图形文件。单击文件管理工具栏中的"新建"图标 ▯ （或单击控制图标▰，并选择"文件"｜"新建"命令），新建一个图形文件。在文件名右侧的"打开"对话框中，选择公制。

（2）设置图形界限。

在命令行中输入 limits 命令，命令行提示如下：

命令：limits✓
重新设置模型空间界限：
指定左下角点或 [开(ON)/关(OFF)] <0.0000,0.0000>:0,0✓（设置图形界限左下角点）
指定右上角点 <210.0000,297.0000>:210,297✓（设置图形界限右上角点）。

（3）设置图层。单击图层工具栏中的"图层特性管理器"图标，系统将打开"图层特性管理器"对话框，单击"新建"按钮，建立如图 9-24 所示的 7 个图层。

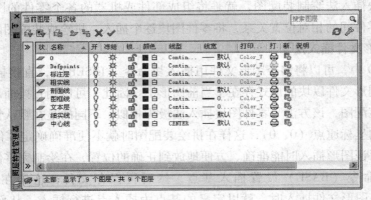

图 9-24　图层设置

（4）设置文字样式、标注样式（略）。

3. 设置图幅

（1）绘制竖放 A4 图幅的外边框。将"细实线"层设为当前层，单击绘图工具栏中的"矩形"图标，命令行提示如下：

命令：_rectang✓
指定第一个角点或 [倒角(C)/标高(E)/圆角(F)/厚度(T)/宽度(W)]：0,0✓（输入矩形第一角点坐标值）
指定另一个角点或 [面积(A)/尺寸(D)/旋转(R)]：@ 210,297✓（输入矩形另一角点坐标值）

完成图幅外边框的绘制，如图 9-25（a）所示。

（2）绘制竖放 A4 图幅的内边框。将"粗实线"层设为当前层，单击绘图工具栏中的"矩形"图标，命令行提示如下：

命令：_rectang✓
指定第一个角点或 [倒角(C)/标高(E)/圆角(F)/厚度(T)/宽度(W)]：10,10✓（输入矩形第一角点坐标值）
指定另一个角点或 [面积(A)/尺寸(D)/旋转(R)]：@ 190,277✓（输入矩形另一角点坐标值）

完成图幅内边框的绘制，如图 9-25（a）所示。

（3）绘制标题栏。可参阅项目八任务六，绘制图 9-23 所示标题栏，完成后的图形如图 9-25（b）所示。

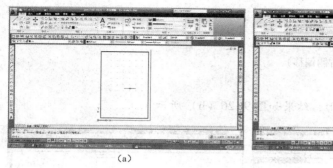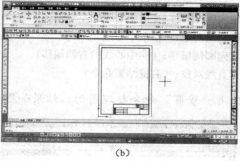

(a) (b)

图 9-25 绘制图幅和标题栏

4. 直接绘制装配图

（1）绘制中心线。将"中心线"层设为当前层，利用绘制直线命令绘制中心线。命令行提示如下：

命令：_line 指定第一点：（在绘图区适当的位置单击,确定中心线的起点）

指定下一点或 [放弃(U)]:100（画铅垂线,长度100）

指定下一点或 [放弃(U)]:（回车结束）

完成中心线的绘制，如图 9-26（a）所示。

（2）绘制被连接件。

① 将"粗实线"层设为当前层，利用"构造线"命令及其中的"偏移"选项，完成被连接件轮廓线的绘制。命令行提示如下：

命令：_xline 指定点或 [水平(H)/垂直(V)/角度(A)/二等分(B)/偏移(O)]：h✓（绘制水平线）

指定通过点：（在适当的位置单击,为提高绘图速度,暂不考虑构造线距中心线端部的距离,待图形绘制完后,调整中心线长度即可。）

指定通过点：（右键结束命令）

命令：_xline 指定点或 [水平(H)/垂直(V)/角度(A)/二等分(B)/偏移(O)]：o✓（偏移构造线）

指定偏移距离或 [通过(T)] <通过>:28✓（输入偏移距离）

选择直线对象：（拾取刚才绘制的构造线）

指定向哪侧偏移：（在刚才绘制的构造线下方单击）

选择直线对象：（拾取刚才绘制的构造线）

指定向哪侧偏移：（在刚才绘制的构造线上方单击）

选择直线对象：（右键结束命令）

命令：_xline 指定点或 [水平(H)/垂直(V)/角度(A)/二等分(B)/偏移(O)]：o✓（偏移构造线）

指定偏移距离或 [通过(T)] <28.0000>:40✓（输入被连接件的长度尺寸）

选择直线对象：（拾取中心线）

指定向哪侧偏移：（向中心线的左侧偏移）

选择直线对象：（拾取中心线）

指定向哪侧偏移：（向中心线的右侧偏移）

选择直线对象：（右键结束命令）

命令：_xline 指定点或 [水平(H)/垂直(V)/角度(A)/二等分(B)/偏移(O)]：o✓（偏移构造线）

指定偏移距离或 [通过(T)] <40.0000>:8.8✓（输入被连接件通孔半径尺寸）

选择直线对象：（拾取中心线）

指定向哪侧偏移：（向中心线的左侧偏移）

选择直线对象：（拾取中心线）

指定向哪侧偏移：（向中心线的右侧偏移）

选择直线对象：（右键结束命令）

② 用"修剪"命令整理图形，结果如图 9-26（b）所示。

(a)   (b)

图 9-26 绘制中心线和被连接件

（3）绘制螺栓。

① 使用"构造线"命令中的"偏移"选项，将被连接件中的底部水平线分别向上偏移 75、43，向下偏移 11.2；将中心线向左右分别偏移 8、16，如图 9-27（a）所示。

② 使用"修剪"命令，整理图形，如图 9-27（b）所示。

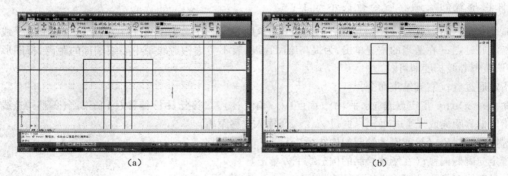

(a)   (b)

图 9-27 绘制螺栓（一）

③ 将"细实线"层设为当前层，利用"构造线"命令及其中的"偏移"选项，将中心线分别向左、向右偏移 6.8，完成螺栓小径的绘制，如图 9-28（a）所示。

④ 使用"修剪"命令，整理图形，如图 9-28（b）所示。

（4）绘制垫圈。

① 将"粗实线"层设为当前层，继续使用"构造线"命令中的"偏移"选项，将中心线分别向左、向右偏移 17.62；将被连接件的上边线向上偏移 2.4，如图 9-29（a）所示。

② 继续使用"修剪"命令，整理图形，结果如图 9-29（b）所示。

（5）绘制螺母。

① 使用"构造线"命令中的"偏移"选项，将中心线分别向左、向右偏移 16；将垫圈

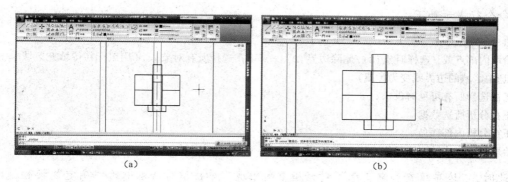

图 9-28 绘制螺栓（二）

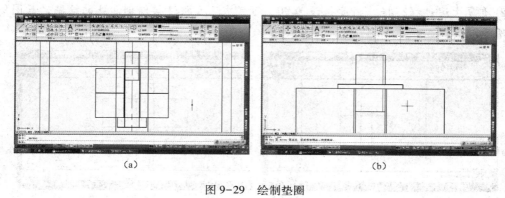

图 9-29 绘制垫圈

的上边线向上偏移 12.8，结果如图 9-30（a）所示。

② 使用"修剪"命令，整理图形，如图 9-30（b）所示。

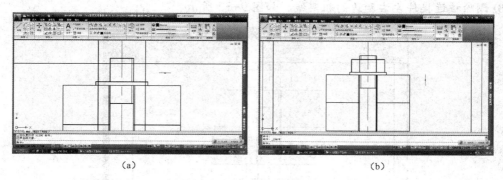

图 9-30 绘制螺母

注意：在装配图中绘制螺纹紧固件时，应尽量采用简化画法。这样可以减少工作量，提高绘图速度，增加图样的明晰度，使图样的重点更加突出。

（6）绘制剖面线。

① 将"剖面线"层设为当前层，单击绘图工具栏中的"图案填充"图标（▨），将弹出"边界填充和渐变色"对话框。在该对话框中，将"图案"设置为"ANSI31"，"角度"设为"0"，"比例"设为 1。单击"拾取点"图标（▨），"边界填充和渐变色"对话框消

277

失，命令行提示如下：

命令：_bhatch

拾取内部点或 [选择对象(S)/删除边界(B)]：　正在选择所有对象…（用鼠标在待填充区域单击，此时，所选中区域的边界线变为虚线）

正在选择所有可见对象…

正在分析所选数据…

正在分析内部孤岛…

拾取内部点或 [选择对象(S)/删除边界(B)]：↙（回车结束命令）

此时，"边界填充和渐变色"对话框重新出现，单击该对话框中的"确定"按钮，即可完成被连接件剖面线的绘制，如图 9-31（a）所示。

②重复上述过程，将"角度"设为 90，可完成下面被连接件剖面线的绘制，如图 9-31（b）所示。

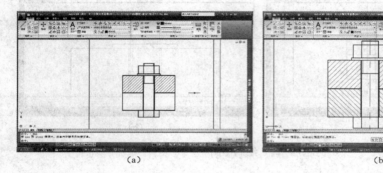

（a）　　　　　　　　　　　　　（b）

图 9-31　绘制剖面线

③删除被连接件左右两边的粗实线，如图 9-32 所示。

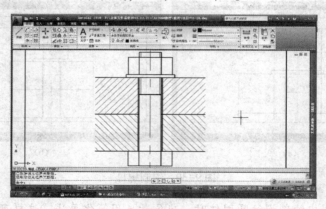

图 9-32　螺栓连接主视图

（7）标注尺寸和序号。

①利用"标注"下拉菜单中的"线性标注"命令，标注被连接件的厚度尺寸。

②用"引线""文字"命令标注序号，如图 9-33 所示。

（8）绘制明细表并填写文字。

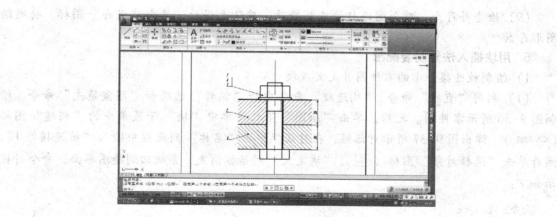

图 9-33 标注尺寸和序号

① 用"直线""偏移"命令绘制明细表，并用"文字"命令填写文字，如图 9-34 所示。

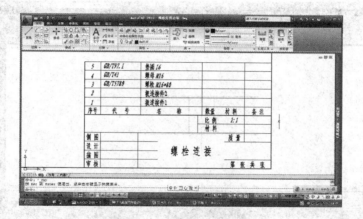

图 9-34 明细表的绘制与填写

② 选择菜单栏中的"视图"|"范围"命令，将全图充满屏幕，如图 9-35 所示。

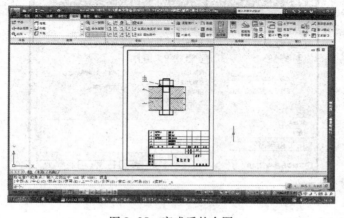

图 9-35 完成后的全图

（9）检查并存盘。对全图进行检查和修改，确认无误后，单击"保存"图标，将所绘图形存盘。

5. 用块插入法绘制装配图

1）绘制被连接件 1 的零件图并定义成块

（1）利用"直线"命令、"构造线"命令中的"偏移"选项和"图案填充"命令，绘制图 9-36 所示零件图。之后，单击"绘图"下拉菜单中"块"子菜单中的"创建"图标（🔲 创建），弹出图 9-37 所示对话框，在对话框中的"名称"列表框中输入"被连接件 1"，然后单击"选择对象"图标（🔳），"块定义"对话框消失，系统回到绘图界面，命令行提示如下：

命令：_block
选择对象：指定对角点：找到 6 个(选择绘制的全图)
选择对象：(回车结束选择，"块定义"对话框重新出现)
指定插入基点：(用鼠标捕捉下边线与中心线的交点,单击)

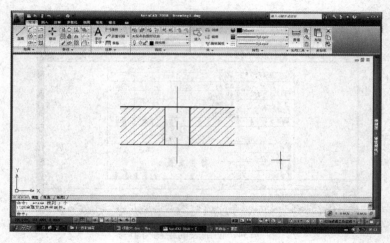

图 9-36　绘制被连接件 1 的零件图

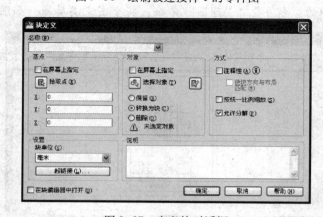

图 9-37　定义块对话框

单击图 9-37 中的"确定"按钮，完成创建块的操作，如图 9-38 所示。

图 9-38　被连接件 1 的定义块

（2）用 Wblock（块存盘）命令，将被连接件 1 定义成外部块。在命令行中输入"W"（Wblock 的缩写），回车，弹出"写块"对话框，如图 9-39 所示。在"源"选项卡中选中"块"，然后在下拉列表中选择"被连接件 1"；在"目标"选项卡中的"文件名和路径"列表中填入块文件的名称、存盘路径；在"插入单位"列表框中选择块在插入时采用的单位。单击"确定"按钮，完成块存盘操作。

说明："定义块"操作也可直接采用 Wblock（块存盘）命令，将定义的块存到磁盘中。对于常用的标准件（如螺栓）等，用此方法创建块，以供绘制其他装配图时调用。

图 9-39　写块对话框

2）绘制被连接件 2 的零件图并将其定义成外部块

参照被连接件 1 的绘图方法和步骤，可完成被连接件 2 的图形绘制。注意剖面线的倾斜方向应与被连接件 1 的剖面线方向相反。如图 9-40（a）所示。

利用 Wblock（块存盘）命令，将被连接件 2 定义成外部块，名称为"被连接件 2"，基点为中心线与上边线的交点。如图 9-40（b）所示。

3）用简化画法绘制螺栓零件图并将其定义成外部块

绘制螺栓零件图，如图 9-41（a）所示。将螺栓零件图定义成外部块，名称为"螺栓"，基点为图 9-41（b）中的 A 点。

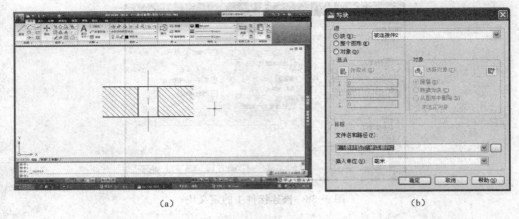

（a）　　　　　　　　　　　　　（b）

图 9-40　被连接件 2 的零件图和"写块"对话框

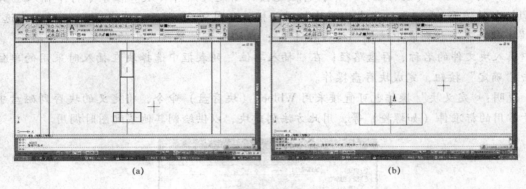

（a）　　　　　　　　　　　　　（b）

图 9-41　螺栓零件图及基点

4）用简化画法绘制螺母零件图并将其定义成外部块

绘制螺母零件图，并将螺母零件图定义成外部块，名称为"螺母"，基点为 B 点。如图 9-42 所示。

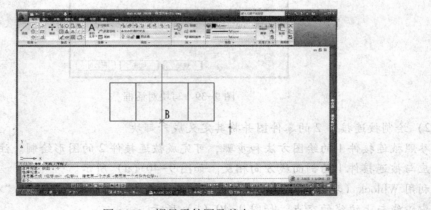

图 9-42　螺母零件图及基点

5）用简化画法绘制垫圈零件图并将其定义成外部块

绘制垫圈零件图，并将垫圈零件图定义成外部块，名称为"垫圈"，基点为 C 点。如

图 9-43 所示。

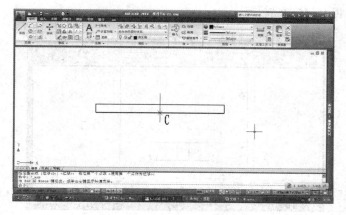

图 9-43 垫圈零件图及基点

6）用块插入法将绘制的零件图拼装成装配图

（1）将被连接件 1 插入到已经绘制好的图幅中。单击"插入"下拉菜单中"块"图标（ ），弹出"插入"对话框，如图 9-44 所示。在对话框中，单击"浏览"按钮，弹出"选择图形文件"对话框，如图 9-45 所示。在该对话框中选择要插入的图形文件"被连接件 1"，

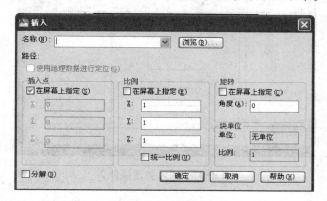

图 9-44 插入对话框

图 9-45 "选择图形文件"对话框

单击"打开"按钮，返回"插入"对话框，单击"确定"按钮，将"被连接件1"插入到图中合适位置，如图9-46所示。

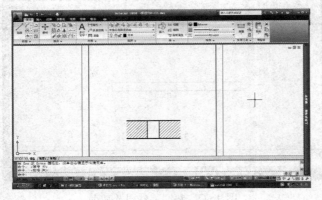

图9-46　插入被连接件1

　　（2）插入被连接件2。执行"插入"命令，按上述步骤，将被连接件2插入到被连接件1的上方。用鼠标捕捉中心线与上边线的交点，完成被连接件2的装配，如图9-47所示。

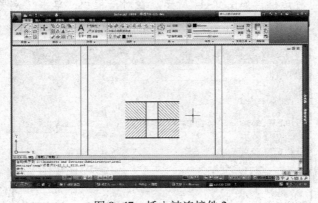

图9-47　插入被连接件2

　　（3）插入螺栓。执行"插入"命令，按上述步骤，将螺栓插入到被连接件的孔内，捕捉被连接件1的中心线与下边线的交点，完成螺栓的装配，如图9-48所示。

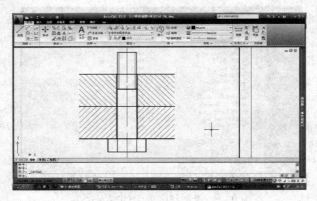

图9-48　插入螺栓

（4）插入垫圈。执行"插入"命令，按上述步骤，将垫圈插入，捕捉被连接件 2 的中心线与上边线的交点，完成垫圈的装配，如图 9-49 所示。

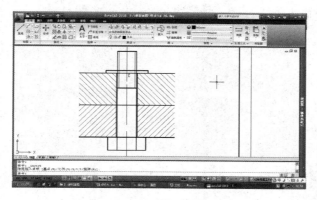

图 9-49　插入垫圈

（5）插入螺母。执行"插入"命令，按上述步骤，将螺母插入，捕捉垫圈中心线与上边线的交点，完成螺母的装配，如图 9-50 所示。

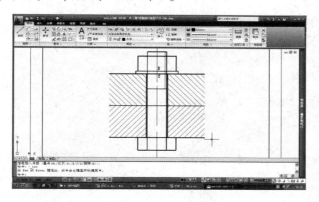

图 9-50　插入螺母

（6）修剪装配图中不可见的图线并删去多余的字母。"插入"结束后，要认真分析零件装配后图线的可见性，不可见图线要删除或修剪掉。如图 9-51 所示。

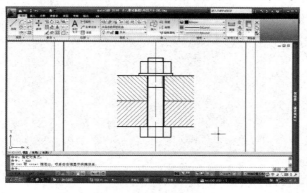

图 9-51　修剪后的装配图

注意：按块插入方式完成的装配图，在对图线进行修剪或删减前，必须先使用"分解"命令将"块"打散，否则，无法修剪或删减。

后面的绘图步骤同上。

参 考 文 献

[1] 高红英，赵明威. 机械制图项目教程. 3 版. 北京：高等教育出版社，2018.
[2] 刘力. 机械制图. 3 版. 北京：高等教育出版社，2000.
[3] 宋金虎. 机械制图与识图. 北京：北京交通大学出版社，2015.
[4] 王燕，战淑红，张敏. 机械制图. 长春：吉林大学出版社，2016.
[5] 庞正刚. 机械制图. 北京：北京航空航天大学出版社，2012.
[6] 张彤，樊红丽，焦永和. 机械制图. 2 版. 北京：北京理工大学出版社，2006.
[7] 徐祖茂，杨裕根，姜献峰. 机械工程图学习题集. 2 版. 上海：上海交通大学出版社，2005.
[8] 邹宜侯. 机械制图习题集. 6 版. 北京：清华大学出版社，2012.
[9] 吴志军，翟彤，朱连池. AutoCAD 2012 中文版上机指导. 沈阳：东北大学出版社，2017.
[10] 胡建生. 机械制图. 北京：机械工业出版社，2019.
[11] 杜洪香，陈红康. AutoCAD 2010 教程与实训. 天津：天津大学出版社，2013.
[12] 吴百中. 机械制图. 杭州：浙江大学出版社，2013.
[13] 高雪强. 机械制图. 北京：机械工业出版社，2008.